Bergmann
Schröder

Einführung in die Physik

Beispiele von Energieumwandlungen
(In den Geräten finden neben den angegebenen oft noch weitere Energieumwandlungen statt.)

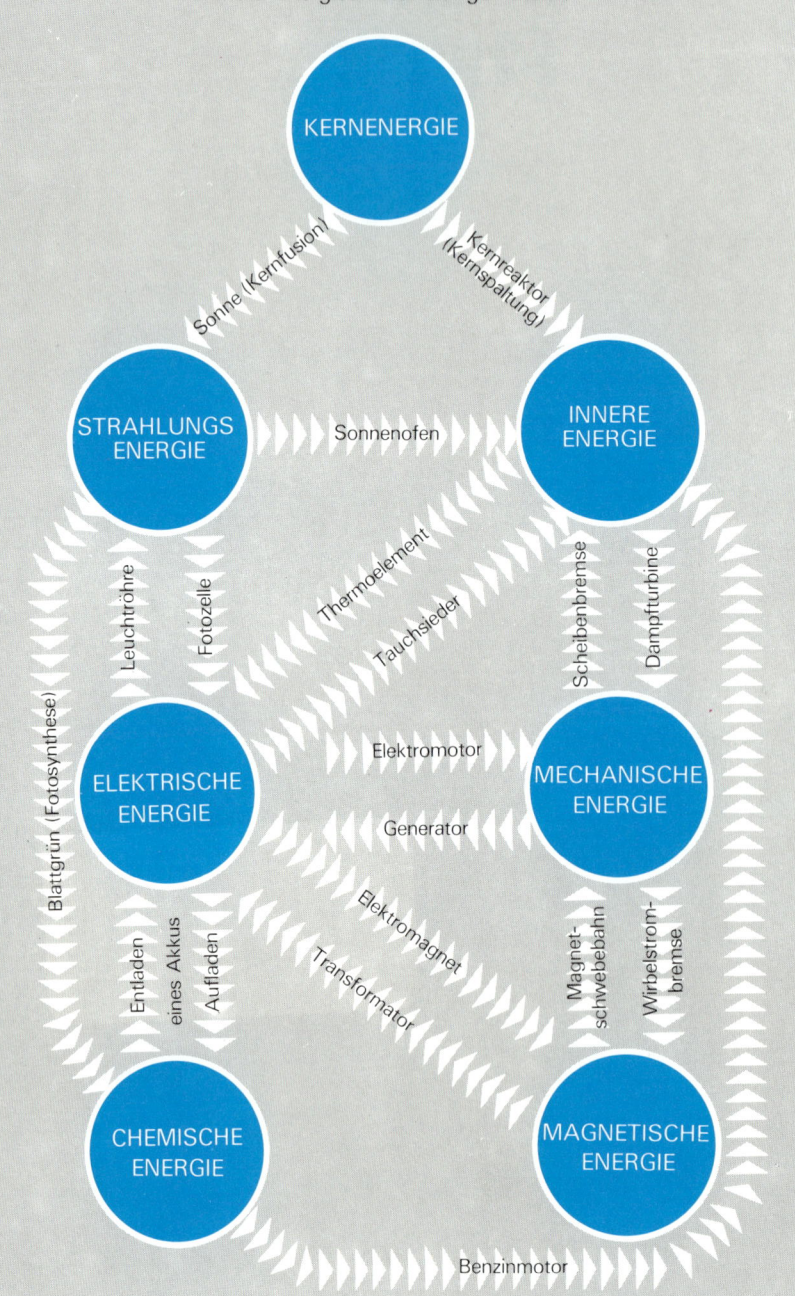

- KERNENERGIE
  - Sonne (Kernfusion) → STRAHLUNGSENERGIE
  - Kernreaktor (Kernspaltung) → INNERE ENERGIE
- STRAHLUNGSENERGIE ↔ INNERE ENERGIE: Sonnenofen
- STRAHLUNGSENERGIE → ELEKTRISCHE ENERGIE: Fotozelle
- ELEKTRISCHE ENERGIE → STRAHLUNGSENERGIE: Leuchtröhre
- INNERE ENERGIE → ELEKTRISCHE ENERGIE: Thermoelement
- ELEKTRISCHE ENERGIE → INNERE ENERGIE: Tauchsieder
- INNERE ENERGIE ↔ MECHANISCHE ENERGIE: Scheibenbremse, Dampfturbine
- ELEKTRISCHE ENERGIE → MECHANISCHE ENERGIE: Elektromotor
- MECHANISCHE ENERGIE → ELEKTRISCHE ENERGIE: Generator
- STRAHLUNGSENERGIE → CHEMISCHE ENERGIE: Blattgrün (Fotosynthese)
- CHEMISCHE ENERGIE ↔ ELEKTRISCHE ENERGIE: Entladen eines Akkus, Aufladen
- ELEKTRISCHE ENERGIE ↔ MAGNETISCHE ENERGIE: Elektromagnet, Transformator
- MAGNETISCHE ENERGIE ↔ MECHANISCHE ENERGIE: Magnetschwebebahn, Wirbelstrombremse
- CHEMISCHE ENERGIE → MECHANISCHE ENERGIE: Benzinmotor

Herausgegeben von
Friedrich Bergmann und
Heinz Schröder

Für Baden-Württemberg
bearbeitet von
Max-Ulrich Farber

**Gymnasium
Baden-Württemberg**

Klasse 9

Einführung in die Physik

Elektrik 1, Optik

Von Friedrich Bergmann, Norbert Dmoch,
Kurt Grüll und Jürgen Lottermoser

Verlag Moritz Diesterweg
Frankfurt am Main · Berlin · München

Herausgeber:

Friedrich Bergmann, Hannover; Heinz Schröder, Wunstorf; Max-Ulrich Farber, Oberndorf am Neckar.

Mitarbeiter am Gesamtwerk:

Friedrich Bergmann, Hannover; Norbert Dmoch, München; Max-Ulrich Farber, Oberndorf a. N.; Kurt Grüll, Meinerzhagen; Jürgen Lottermoser, München; Wolfgang Lübke, Heikendorf; Richard Pross, Schwenningen; Wolfgang Ruth, Hannover; Dr. Wolfgang Salm, Sulz a. N.; Heinz Schröder, Wunstorf; Wolfgang Zöllner, Bordesholm.

Fotos und grafische Arbeiten:

Die Fotos und sämtliche grafische Arbeiten (Zeichnungen, Retusche an den Fotos) wurden unter Mitarbeit der Autoren vom Graphischen Atelier Harald Hager, München, ausgeführt.

Genehmigt für den Gebrauch in Schulen.
Genehmigungsdaten teilt der Verlag auf Anfrage mit.

Die im Lehrplan aufgeführten Zusatzstoffe sind mit * gekennzeichnet. Die mit ** versehenen Themen sind ein zusätzliches Angebot zur Vertiefung und Erweiterung der verbindlichen Unterrichtsinhalte.

Bildnachweis

Deutsches Museum, München: 24/1; 40/1; 60/1; 116/1,2,3. – dpa-Bildarchiv, Frankfurt am Main: 74/1; 84/4. – Ernst-Leitz GmbH, Wetzlar: 129/1. – Mauritius-Bildagentur, Mittenwald: 105/8. – Ralph Görtler, Grafik-Designer, Freiburg: 25/1. – Rijksmuseum voor de Geschiedenis der Natuurwetenschappen, Leiden: 89/3. – roebild, Frankfurt am Main: 103/3. – Rolf Weinert, Stuttgart: 87/6. – Siemens AG, München: 1/1,2. – USIS: 117/2. – Zentrale Farbbild Agentur, Düsseldorf: 119/6.

ISBN 3-425-05035-4

© 1984 Verlag Moritz Diesterweg GmbH & Co., Frankfurt am Main. Alle Rechte vorbehalten. Die Vervielfältigung auch einzelner Teile, Texte oder Bilder – mit Ausnahme der in §§ 53, 54 URG ausdrücklich genannten Sonderfälle – gestattet das Urheberrecht nur, wenn sie mit dem Verlag vorher vereinbart wurde.

Satz: G. Appl, Wemding. – Offsetdruck: aprinta, Wemding. – Bindearbeiten: Conzella, Pfarrkirchen. – Umschlaggestaltung: Grafik-Design Atelier Richter, Darmstadt, unter Verwendung eines Fotos von Prof. Dr. F. Binder, Flein.

INHALTSVERZEICHNIS

Sach- und Namensverzeichnis IX

Ein Vorwort an den Schüler XII

7 Grunderscheinungen der Elektrizität 1

7.0 Überall Elektrizität 1

7.1 Der elektrische Strom – Besondere Stromkreise 2
7.1.1 Der geschlossene elektrische Stromkreis 2
7.1.2 Elektrische Leiter und Isolatoren 4
7.1.3 Besondere Stromkreise – Gefahren des elektrischen Stromes 6
7.1.4 Das Wasserstrommodell – Gleich- und Wechselstrom 8

7.2 Die elektrische Ladung – Elektronenvorstellung 10
7.2.1 Elektrisch geladene Körper – Zwei Ladungsarten 10
7.2.2 Elektronenvorstellung – Ein Atommodell 12
7.2.3 Kontaktelektrizität – Ladungstrennung 14
7.2.4 Ladungsverschiebung durch elektrische Influenz 16

7.3 Anwendungen der Elektronenvorstellung 18
7.3.1 Der elektrische Strom als Ladungstransport 18
7.3.2 Die Elektronenstrahlröhre 20
* 7.3.3 Das elektrische Feld 22

7.4 Elektrische Erscheinungen in der Natur 24

8 Wirkungen des elektrischen Stromes 25

8.0 Zur Einführung 25

8.1 Licht- und Wärmewirkung des elektrischen Stromes . . 26
8.1.1 Lichtwirkung des elektrischen Stromes 26
8.1.2 Wärmewirkung des elektrischen Stromes 27
8.1.3 Anwendung der Wärmewirkung des elektrischen Stromes . . 28

8.2 Chemische Wirkung des elektrischen Stromes 30
8.2.1 Chemische Wirkung des elektrischen Stromes 30
* 8.2.2 Deutung des elektrischen Stromes in wäßrigen Salzlösungen 32
* 8.2.3 Anwendungen der chemischen Wirkungen 33

8.3 Magnetische Wirkung des elektrischen Stromes 34
8.3.1 Magnetische Wirkung des elektrischen Stromes – Dauermagnete 34
8.3.2 Grunderscheinungen des Magnetismus 36
8.3.3 Der Elektromagnet – Anwendungen 38

	8.4	**Das magnetische Feld**	40
	8.4.1	Die Magnetfelder gerader, stromführender Leiter	40
	8.4.2	Magnetfelder stromführender Spulen – Magnetisierung von Eisen	42
	8.4.3	Die Magnetfelder von Dauermagneten	44
**	8.4.4	Das Magnetfeld der Erde	46
	8.5	**Ein Anzeigegerät für den elektrischen Strom**	48

9 Grundgesetze des elektrischen Stromes 49

	9.0	**Qualitative und quantitative Untersuchungen**	49
	9.1	**Elektrische Stromstärke, Ladung und Spannung** . . .	50
	9.1.1	Messung der elektrischen Stromstärke	50
	9.1.2	Definition der elektrischen Ladung	52
	9.1.3	Definition der elektrischen Spannung	54
	9.1.4	Spannungsmessung – Schaltung der Spannungsquellen . .	56
	9.2	**Elektrischer Widerstand – Ohmsches Gesetz**	58
	9.2.1	Spannung und Stromstärke – Elektrischer Widerstand . . .	58
	9.2.2	Ohmsches Gesetz – Anwendung	60
*	9.2.3	Abhängigkeit des Widerstandes	62
	9.3	**Widerstände im Stromkreis – Elektrische Energie** . .	64
**	9.3.1	Reihenschaltung von Widerständen – Potentiometer . . .	64
**	9.3.2	Parallelschaltung von Widerständen – Wheatstonesche Brücke	66
	9.3.3	Die Energieumsetzung im elektrischen Stromkreis	68
	9.3.4	Die elektrische Leistung – Betriebskosten	70
	9.4	**Genauigkeit elektrischer Meßgeräte**	72

10 Grunderscheinungen des Lichtes 73

10.0	**Licht und Information – Lichtquellen**	73
10.1	**Ausbreitung des Lichtes**	74
10.1.1	Die geradlinige Ausbreitung des Lichtes – Schatten	74
10.1.2	Die Lochkamera – Optische Abbildung	76
10.1.3	Ausbreitungsgeschwindigkeit des Lichtes	77
10.2	**Reflexion des Lichtes – Spiegelbilder**	78
10.2.1	Reflexion des Lichtes am ebenen Spiegel	78
10.2.2	Bilder am ebenen Spiegel – Bildkonstruktion	80
10.3	**Brechung des Lichtes**	82
10.3.1	Die Erscheinung der Lichtbrechung	82

10.3.2	Lichtbrechung in Natur und Technik	84
10.3.3	Die Erscheinung der Totalreflexion – Anwendungen . . .	86
10.3.4	Das Brechungsgesetz	88
10.4	**Rückblick und Ausblick**	**90**

11 Optische Linsen – Abbildungen 91

11.0	**Die optische Linse als Abbildungsmittel**	**91**
11.1	**Abbildungen mit Linsen**	**92**
11.1.1	Optische Eigenschaften von Linsen	92
11.1.2	Bilder mit Linsen – Bildkonstruktion	95
*11.1.3	Linsengleichungen	98
11.2	**Instrumente zur Vergrößerung des Sehwinkels**	**99**
11.2.1	Scheinbare Größe – Vergrößerung	99
11.2.2	Lupe und Mikroskop – Betrachtung naher Objekte . . .	100
11.2.3	Fernrohre – Betrachtung ferner Objekte	103
11.3	**Aufnahme und Wiedergabe von Bildern**	**106**
11.3.1	Fotoapparat – Aufnahme von Bildern	106
11.3.2	Dia- und Filmprojektor – Wiedergabe von Bildern	108
*11.4	**Abbildungen mit gekrümmten Spiegeln**	**110**
11.4.1	Reflexion des Lichtes an gekrümmten Spiegeln	110
11.4.2	Bilder an gekrümmten Spiegeln – Bildkonstruktion	113
11.5	**Geschichtlicher Überblick**	**116**

12 Licht und Farbe – Körperfarben 117

12.0	**Farbige Welt**	**117**
12.1	**Zerlegung des Lichtes in Farben – Spektren**	**118**
12.1.1	Spektrum und Spektralfarben – Regenbogen	118
12.1.2	Nichtkontinuierliche Spektren – Spektralanalyse	120
12.2	**Farben – Farbenmischungen**	**122**
12.2.1	Komplementärfarben – Farbenmischung	122
*12.2.2	Körperfarben – Unbunte und verhüllte Farben	124
*12.2.3	Farbfotografie – Farbfernsehen	126
*12.3	**Das erweiterte Spektrum – Lichtmessung**	**128**
*12.3.1	„Unsichtbares" Licht – Wärmestrahlung	128
**12.3.2	Fotometrie – Licht- und Beleuchtungsstärke	130
*12.4	**Farberscheinungen in der Atmosphäre**	**132**

Auswahl physikalischer Größen mit ihren Einheitennamen und -zeichen

Physikalische Größe			Einheiten		Weitere Einheiten		
Name	Zeichen	Definition bzw. Gesetz	Name	Zeichen	Name	Zeichen	Bemerkungen
elektrische Stromstärke	I		**1 Ampere**	**1 A**			
Elektrizitätsmenge, elektr. Ladung	Q	$Q = I \cdot t$	1 Amperesekunde	1 As	Coulomb, Amperestunde	C, Ah	1 As = 1 C; 1 Ah = 3600 As
elektrische Spannung	U	$U = \dfrac{W}{Q}$	1 Volt	1 V			$1\,V = 1\,\dfrac{Ws}{As} = 1\,\dfrac{W}{A}$
elektrischer Widerstand	R	$R = \rho\,\dfrac{l}{A}$	1 Ohm	1 Ω			$1\,\Omega = 1\,\dfrac{V}{A} = 1\,\dfrac{J}{s\,A^2}$
elektrische Kapazität	C	$C = \dfrac{Q}{U}$	1 Farad	1 F			$1\,F = 1\,\dfrac{C}{V} = 1\,\dfrac{As}{V}$
elektrische Energie, Arbeit	W	$W = U \cdot I \cdot t$	1 Wattsekunde	1 Ws	Kilowattstunde	kWh	$1\,kWh = 3{,}6 \cdot 10^6\,Ws$
elektr. Leistung, Energiestrom	P	$P = U \cdot I$	1 Watt	1 W	Kilowatt	kW	1 kW = 1000 W
Lichtstärke	I		**1 Candela**	**1 cd**			
Leuchtdichte	L		1 Candela durch Quadratmeter	$1\,\dfrac{cd}{m^2}$	Stilb	sb	$1\,sb = 10^4\,\dfrac{cd}{m^2}$
Lichtstrom	Φ (Phi)		1 Lumen	1 lm			
Beleuchtungsstärke	E	$E = \dfrac{I}{r^2}$	1 Lux	1 lx			$1\,lx = \dfrac{1\,lm}{m^2}$
Brennweite, Gegenstands- und Bildweite	f, a, b	$\dfrac{1}{f} = \dfrac{1}{a} + \dfrac{1}{b}$	1 Meter	1 m			
Brechkraft (von Linsen)	D	$D = \dfrac{1}{f}$	1 Dioptrie	1 dpt			$1\,dpt = \dfrac{1}{m}$

Definition der Basiseinheiten 1 Ampere und 1 Candela

Die Basiseinheit 1 Ampere ist die Stärke eines zeitlich unveränderlichen elektrischen Stromes, der, durch zwei im Vakuum parallel im Abstand 1 Meter voneinander angeordnete, geradlinige, unendliche lange Leiter von vernachlässigbar kleinem, kreisförmigem Querschnitt fließend, zwischen diesen Leitern je 1 Meter Leiterlänge elektrodynamisch die Kraft $\dfrac{1}{5\,000\,000}$ Kilogrammeter durch Sekundequadrat hervorrufen würde.

Die Basiseinheit 1 Candela ist die Lichtstärke, mit der $\dfrac{1}{600\,000}$ Quadratmeter der Oberfläche eines Schwarzen Strahlers bei der Temperatur des beim Druck 101 325 Kilogramm durch Meter und durch Sekundequadrat erstarrenden Platins senkrecht zu seiner Oberfläche leuchtet.

Vorsatznamen und -zeichen für dezimale Vielfache und Teile von Einheiten

Vorsatzname	Atto	Femto	Pico	Nano	Mikro	Milli	Zenti	Dezi	Basiseinheit	Deka	Hekto	Kilo	Mega	Giga	Tera
Vorsatzzeichen	a	f	p	n	µ	m	c	d	–	da	h	k	M	G	T
Zehnerpotenz	10^{-18}	10^{-15}	10^{-12}	10^{-9}	10^{-6}	10^{-3}	10^{-2}	10^{-1}	10^{0}	10^{1}	10^{2}	10^{3}	10^{6}	10^{9}	10^{12}

Sach- und Namensverzeichnis

Abbe, Ernst 116
Abbildung, optische 76, 80, 95 f., 113 ff.
Abbildungsmaßstab 76, 98
Absorptionsspektrum 120 f., 124
Achse, optische 91, 110
additive Farbenmischung 126
Akkomodation 100
Ampère, André Marie 50
Anode 32
Atommodell 13
Augenlinse 100
Autohupe 39

Beleuchtungsstärke 130 f.
Belichtungsmesser 131
Belichtungszeit 106
Bernsteineigenschaft 16
Bild(er)
– an ebenen Spiegel 80 f.
– an gekrümmten Spiegeln 113 ff.
– größe 76
– konstruktion 80 f., 97, 114
– kreis 76
– mit Linsen 95 ff.
– punkt 76, 81, 96, 114
– reelles 95, 113
– schirm 20
– virtuelles 80, 96, 113
– weite 95 f., 114
Blendenzahl 107
Blitz 24, 26
Blitzschutzanlage 24
Braun, Ferdinand 20
Braunsche Röhre 20
brechende Kante 85
brechender Winkel 85
Brechkraft 97, 100
Brechungsgesetz 88 f., 90, 116
Brechungswinkel 82, 88
Brechzahl 89 f.
Brennebene 93 f., 111
Brennlinie 111 f.
Brennpunkt 92, 110 ff.
– virtueller 94
Brennstrahl 97, 114 f.

Brennweite 92, 94, 110 ff.
Brille 116
Bunsen, Robert 120

Candela 130
Cassini 77

Definitionsgleichung 60
Deklination 46
deutliche Sehweite 100
Diapositive 108, 127
Diaprojektor 108
Dichte, optische 83
Dioptrice 116
Dioptrie 97
Dipol 16, 37, 43
divergent 74, 92, 110
Dollond 116
Doppelwendel 28, 108

Edison, Thomas Alva 1
Eichung eines Stromstärkemessers 51
Eigenschatten 75
Einfallslot 79, 82
Einfallswinkel 79, 82, 88
Einheit der
– elektrischen Ladung 52 f.
– elektrischen Spannung 54 f.
– elektrischen Stromstärke 50 f.
elektrisch geladene Körper 10
elektrische
– Aufladung 14
– Energie 68 ff.
– – und mechanische Arbeit 71
– – und Widerstand 69
– Feldlinien 23
– Influenz 16
– Ladung 52 f
– Leistung 70
– Meßgeräte 72
– Spannung 54 ff.
– Stromstärke 50 f.
elektrischer
– Dipol 16
– Gleichstromkreis 8
– Selbstunterbrecher 39

– Stromkreis 2, 18
– Widerstand 58 ff.
elektrisches Feld 22 f.
Elektrizitätswerk 1, 25
Elektrizitätszähler 71
Elektroden 4, 30
Elektrolyse 32 f.
Elektromagnet 38, 48
elektromagnetischer Schalter 39
Elektronen 13, 18 ff.
Elektronenstrahlröhre 20
Elektronenvorstellung 12, 18 ff.
Elektroskop 11
Elektrowärmegeräte 28
Elementarmagnet 37, 43
Eloxalverfahren 33
Emissionsspektrum 121
Entfernungsmesser 106
Episkop 108
Erdfernrohr 104
Erdleiter 6
Erdmagnetfeld 46
Erhaltungssatz für Ladungen 51
Ersatzwiderstand 67
Experimentierleuchte 73

Faradayscher Käfig 24
Farben 117 ff., 122 ff.
Farbenaddition 123
Farbenkreis 123
Farbenmischung 122, 126
Farbensubtraktion 123 f.
Farbfernsehen 126
Farbfilter 124
Farbfotografie 126
Feld
– elektrisches 22 f.
– gerichtetes 40
– homogenes 23, 43
– magnetisches 40 ff.
– räumliches 22, 40 f.
– Stärke des 23, 41
Feldlinien
– elektrische 23
– magnetische 40 ff.
Feldlinienmodell 23, 40, 44
Fernrohr 103 ff., 116
ferromagnetisch 35

IX

Filmprojektor 109
Fotoapparat 106
Fotometer 131
Fotometrie 130
Fraunhofer, Josef von 120
Fraunhofersche Linien 120 f.
Fresnel, Augustin Jean 109
Funkenentladung 26

Galilei, Galileo 77, 116
galvanisieren 33
Gegeneinanderschaltung 57
Gegenstandsgröße 76
Gegenstandsweite 95 f., 114
Gelbfilter 125
Gesichtsfeld 115
Gewitter 24
Glasfaserkabel 87
Glimmlampe 8
Glühelektronen 20
Glühemission 12 f.
Glühlampe 28
Grauleiter 125
Grundgröße 49

Halbschatten 75
Halos 132
Hauptebene 93
Hauptstrahl 97, 114 f.
Hofmannscher Apparat 31, 50
Hohlspiegel 105, 110, 113
Huygens, Christian 77

Indifferenzzone 35
Influenz
– elektrische 16 f.
– magnetische 37, 43
infrarotes Licht 129
Inklination 46
Innenwiderstand 60
Ionen 32
Irisblende 107
Isogonen 46
Isolator 5

Jansen 116

Katode 32
Kante
– brechende 85
Katakaustik 112
Kennlinien von Leitern 58

Kepler, Johannes 116
Kernschatten 75
Kilowattstunde 68
Kimm 84
Kirchoff, Gustav 120
Kirchhoffsche Gesetze 51, 66
Klingel 39
Knallgas 31
Körperfarben 117, 124
Kompaß 46
Komplementärfarben 122
Kondensorlinse 108 f.
Konkavlinse 91, 94
Konkavspiegel 110
Kontaktelektrizität 15
konvergent 74, 92, 110
Konvexlinse 91
Konvexspiegel 112
Krümmungsmittelpunkt 91, 110
Krümmungsradius 91, 110
Kugelspiegel 110
Kurzschluß 29

Ladung(en), elektrische 52 f.
– Definition 52
– Einheit 53
Ladungsausgleich 19
Ladungstransport 18
Ladungstrennung 15, 16
Ladungsverschiebung 16
Leiter 4, 8
Leitfähigkeit 4
Licht
– infrarotes 129
– ultraviolettes 128
Licht
– bündel 74, 90
– brechung 82, 84, 90
– geschwindigkeit 77
– jahr 77
– leitstab 87
– modell 90
– quellen 73
– stärke 107, 130 f.
– strahl 74, 90, 116
Linienspektrum 120 f.
Linsengleichung 98
Linsen 91
Lippershey 116
Lochblende 74
Lochkamera 76, 106
Luftspiegelung 86

Lupe 100
Lux 130

Magnesia 34
Magnete 34, 38
Magnetfeld(er) 40 ff.
– der Erde 46
– gerader Stromleiter 40
– homogenes 43 f.
– Stärke des 41, 43
– stromführender Spulen 42
– von Dauermagneten 44
– Wirkung 43
magnetische Influenz 37
magnetische Kraftlinien 45
magnetische Wirkung des elektrischen Stromes 34 ff.
magnetischer Dipol 37, 43
Magnetkran 39
Magnetnadel 46
Magnetpole 35, 47
Malteserkreuz 109
Masseschluß 7
Messen 49 ff.
Meßfehler 72
Meßungenauigkeit 72
Mikroskop 101, 116
Mischfarbe 122, 124
Mißweisung 46
Mondfinsternis 75

Natriumdampflampe 121
Naturgesetz 60
Netzhaut 100
Newton, Isaac 116
Nichtleiter 4
Normalvergrößerung 100
Nulleiter 6

Objektiv 91, 102 f., 106
Oerstedt, Hans Christian 34, 40
Ohmsches Gesetz 60
Okular 102 f.
optische
– Abbildung 76
– Achse 91, 110
– Dichte 83
– Linsen 91
optischer Mittelpunkt 91, 110
Orientierung der Feldlinien 41

Oszillogramm 20 f.
Oszilloskop 20 f.

Parabolspiegel 110
Parallelschaltung 3, 57
Parallelstrahl 97, 114 f.
Phaseleitung 6
Phasenprüfer 7
Phosphoreszenz 128
physikalische Größen 49
planparallele Platte 85
Plutarch 112
Polarlicht 132
Pole 2
Polreagenzpapier 9
Potentiometerschaltung 65
Prisma 85, 93 f.
Prismenglas 104
Purpur 123

Randstrahlen 92
Rechte-Hand-Regel 41, 43
reell 96, 114
reelle Bilder 95, 113
Reflexion 78, 110
Reflexionsgesetz 78, 90
Reflexionswinkel 79
Regenbogen 119, 132
Reihenschaltung 3, 57
Relais 39
Römer, Ole Christensen 77

Sammellinse 93
Sauerstoff 31
Schaltbrett 2
Schalten 3
Schalter 2, 8
Schaltplan 2, 49 ff.
Schaltung
– von Spannungsmessern 61
– von Stromstärkemessern 61
Schatten 75
Schattenraum 75
Schichtwiderstand 59
Schlagschatten 75
Schmelzsicherung 29
Schott 116
Schreibprojektor 109
Schukostecker 6
Schutzleiter 6, 29
Sehweite, deutliche 101
Sehwinkel 99

Seilversuch 27
Selbstunterbrecher 39
sensibilisiert 129
Sicherung 29
Siemens, Werner von 1
Snelius 88 f., 116
Sonnenspektrum 121
Sonnenfinsternis 75
Spannung, elektrische 54 f.
– Definition 54
– Einheit 55
– Teil- 64 f.
Spannungsabfall 64
Spannungsmessung 56 f.
Spannungsquellen 56 f.
– Schaltung von 57, 61
Spektralanalyse 120 f.
Spektralfarben 118, 124
Spektrum 118
sphärische Linse 91
sphärischer Hohlspiegel 110
Spiegelbild 80
Spiegelreflexkamera 106
Spiegelteleskop 105
Spulen 38
Stecknadelversuche 81, 89
Strahl (Licht-)
– Brenn- 97, 114 f.
– Haupt- 97, 114 f.
– Parallel- 97, 114 f.
stromführende Spulen 38
Strommesser 4
Stromquelle 8, 54
Stromstärke 49 ff.
– Einheit 50
– Gesetzmäßigkeiten 51
Stromstärkemesser 48 f.
– Anzeigegerät 48 f.
– Eichung 50
– Schaltung 61
subtraktive Farbenmischung 126
Südpol 35

Technische Widerstände 59
Teilspannung 64 f.
Teleobjektiv 91
Thales von Milet 16
Totalreflexion 86
Triode 12
Tubuslänge 102

Übergangsschatten 75
Überlastung 29

ultraviolettes Licht 128
Umkehrfilm 127
Umkehrlinse 104
unbunte Farben 125
ungleichnamige Ladung 11

VDE 7
Vergrößerung 99 f., 102 f.
Vergrößerungsapparat 108
verhüllte Farben 125
Verhüllungsdreieck 125
Vierfarbendruck 127
virtuell 80, 96, 114
virtueller Brennpunkt 94
virtuelles Bild 113

Wärmestrahlen 129
Wasserstoff 31
Wasserstrombild (modell) 8, 53, 57, 62
Wasserstromkreis 62
Watt 70
Wechselschaltung 3
Wechselstrom 38
Weicheisenkern 38
Weidezaun, elektrischer 7
Weitwinkelobjektiv 91
Wendel (Glüh-) 28
Wheatstonesche Widerstandsmessung 67
Widerstand
– Abhängigkeit von 62 f.
– Messung 67
– Parallelschaltung 66 f.
– Reihenschaltung 66 f.
Winkel, brechender 85
Winkelspiegel 79
Wirkungen des elektrischen Stromes 25 ff.
– chemische 30 ff.
– magnetische 34 ff.
– thermische 26 ff.
Wölbspiegel 112, 115
Wollaston, W. H. 121

Zeiss, Carl 116
Zeitlupe 109
Zeitraffer 109
Zerstreuungspunkt 94, 112
Zylinderlinse 91

Liebe Schülerin, lieber Schüler,

Im vergangenen Schuljahr hast Du anhand verschiedener Themen aus der Akustik, der Mechanik und der Wärmelehre die Denk- und Arbeitsweise der Physik kennengelernt. Bei der **Problemgewinnung** wurden Dir aus Erfahrungen und Erlebnissen oder aus Darstellungen in Zeitung, Funk und Fernsehen, vielleicht auch aus Bildern und Filmen, physikalische Fragen bewußt. Bei der **Problemlösung** wurden dann in Form von Experimenten Fragen an die Natur gestellt, die diese beantworten mußte. Beim Durchdenken der gewonnenen Ergebnisse erkanntest Du Zusammenhänge und physikalische Gesetze, die Du in der **Problemwertung** vertiefen und auf andere, ähnliche Probleme anwenden konntest.

Dabei war es nützlich, besondere physikalische Begriffe einzuführen. Beschreibt ein solcher Begriff eine meßbare Eigenschaft von Körpern, so nennen wir ihn eine physikalische Größe. Eine der wichtigsten physikalischen Größen, mit der Du Dich im vergangenen Schuljahr beschäftigt hast, ist die **Energie**.

Wegen der Vielfalt ihrer Erscheinungsformen und jeweiligen Meßverfahren ist sie aber auch eine der schwierigsten. Deshalb erwartet niemand von Dir, daß Du jetzt schon über die Energie vollkommen Bescheid weißt. Es ist schon ein großer Gewinn, wenn es Dir jetzt gelingt, weitere Vorgänge in Natur und Technik hinsichtlich des Phänomens Energie zu studieren. Dabei wirst Du außerdem noch eine Vielzahl anderer, interessanter Zusammenhänge und physikalischer Gesetze kennenlernen, die vielleicht auf den ersten Blick mit Energie nicht direkt zu tun haben.

Als nächsten Teilgebieten der Physik wenden wir uns der **Elektrik** und der **Optik** zu. Die Magnetik sehen wir nicht als ein eigenes Teilgebiet an; wir finden, daß Du die Erscheinungen des Magnetismus besser verstehen kannst, wenn Du sie gleich im Zusammenhang mit ihren elektrischen Ursachen begreifst.

Wenn Du technisch interessiert bist, kann es sein, daß die Elektrik für Dich das interessanteste Teilgebiet der Physik ist. Vielleicht wartest Du schon lange darauf, endlich mehr und Genaueres über Batterien, Generatoren und Motore, über Transformatoren, elektrische Zündanlagen in Autos, über Transistoren und elektrische Schaltungen zu erfahren.

Hier müssen wir Dich um etwas Geduld bitten. Gerade die Elektrizitätslehre wird sehr schwer verständlich, wenn man nicht behutsam und gründlich vorgeht. Deshalb beginnen wir mit ganz einfachen Grundphänomenen, die wir mit Hilfe von Modellvorstellungen veranschaulichen. Erst wenn Du mit diesen anschaulichen Grundvorstellungen vertraut bist, erscheint es uns sinnvoll, die Gesetze des elektrischen Stromes zu behandeln und die elektrischen Größen zu messen.

Die Optik unterscheidet sich in mancher Hinsicht von den anderen, Dir bis jetzt bekannten Teilgebieten der Physik. Weil sie sehr anschaulich ist, ergänzt sie besonders schön die von manchen als etwas abstrakt und technisch empfundene Elektrizitätslehre.

Wir wünschen Dir auch in diesem Jahr im Physikunterricht viel Freude und guten Erfolg!

Herausgeber und Autoren

Grunderscheinungen der Elektrizität 7

Überall Elektrizität 7.0

Gelegentlich kommt es in ganzen Landesteilen zu einem **Stromausfall.** Das bringt jedes Mal große Störungen und Unannehmlichkeiten mit sich. In den Großstädten fahren dann weder U-Bahnen noch Straßenbahnen, Fahrstühle und Rolltreppen bleiben stecken. Verkehrsampeln fallen aus und verursachen Verkehrsstauungen. Computer werden gestört und stellen daraufhin z. B. Kundenrechnungen falsch oder mehrfach aus. Flughäfen, Krankenhäuser und Kühlhäuser, Stellwerke bei der Bundesbahn und Rundfunkstationen müssen dann in Bruchteilen von Sekunden ihre Notstromaggregate einschalten, um ihren Betrieb aufrechtzuerhalten.

Sicherlich hast auch Du schon einmal einen Stromausfall erlebt. Er macht Dir bewußt, daß heute ein Leben ohne Elektrizität kaum noch vorstellbar ist. Dabei ist die Lehre von der **Elektrizität,** die **ELEKTRIK,** sehr viel jünger als z. B. die **MECHANIK** oder die **OPTIK.** Es ist gerade 200 Jahre her, seitdem man begann, die elektrischen Erscheinungen wissenschaftlich zu untersuchen. Diese Erforschung der Elektrizität wird bis heute intensiv weitergeführt und verschmilzt mit atomphysikalischen Untersuchungen.

Die technische Nutzung der physikalischen Erkenntnisse dieser neuen Wissenschaft gelang im großen erst nach 1867. *Werner von Siemens* (1816–1892) entwickelte nämlich die ersten praktisch verwendbaren Maschinen zur Elektrizitätserzeugung. Mit ähnlichen Maschinen baute *Thomas Alva Edison* (1847–1931) im Jahre 1882 das erste **Elektrizitätswerk** in New York, das zunächst fast nur Beleuchtungszwecken diente. Denn *Edison* war es kurz zuvor (1879) gelungen, brauchbare elektrische „Glühbirnen" zu entwickeln. Als sich ab 1900 auch der **Elektromotor** mehr und mehr durchsetzte, arbeiteten die Elektrizitätswerke rentabel, und in den Industriestaaten wurde ein dichtes Netz von Elektrizitätsanlagen aufgebaut. Die Elektrizität erlebte einen Siegeszug ohne Beispiel.

7.1 Der elektrische Strom – Besondere Stromkreise

7.1.1 Der geschlossene elektrische Stromkreis

Der einfache elektrische Stromkreis. Wir wollen uns auf den Notfall eines Stromausfalles im Haus vorbereiten. Welche Geräte benötigen wir, um eine elektrische Notbeleuchtung aufzubauen? Wir brauchen eine Glühlampe, eine Fassung, einen Schalter, Verbindungskabel mit Bananensteckern (Abb. 1) und eine Stromquelle, z. B. eine Batterie, einen Autoakkumulator oder einen Fahrraddynamo mit Antrieb. Die Stromquellen haben stets zwei Anschlußstellen, die wir **Pole** nennen.

❶ Nach Abb. 2a bauen wir eine Notbeleuchtung auf und schließen den Schalter.

Die Lampe leuchtet; wir sagen, es fließt ein elektrischer Strom.
Er kann offensichtlich nur dann fließen, wenn der eine Pol der Stromquelle über Schalter und Lampe durch Verbindungskabel mit dem anderen Pol verbunden ist. Wir nennen diese Anordnung einen **geschlossenen elektrischen Stromkreis.**
Zur prinzipiellen Veranschaulichung elektrischer Schaltungen fertigt man einen **Schaltplan** an, aus dem die einzelnen Verbindungen übersichtlich und vereinfacht hervorgehen. Form, Farbe und Konstruktion der Schaltelemente werden in solchen Schaltplänen nicht berücksichtigt. Die Geräte werden durch Symbole in ihrer Bedeutung festgelegt (Abb. 3). Den Schaltplan zu unserem geschlossenen Stromkreis zeigt Abb. 2b.

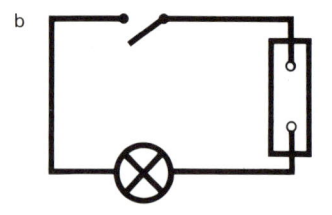

Unser Schaltbrett. Die Schaltungen elektrischer Stromkreise lernt man am besten, wenn man selber experimentiert. Dazu bauen wir uns mit einfachen Mitteln ein Schaltbrett (Abb. 4a). Wir benötigen eine ca. 1 cm dicke Preßspanplatte im DIN-A5-Format, weiterhin 1 m Leitungsdraht, ca. 20 Stahlnägel als Festpunkte, drei Glühlämpchen (4,5 V), drei dazu passende Fassungen, zwei Blechstreifen (z. B. aus einer Milchdose geschnitten) und schließlich eine Taschenlampenbatterie.
Sicherlich hast Du von den vielen tödlichen Unfällen beim Umgang mit unserem **elektrischen Lichtnetz** gehört. Tatsächlich ist die Netzsteckdose für uns eine lebensgefährliche Stromquelle, mit der wir nie ohne Anleitung eines **Fachmannes** experimentieren dürfen und die natürlich nie mit unserem Schaltbrett Kontakt haben darf!

Trage den folgenden Merksatz in Dein Arbeitsheft ein!

> Zu Hause nur mit Taschenlampenbatterien experimentieren!

Wir wollen auf unserem Brett 11 Stahlnägel als Punkte A bis K fest markieren, um uns besser zu verständigen. E, F, G liegen auf einer Kreislinie.

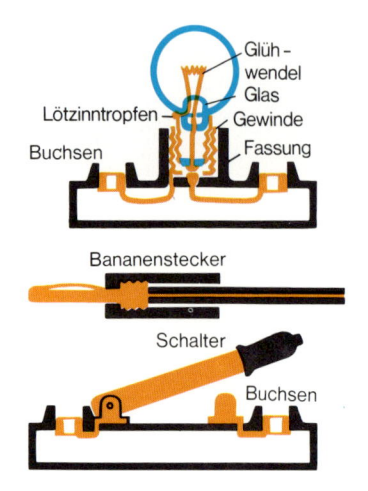

Abb. 1: Elemente eines Stromkreises

Abb. 2: Einfacher Stromkreis: a) Versuchsaufbau, b) Schaltplan

Abb. 3: Schaltsymbole (Das Symbol der Stromquelle entspricht nicht der Normung)
Stromquelle   Batterie   Glühlampe   Schalter   Leiter mit Abzweigung

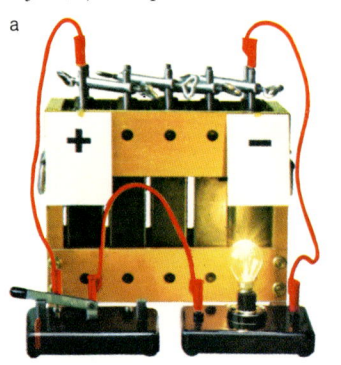

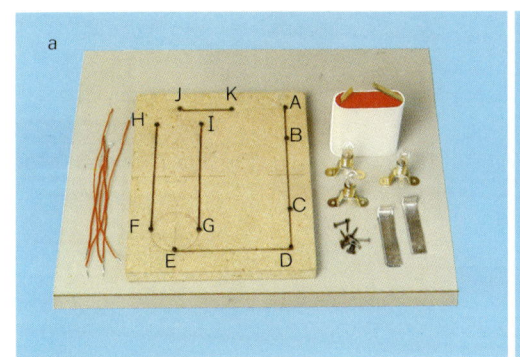

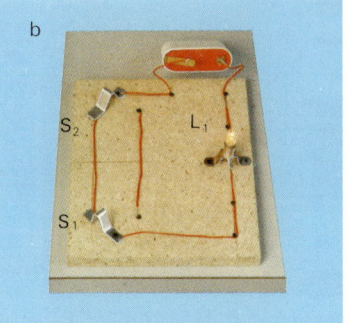

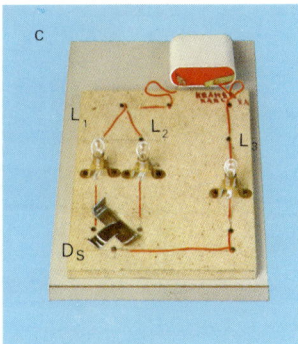

Abb. 4: a) Bauteile eines Schaltbrettes, b) Schaltung auf einem Schaltbrett, c) Gruppenschaltung mit Drehschalter

Wir bauen einen Stromkreis mit zwei Schaltern auf:

❷ Wir verbinden mit Leitungsdraht den in E drehbaren Blechstreifen S_1 über D, C, B, A mit einem Pol der Batterie. Den anderen Pol verbinden wir über K mit dem bei J drehbaren Blechstreifen S_2. H und F verbinden wir. Den Draht zwischen C und B zerschneiden wir und bauen die Fassung mit Lampe L_1 ein.

Wenn S_1 und S_2 geschlossen sind, müßte Dein Lämpchen leuchten. Wenn nicht, überprüfe, an welchen Stellen Du unbedingt einen metallischen Kontakt haben mußt! Die Schalter sind **in Reihe** geschaltet.

❸ Jetzt verbinde I und G! Du hast eine Schaltung nach Abb. 4 b und dem Plan in Abb. 5. Untersuche, welche Aufgabe die beiden Schalter haben! Skizziere die beiden möglichen geschlossenen Stromkreise!

Wir haben eine **Wechselschaltung** aufgebaut. Sie heißt so, weil man mit beiden Schaltern bei vorliegender Anordnung den Stromkreis wechselseitig schalten kann. Überlege Dir Anwendungen im Haushalt!

Beispiele Entwickle einen Schaltplan für unser Schaltbrett mit zwei Schaltern S_1 und S_2, so daß Lämpchen L_1 leuchtet, wenn S_1 *oder* S_2 geschlossen ist!
Lösung: Beide Schalter müssen zueinander *parallel* liegen, etwa zwischen F und H, sowie zwischen G und I. Dazu müssen E mit G und F sowie J mit I und H verbunden sein.

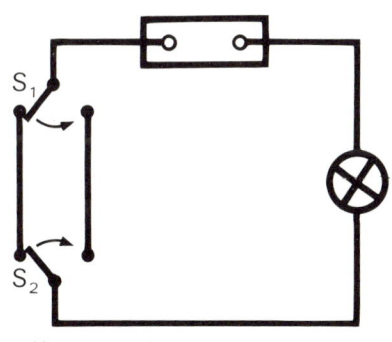

Abb. 5: Wechselschalter

Aufgaben 1 Wie muß man ein Glühlämpchen an die Pole einer Flachbatterie halten, um es zum Leuchten zu bringen? Welche Ursachen kann es haben, daß ein Lämpchen nicht leuchtet? Skizziere Deinen Mitschülern verschiedene Verbindungen einer Glühlampe mit den Batteriepolen! Laß sie theoretisch entscheiden, ob das Glühlämpchen leuchten kann!
2 Der Zungentest darf *nur* bei Taschenlampenbatterien gemacht werden, um den elektrischen Zustand der Stromquelle zu prüfen. Beschreibe den Stromkreis!
3 Große elektrische Schneidemaschinen bearbeiten erst dann ein per Hand eingelegtes Werkstück, wenn der Arbeiter gleichzeitig zwei voneinander getrennte Handschalter betätigt. Entwickle dafür eine Schaltskizze!
4 Abb. 4 c zeigt eine Gruppenschaltung mit einem Drehschalter DS. Untersuche bei welcher Schalterstellung zwei oder drei Lämpchen leuchten!

7 *Grunderscheinungen der Elektrizität*

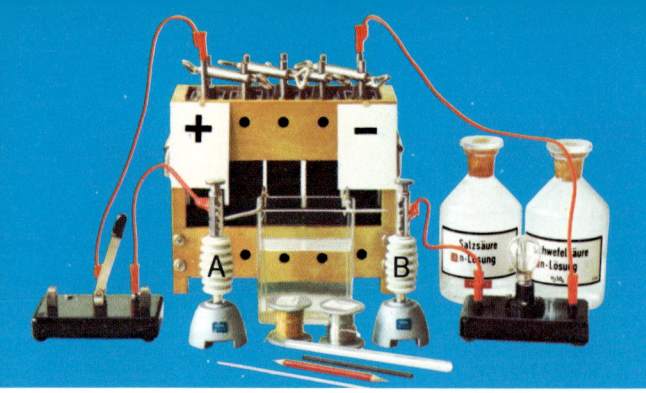

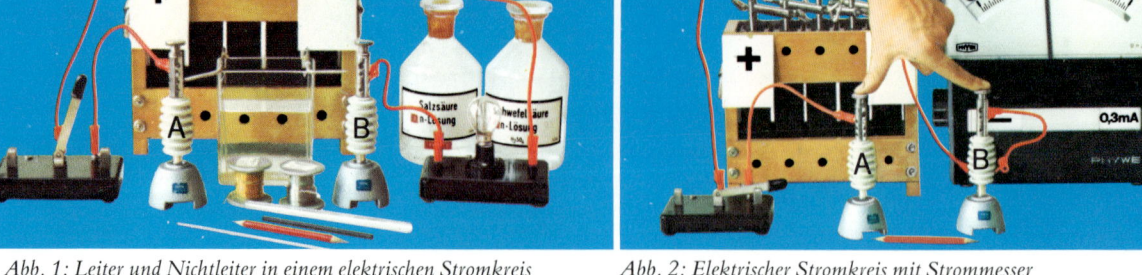

Abb. 1: Leiter und Nichtleiter in einem elektrischen Stromkreis *Abb. 2: Elektrischer Stromkreis mit Strommesser*

7.1.2 Elektrische Leiter und Isolatoren

Fehler im Stromkreis. Die Glühlampe war bei den bisherigen Versuchen das Anzeigegerät für elektrischen Strom. Leuchtet in unserem Stromkreis die Lampe stark bzw. schwach, so sprechen wir für diese Lampe von einem starken bzw. schwachen Strom. Leuchtet sie nicht, dann denken wir vielleicht an einen „Fehler" im Stromkreis. Es können zwei Ursachen dafür in Frage kommen: Entweder ist der Stromkreis unterbrochen, oder der Strom ist zu schwach, um die verwendete Lampe zum Leuchten zu bringen.

Leitfähigkeit. Mit Schaltern können wir Stromkreise jederzeit und gefahrlos unterbrechen. Öffnen wir den Schalter in einem einfachen Stromkreis, so erlischt die Lampe. Offensichtlich kann der Strom weder durch die Luft noch durch den Schaltersockel fließen. Mit einer Prüfschaltung untersuchen wir, welche Stoffe im elektrischen Stromkreis Nichtleiter- bzw. Leitereigenschaften besitzen.

❶ In einem Stromkreis mit einer Batterie führen wir nach Abb. 1 zwei Verteilerstutzen A und B ein. Wir überbrücken sie nacheinander mit verschiedenen festen Körpern (z. B. Metalle, Kohle, Gummi, Glas, Kunststoff, Wolle, feuchtes Erdreich, unsere Hand u. ä.). Anschließend stellen wir zwischen A und B ein Gefäß und tauchen Kontaktstäbe aus Metall oder Kohle, sog. **Elektroden,** in verschiedene Flüssigkeiten (z. B. destilliertes Wasser, Leitungswasser, Salzlösungen, Säuren, Laugen, Öl, Zuckerlösungen u. ä.). Wir schließen den Leiterkreis und beobachten die Glühlampe. – Entsprechende Versuche können wir mit dem Schaltbrett durchführen.

Wir stellen fest, daß die Lampe hell, schwach oder gar nicht aufleuchtet, wenn wir Körper aus verschiedenen Stoffen in den elektrischen Stromkreis einbeziehen. Wir meinen, daß wir also zwischen guten und schlechten **Leitern** und **Nichtleitern** der Elektrizität unterscheiden können.

Empfindlichkeit der Anzeigegeräte. Ob ein Stoff ein Nichtleiter für Elektrizität ist, kann mit der Glühlampe allein als Anzeigegerät nicht endgültig entschieden werden. Auch wenn die Lampe nicht leuchtet, könnte durch sie ja ein elektrischer Strom fließen. Vielleicht ist er nur zu schwach, um den Glühlampendraht zum Leuchten zu bringen. Wir verwenden deshalb einen empfindlichen **„Strommesser",** dessen Wirkungsweise wir erst später genau kennenlernen werden.

> Aus unseren Versuchen müssen wir schließen, daß es gute und schlechte Leiter sowie Nichtleiter der Elektrizität gibt. Ein elektrischer Strom fließt nur, wenn die beiden Pole einer Elektrizitätsquelle durch **Leiter** verbunden sind.

Jetzt soll uns genügen, daß ein elektrischer Strom eine Zeigerbewegung bei diesem Gerät verursachen kann.

❷ Im Stromkreis nach Abb. 1 ersetzen wir die Lampe durch einen Strommesser. AB überbrücken wir mit den Stoffen, bei denen in V 1 die Lampe nicht leuchtete (Abb. 2).

Der Strommesser zeigt uns elektrische Ströme an, auf die die Glühlampe nicht anspricht. Offensichtlich sind auch Leitungswasser, feuchtes Erdreich und vor allem der menschliche Körper elektrische Leiter. Selbst wenn alle Schüler der Klasse sich in einer Kette bei den Händen halten, wobei der erste den Stutzen A berührt und der letzte den Stutzen B, so bewegt sich der Zeiger ebenfalls. Erst recht, wenn man die Hände anfeuchtet und den Händedruck verstärkt.

Durch die ganze Menschenkette fließt ein elektrischer Strom! Er kann *tödlich* sein, wenn wir als Stromquelle eine Netzsteckdose benutzen! Deshalb: **Niemals Leiter des Lichtnetzes berühren!**

Die Versuche zur Leitfähigkeit mit empfindlichen Anzeigegeräten zeigen uns, daß man mit dem Begriff Nichtleiter sehr vorsichtig sein muß. Versuche mit noch empfindlicheren Geräten und mit leistungsfähigeren Stromquellen machen deutlich, daß *alle* Stoffe einen elektrischen Strom leiten können. So kann Luft z. B. bei Gewitter, Glas bei sehr hohen Temperaturen, ja selbst Holz und Keramik unter bestimmten Umständen elektrische Ströme leiten. Man nennt in der Technik die Körper, die uns auf Grund ihrer sehr schlechten Leitfähigkeit vor lebensgefährlichen Strömen isolieren, d. h. abschließen, **Isolator**.

Technische Anwendungen. Als Werkstoff für die Leitungen verwendet man meistens Kupfer, oft aber auch aus Sparsamkeitsgründen das etwas schlechter leitende Aluminium. Die Überlandfreileitungen sind *blanke Leitungen,* d. h. die durch Stahlseile verstärkten Aluminiumdrähte haben keine isolierende Schutzhülle. Damit die Freileitungen keinen Kontakt zu den Masten haben, sind sie an Isolatoren, meist aus Porzellan – aufgehängt (Abb. 3). Ihre Form verhindert, daß bei Regen oder Verschmutzung auf ihrer Oberfläche schwache Ströme, sog. Kriechströme, zwischen Leitung und Stahlmast auftreten können.

❸ Öffne einen Schukostecker! Betrachte die Anschlüsse (Abb. 4)!

Du siehst, daß im Haushalt *isolierte Leitungen* benutzt werden. Gummi, Kunststoff oder Textil isolieren uns vom blanken Leiter. Der Schalter, das Gehäuse von Schuko-Stecker oder -Dose bestehen aus Kunststoff. Wir können damit Ströme gefahrlos ein- und ausschalten.

Aufgaben 1 Benenne bei elektrischen Haushaltsgeräten Leiter und Isolator. Wie müssen elektrische Geräte mit einem Metallgehäuse aufgebaut sein, damit es mit den stromführenden Leiterteilen keinen Kontakt hat?
2 Untersuche mit Deinem Schaltbrett a) die Leitfähigkeit von zehn Stoffen aus dem Haushalt, b) Werkzeuge wie Schraubenzieher, Zangen, Bohrer und Hammer auf ihre Isolationswirkung!

> Bei unseren Versuchen erscheinen als **Leiter:**
> Körper aus Metallen und Kohle sowie Salzlösungen, Säuren, Laugen, feuchtes Erdreich, Leitungswasser und der menschliche Körper
> und als **Isolator:**
> Körper aus Gummi, Glas, Porzellan, Kunststoff, Wolle, Luft, destilliertes Wasser.

Abb. 3: Porzellan-Isolatoren bei Freileitungsanlagen

Abb. 4: Schuko-Stecker

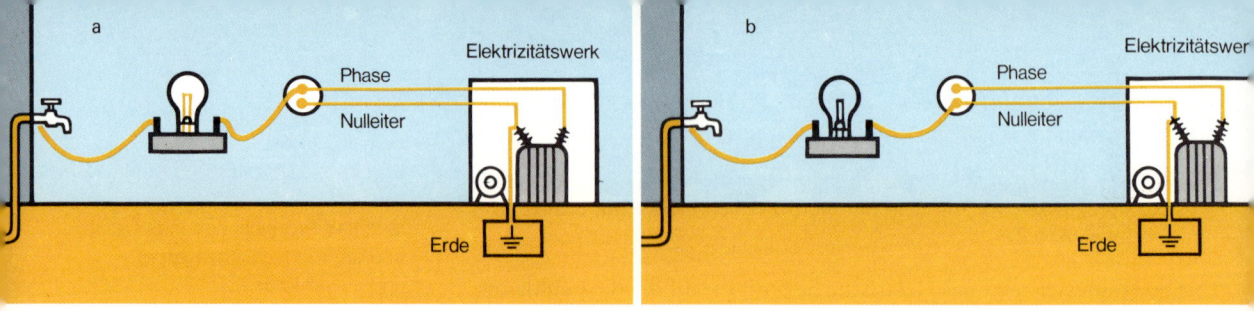

Abb. 1: **Vorsicht! Lebensgefahr!** Erdschluß: a) geschlossener Stromkreis über „Phase" und Erde, b) offener Stromkreis

7.1.3
Besondere Stromkreise – Gefahren des elektrischen Stromes

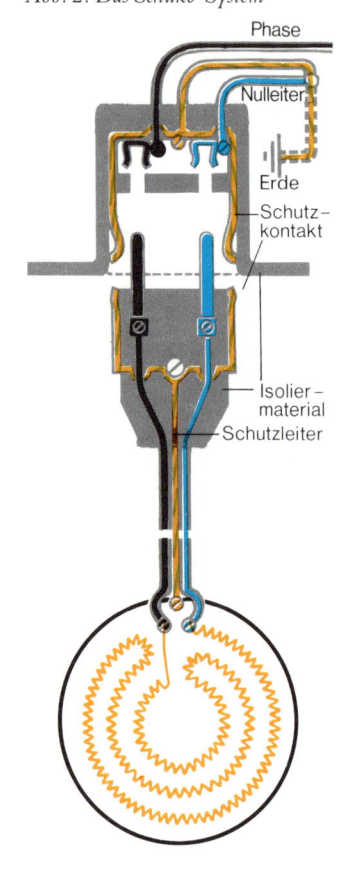

Besondere Gefahren unseres Stromnetzes. Wie jeder weiß, ist es lebensgefährlich, gleichzeitig beide Pole einer Netzsteckdose zu berühren, da ein Strom durch den menschlichen Körper starke Verbrennungen und oft tödliche Herz- und Gehirnlähmungen verursachen kann. Die meisten elektrischen Unfälle geschehen aber, wenn man nur *einen* blanken Leiterteil oder *einen* **Pol** unseres Lichtnetzes berührt!

❶ Im **Lehrerversuch**[1] wird einer der beiden Lampenanschlüsse mit einer Wasserleitung aus Metall verbunden. Der andere wird nacheinander mit einem der beiden Pole einer Netzsteckdose in Kontakt gebracht (Abb. 1).

Bei einem der beiden Steckdosenpole zeigt erstaunlicherweise die Glühlampe einen elektrischen Strom an, bei dem anderen nicht. Im ersten Fall muß ein geschlossener Stromkreis vorliegen. Um das zu verstehen, muß man wissen, daß das Elektrizitätswerk eine der beiden Zuleitungen zur Steckdose **geerdet** hat, d. h. mit einer großen Metallplatte in der Erde, meistens im Grundwasserbereich, verbunden hat. Diese geerdete Leitung nennt man **Erdleiter** oder **Nulleiter**, die andere ist die **Phase**leitung (Abb. 1). Nur wenn die Glühlampe einerseits über die Phaseleitung und andererseits über den Leiter Erde durch den Nulleiter mit dem E-Werk verbunden ist, liegt ein geschlossener Stromkreis vor: **Erdschluß.**

Abb. 2: *Das Schuko-System*

Das Schuko-System. Es ist also **lebensgefährlich,** wenn wir auch nur die Phaseleitung unseres Lichtnetzes allein berühren oder das Metallgehäuse eines Gerätes anfassen sollten, das aufgrund einer fehlerhaften Isolation mit der Phaseleitung Kontakt hat. Immer liegt über unserem Körper ein lebensbedrohender **Erdschluß** vor. Deshalb ist es Vorschrift, einen dritten Leiter, den **Schutzleiter** (*gelb* und *grün* gestreift), im Anschlußkabel elektrischer Geräte zu führen. Er ist einerseits mit dem Metallgehäuse des Gerätes, andererseits mit dem Schutzkontakt verbunden. Dieser ist in der Steckdose oder im Hausanschlußkasten an den Nulleiter (*blau*) angeschlossen (Abb. 2). Bei einem unerwünschten Kontakt der Phaseleitung (*schwarz*) mit dem Gehäuse ist über den Schutzleiter der Stromkreis sofort geschlossen. Da eine gute Leitung vorliegt, wird der elektrische Strom so ansteigen, daß eine Sicherungsvorrichtung in der Phaseleitung (!) den Stromkreis unterbricht. Die Anschlußkabel bei Radio- und Fernsehgeräten enthalten nur zwei Litzen, da die Gehäuse (aus Kunststoff oder Holz)

---

[1] Der Versuch muß mißlingen, wenn im Gebäude ein moderner Fehlerstrom-Schutzschalter eingebaut ist.

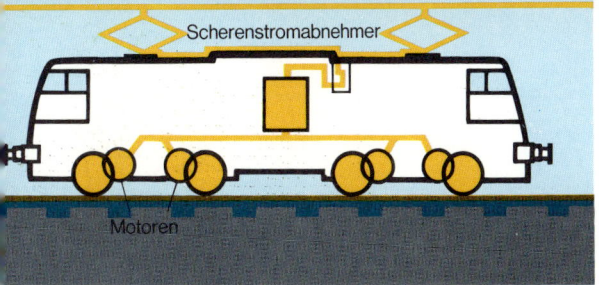

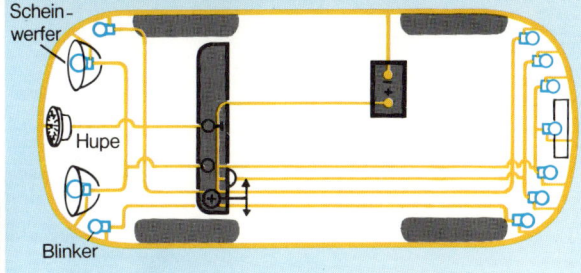

Abb. 3: Stromkreis bei einer E-Lok *Abb. 4: Stromkreis bei einem Pkw (Masseschluß)*

gut gegen den Netzstromkreis isoliert sind (Symbol ▫). Es gilt: „Vor Abnahme des Deckels Netzstecker ziehen!" Elektrische Geräte, die den Vorschriften des **V**erbandes **D**eutscher **E**lektrotechniker genügen, tragen das Zeichen **VDE**.
Bei **elektrischen Weidezäunen** ist der eine Pol einer besonderen Stromquelle mit der Erde, der andere mit den gegen Erde isolierten Drähten verbunden. Da die weidenden Tiere gegenüber Erde schlecht isoliert sind, schließen sie beim Berühren der „Phase" den Stromkreis und erhalten so einen „elektrischen Schlag".
Bei **elektrischen Straßenbahnen** und Lokomotiven erfolgt die „Zuleitung" des elektrischen Stromes durch den Fahrdraht, die „Rückleitung" durch die Fahrschiene und z. T. durch die Erde (Abb. 3).
Bei den meisten **Autos** führt von einem Pol der Batterie bzw. der Lichtmaschine nur *eine* Leitung zu jedem elektrischen Gerät, z. B. Scheinwerfer oder Hupe. Der andere Pol ist *über* **Masse,** d. h. über die Metallkarosserie des Autos, mit den Geräten verbunden (Abb. 4). Für uns ist es ungefährlich, die Autokarosserie zu berühren, da die Rückleitung von uns zur Batterie oder Lichtmaschine fehlt. Andererseits ist eine Autobatterie für den Menschen keine gefährliche Elektrizitätsquelle.
Masseschluß liegt z. B. auch beim Fahrrad und beim Motorrad vor.
Betrachte den Stromkreis Deines **Fahrrades!** Als Elektrizitätsquelle erkennst Du natürlich den Dynamo. Ein Pol ist leicht zu finden. Dort klemmen wir mit einer Überwurfmutter ein Anschlußkabel zu den Lampen fest. Der zweite Pol des Dynamos ist sein Gehäuse und damit das Befestigungsstativ! Über den Metallrahmen (Masse) ist der Dynamo mit den Lampen verbunden. Achte auf gute Kontakte! Eine ähnliche Masseverbindung findest Du auch bei der **Taschenlampe** (Abb. 5). Du kannst den Stromkreis vom Batterieboden (1. Pol) über Metallspirale, Metallgehäuse, Schalter, Glühlampe zum Batteriekontaktstutzen (2. Pol) verfolgen!
Phaseprüfer sind Schraubenzieher, bei denen ein Glimmlämpchen und ein Strombegrenzer eingebaut sein müssen. Bei der Handhabung des Phaseprüfers nach Abb. 6 liegt dank des unbedingt notwendigen Strombegrenzers über unseren Körper ein ungefährlicher Erdschluß vor. Das Lämpchen leuchtet nur beim Kontakt der Metallspitze mit der Phase!

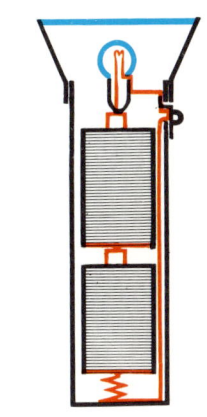

Abb. 5: Taschenlampe

Aus wirtschaftlichen Gründen bezieht man bei vielen technischen Stromkreisen die Erde, die Schienen oder das Metallgehäuse als Leiter ein.

Abb. 6: Phaseprüfer

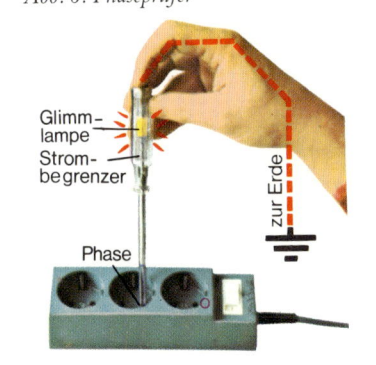

Aufgaben 1 Warum dürfen nur Fachleute Lichtnetzanschlüsse installieren? Welche lebensgefährlichen Verwechslungen können bei der Reparatur eines Schukosteckers eintreten?

7 *Grunderscheinungen der Elektrizität*

Abb. 1: Vergleich zwischen elektrischem Stromkreis und Wasserstromkreis: Wasserstrommodell

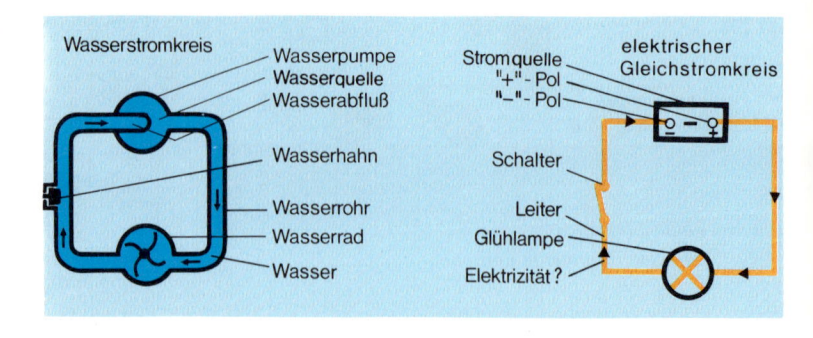

7.1.4 Das Wasserstrommodell – Gleich- und Wechselstrom

Wasserstromkreis und elektrischer Gleichstromkreis. Bei dem Begriff Strom denkt man zunächst sicher an strömendes Gas oder an fließendes Wasser. Solche Vorstellungen sind nützlich, um elektrische Erscheinungen im Stromkreis mit vertrauten Tatsachen zu veranschaulichen. Wir betrachten einen Gleichstromkreis (Abb. 1). Willkürlich nehmen wir an, daß der Strom vom „+"-Pol zum „−"-Pol der Stromquelle fließt. Die folgenden Überlegungen gelten auch, wenn es sich später herausstellen sollte, daß der Strom gerade in der entgegengesetzten Richtung fließt. Den elektrischen Stromkreis vergleichen wir mit einem Wasserstromkreis, der ihm in möglichst vielen Einzelheiten entspricht.

So haben die **Wasserpumpe** und die **Stromquelle** vergleichbare Aufgaben in ihrem Stromkreis zu erfüllen: sie sind Ursache für einen Strom. **Wasser** wird im Leitungssystem des Wasserstromkreises bewegt. Wir stellen uns vor, daß im elektrischen Stromkreis so etwas ähnliches wie Wasser – wir nennen es **Elektrizität** – durch die elektrischen Leitungen gepumpt wird. Die **Wasserrohre** sind hohl, die elektrischen **Leiter** dagegen kompakt. Offensichtlich muß die Elektrizität durch den metallenen Leiter fließen, wie etwa Wasser auch durch ein mit grobkörnigem Sand gefülltes Rohr dringen kann. Weiterhin haben ein **Wasserhahn** und ein **Schalter** einander entsprechende Funktionen. Schließlich dienen ein **Wasserrad** und eine **Glühlampe** jeweils zur Stromanzeige. Wir wissen, daß sich die Umdrehungsgeschwindigkeit eines Wasserrades nach der Größe des **Antriebs** durch die Wasserpumpe und nach der Bauart des Wasserrades selbst richtet. Ähnliche Erscheinungen finden wir auch bei den Glühlampen. Ihr Leuchten wird von der Art der Stromquelle im Stromkreis und von der Bauart der Glühlampe selbst bestimmt.

> Im Rahmen unserer Vergleichsmöglichkeiten können wir den Wasserstromkreis als vorläufiges **Modell** für den elektrischen Gleichstromkreis benutzen.

Untersuchung der Pole einer Stromquelle. Ein Wasserstrom fließt von der Quelle zur Mündung oder von einem Überdruckgebiet in ein Unterdruckgebiet. Liegt etwas Vergleichbares auch beim elektrischen Stromkreis vor? Bisher konnten wir nicht beobachten, daß beim elektrischen Strom etwas fließt. Es müßte eine Flußrichtung nachzuweisen sein, d. h. der eine Pol müßte wie ein Zufluß, der andere wie ein Abfluß wirken. Um über die Gleichheit oder Verschiedenheit der Pole einer Stromquelle zu entscheiden, benutzen wir sog. **Glimmlampen** (Abb. 2). In ihnen sind zwei Metallplatten oder zwei Metalldrähte als Elektroden so einge-

Abb. 2: Glimmlampe (in der Fassung befindet sich ein großer Begrenzungswiderstand)

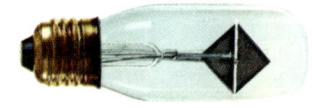

schmolzen, daß sie im Kolben einander dicht gegenüberstehen, einander aber nicht berühren. Im Kolben befindet sich als elektrischer Leiter Neongas unter geringem Druck.

❶ Wir schalten eine Glimmlampe (mit Fassung oder mit einem großen Begrenzungswiderstand) in einen Stromkreis mit einem geeigneten Netzgerät (Abb. 3). Wir benutzen die Pole mit der Beschriftung „−" und „+"!

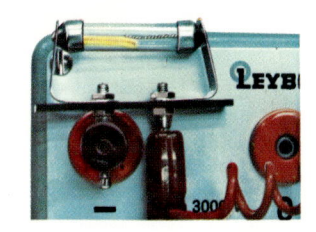

Abb. 3: Zu V 1

Wir beobachten bei der Glimmlampe eine Leuchterscheinung. Wir schließen daraus, daß der Stromkreis geschlossen ist. Dabei bemerken wir, daß nur die Umgebung einer Elektrode leuchtet. Auch nach einer Vertauschung der Anschlüsse (Umpolung) leuchtet immer die Umgebung der Elektrode auf, die mit dem „Minus"-Pol verbunden ist.
Die Pole der Stromquellen sind also in ihren Auswirkungen nicht gleichwertig. Es ist daher gerechtfertigt, sie verschieden zu bezeichnen, wie z.B. mit „−" und „+". Auch die Pole einer Taschenlampenbatterie sind so gekennzeichnet. Ihre Verschiedenheit läßt sich mit Hilfe von **Polreagenzpapier** (Filterpapier in Salzlösung getränkt) nachweisen.

❷ Wir drücken die Batteriepole auf feuchtes Polreagenzpapier (Abb. 4).

Abb. 4: Zu V 2

Die wäßrige Salzlösung schließt einen Stromkreis. Der Bereich des Papiers, der mit dem Minuspol der Batterie Kontakt hat, färbt sich rot.
Die *Verschiedenartigkeit* der Pole einer Stromquelle ist eine Voraussetzung dafür, daß ein Strom fließen kann. Allerdings zeigen uns diese Versuche noch nicht, ob nun wirklich „Etwas" fließt und dann, ob es vom „+"-Pol zum „−"-Pol fließt oder umgekehrt. Wir müssen diesem Problem der Stromrichtung durch gezielte Experimente noch nachgehen.

| Unsere Versuche zeigen: Die beiden Pole einer Stromquelle sind verschieden. Jede Stromquelle hat einen „−"- und einen „+"-Pol. |

Gleich- und Wechselstrom. Die Pole einer Netzsteckdose sind nicht mit „+" und „−" gekennzeichnet. Wir wollen sie genauer untersuchen.

❸a Wir schließen die Glimmlampe an eine Steckdose.

Bei der Glimmlampe leuchten die Umgebungen beider Elektroden auf. Hat die Steckdose etwa zwei „−"-Pole?

❸b Wir betrachten die Glimmlampe in einem rotierenden Spiegel (Abb. 5).

Wir erkennen die Bilder der oberen und der unteren Elektrode deutlich nebeneinander.
Der Versuch zeigt, daß die beiden Elektroden abwechselnd, nie gleichzeitig leuchten! Die Pole dieser Elektrizitätsquelle wechseln also laufend ihre Bezeichnung. Verbindet man diese Pole, so fließt ein **Wechselstrom** im Gegensatz zu einem **Gleichstrom,** der seine Richtung beibehält. Bei unseren Elektrizitätsnetzen wechselt der Strom in der Sekunde 100mal seine Richtung. Das bedeutet, daß jeder Pol unserer Steckdose je 50mal in der Sekunde die Bezeichnung „+" bzw. „−" verdient. Wir sagen: Der Wechselstrom hat die Frequenz $f = 50$ Hertz (Hz).

Abb. 5: Zu V 3 a und V 3 b

| Eine Stromquelle mit gleichbleibender Poleigenschaft liefert **Gleichstrom,** mit wechselnder Poleigenschaft dagegen **Wechselstrom.** |

Aufgabe Wie kann man sich die verschiedenen elektrischen Leitfähigkeiten der Stoffe mit Hilfe des Wasserstromkreises veranschaulichen?

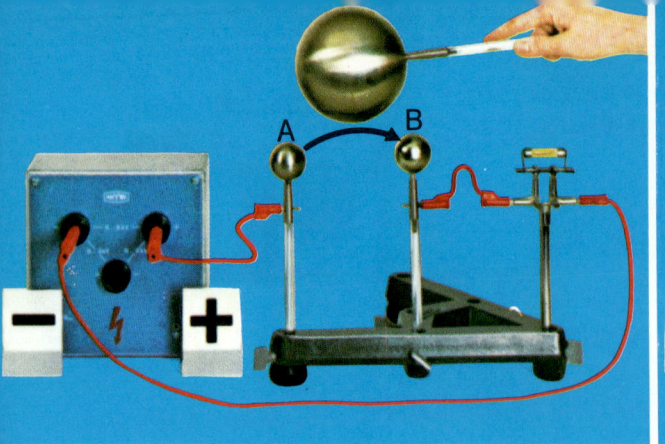

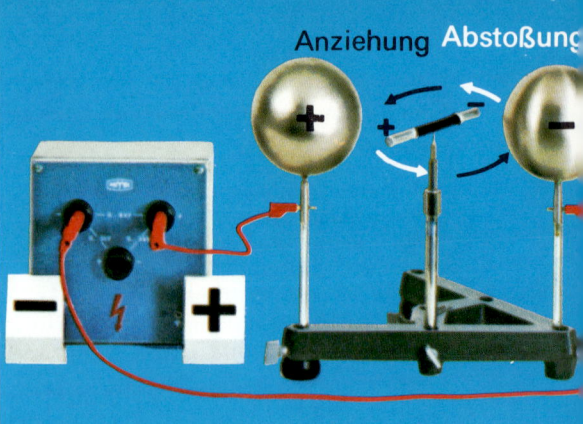

Abb. 1: Nachweis für den Transport elektrischer Ladung *Abb. 2: Verhalten elektrisch geladener Körper*

7.2

7.2.1
Elektrisch geladene Körper – Zwei Ladungsarten

Die elektrische Ladung – Elektronenvorstellung

Der Ladungsbegriff. Den elektrischen Stromkreis können wir uns in mancher Hinsicht durch einen Wasserstromkreis veranschaulichen, bei dem Wasserteilchen bewegt werden. Wir sprechen von einem elektrischen Strom. Dabei wissen wir nicht, *ob* etwas und wenn ja, *was* in den Leitern fließt und *warum* es fließt. Diesen Fragen wollen wir nachgehen.

❶ Wir schließen eine Glimmlampe an ein „Hochspannungsnetzgerät" an, das Gleichstrom liefert. Zwischen zwei Punkten A und B – den „verlängerten" Polen des Gerätes (Abb. 1) – sei der Stromkreis unterbrochen. Wir überbrücken AB durch einen Leiter.

Die Umgebung der mit dem Minus-Pol des „Hochspannungsgerätes" verbundenen Elektrode der Glimmlampe leuchtet auf. Es liegt also ein geschlossener Stromkreis vor.

❷ Wir entfernen die Verbindung AB und führen eine Metallkugel, die an einem isolierten Griff befestigt ist, mehrmals von A nach B (Abb. 1).

Die Glimmlampe leuchtet kurz auf, wenn die Kugel von A kommend den Kontakt B berührt.
Es scheint so, als ob die Metallkugel bei A mit einer elektrischen Substanz gleichsam „beladen" und bei B wieder „entladen" wurde, wodurch die Glimmlampe aufleuchtete: Elektrizität wird in Portionen von A nach B transportiert. – Benutzen wir zum „Transport" eine größere Kugel, dann leuchtet die Glimmlampe stärker auf. Das führen wir darauf zurück, daß bei der gleichen Stromquelle mit der größeren Kugel auch eine größere Portion **elektrischer Ladung** übertragen, d. h. bewegt wird.

Untersuchung der elektrischen Ladung. In V 2 verhielt sich der „+"-Pol wie ein Elektrizitätszufluß und der „−"-Pol wie ein Elektrizitätsabfluß. Versuchen wir einen Ladungstransport in umgekehrter Richtung!

❸ Wir schalten die Glimmlampe zwischen „+"-Pol und A und führen die Metallkugel jetzt mehrmals von B nach A.

Unsere Versuche können wir nur erklären, wenn die Elektrizität Substanzcharakter besitzt. Die elektrische Substanz nennen wir **elektrische Ladung**. Sie läßt sich von elektrisch geladenen Körpern auf andere Körper übertragen.

Auch diesmal leuchtet die Glimmlampe auf. Jetzt scheint elektrische Ladung von B nach A gebracht worden zu sein.
Daraus schließen wir, daß sowohl am „+"-Pol als auch am „−"-Pol der Stromquelle Körper elektrisch aufgeladen werden können. Wir vermuten, daß es sich um zwei verschiedene Elektrizitätsarten handelt.
Den elektrischen Zustand der Metallkugel kann man nicht unmittelbar beobachten. Ob dieser Körper elektrisch geladen ist, können wir nur an den Wirkungen der Ladungen merken.

❹ Wir berühren mit einem leicht drehbaren Metallkörper (Abb. 2) oder mit Kügelchen aus Holundermark (Abb. 3) nacheinander die verlängerten Pole eines eingeschalteten Hochspannungsnetzgerätes.

Nach dem Ladungsvorgang z. B. am „+"-Pol wird der bewegliche, geladene Körper abgestoßen und vom „−"-Pol angezogen, und zwar um so stärker, je näher er den Polen ist. Laden wir die Körper am „−"-Pol auf, so werden sie von diesem Pol abgestoßen und vom „+"-Pol angezogen.
Wir unterscheiden zwischen den elektrischen Ladungen am „+"- bzw. am „−"-Pol: wir bezeichnen sie als positive bzw. negative Ladungen.
Beim **Elektroskop** (skopein, griech. sehen) nutzt man diese elektrischen Wirkungen, um Ladungen nachzuweisen. Abb. 4 zeigt zwei geladene Elektroskope, bei denen man zwei gegeneinander isolierte Metallteile sieht: außen befindet sich ein Rahmen und innen eine leicht drehbare Nadel an einem Stab. Nadel und Stab sind leitend verbunden. Bringen wir gleichartige Ladungen portionsweise zum Elektroskopkopf, dann wird der Ausschlag der Nadel schrittweise größer. Diese Ladungen auf Nadel und Stab stoßen einander ab, und dadurch wird die Nadel ausgelenkt.

Ungleichnamige Ladungen auf einem Leiter. Beide Ladungsarten rufen je für sich beim Elektroskop die gleichen Wirkungen hervor. Was wird geschehen, wenn wir ungleichnamige Ladungen auf einen Leiter bringen?

❺ Ein Elektroskop wird positiv geladen. Anschließend bringen wir mehrmals mit einer isolierten Metallplatte negative Ladungsportionen vom „−"-Pol eines Hochspannungsnetzgerätes zum Elektroskop.

Wir beobachten, wie der Ausschlag der Elektroskopnadel bei jeder aufgebrachten Ladungsportion kleiner, zu Null und wieder größer wird. Diese Vorgänge erinnern an die Addition ganzer Zahlen (z. B. $(+2)+(-2)=0$)!

Aufgaben 1 Wir lassen Asche auf einen elektrisch geladenen Körper fallen. Warum „springt" die Asche vom Körper weg?
2 Eine isoliert aufgestellte Metallkugel ist elektrisch geladen. Wie und mit welchen Geräten kannst Du die Ladungsart feststellen?
3 Ein Elektroskop läßt sich durch Ladungstransport von einem Hochspannungsnetzgerät mit Hilfe eines Glas- oder Kunststoffkörpers nur mühsam auf- bzw. entladen! Versuche diesen Effekt zu erklären!
4 Schildere zu V2 und V3 entsprechende Versuche mit dem Wasserstromkreis! Welche großen Schwierigkeiten ergeben sich?

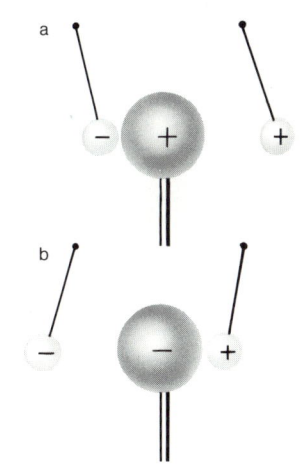

Abb. 3: Anziehung und Abstoßung elektrisch geladener Körper

Wir unterscheiden zwei Arten von elektrischen Ladungen, die wir als positiv (+) bzw. negativ (−) bezeichnen. Gleichnamige Ladungen stoßen einander ab, ungleichnamige Ladungen ziehen einander an.

Abb. 4: Elektroskope

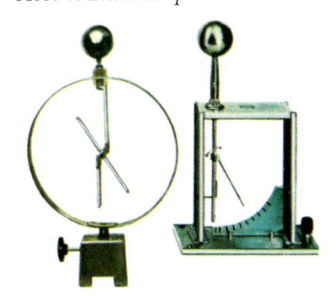

Ungleichnamige Ladungen können sich in ihrer Wirkung nach außen hin gegenseitig aufheben; sie neutralisieren sich.

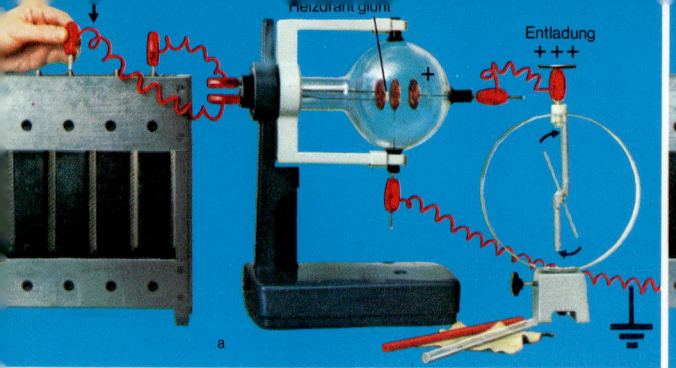

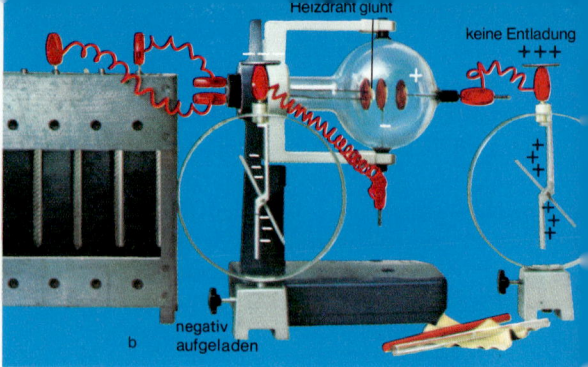

Abb. 2: Versuche zur Glühemission

7.2.2 Elektronenvorstellung – Ein Atommodell

Vorbemerkungen. Den elektrischen Zustand der Pole einer Stromquelle haben wir uns durch die Existenz positiver und negativer elektrischer Ladungen veranschaulicht. Wie können wir uns damit z.B. die Aufladung eines Körpers erklären, wie den Ladungstransport und die Neutralisation der Ladungen? Woher stammen die elektrischen Ladungen, oder kann man sie „erzeugen"? Im folgenden werden wir diesen Fragen nachgehen.

Die Elektronenvorstellung. Um uns eine Vorstellung vom Ladungsvorgang oder vom Ladungstransport zu machen, müssen wir zunächst die elektrischen Ladungen aus dem Leiter freisetzen. Das läßt sich besonders eindrucksvoll mit einer sog. **Triode** (Abb. 1) zeigen. In ihrem hochevakuierten Glaskolben sind drei Elektroden eingeschmolzen. Zwischen dem Heizdraht K und einer isolierten Metallplatte A befindet sich die gitterförmige Elektrode G. Die zwei Verbindungen zu K und die zu G und A führen jeweils zu Buchsen außerhalb der Röhre.

❶ Die Elektrode A wird mit einem Elektroskop verbunden und mit Hilfe eines Hochspannungsnetzgerätes a) einmal negativ und dann b) positiv geladen. Wir erden die Elektrode G und erhitzen in beiden Fällen den Draht K durch elektrischen Strom (Abb. 2a).

Wenn der Draht stark glüht, wird das Elektroskop und somit auch A nur im Fall b), also bei positiver Aufladung entladen. Das Glühen des Metallfadens muß Ursache dafür sein.
Entweder wurden durch das Glühen des Heizdrahtes positive Ladungen aus A herausgelöst, oder A erhielt durch das Glühen negative Ladungen, die dann die positiven Ladungen auf A neutralisierten.

❷ Wir wiederholen V1 mit positiver Aufladung von A, laden aber jetzt die Elektrode G mit Hilfe eines Hochspannungsnetzgerätes a) einmal positiv und dann b) negativ auf (Abb. 2b).

Die positive Aufladung von A bleibt nur im Fall b), also bei negativer Gitteraufladung bestehen!
Aus V1 *und* V2 muß man schließen, daß der glühende Draht negative Ladungen aussendet. Nur sie können in V1 die positive Elektrode A entladen haben *und* in V2 vom negativen Gitter daran gehindert worden sein.

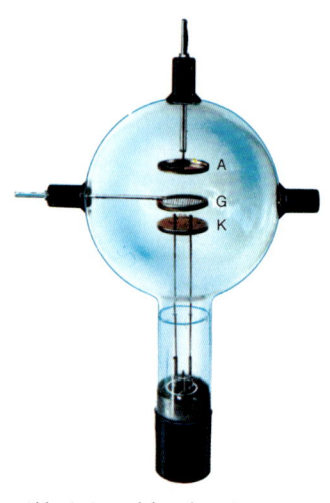

Abb. 1: Dreielektrodenröhre (Triode)

Glühende Metalle senden negativ geladene Teilchen aus, die sog. **Elektronen.** Man nennt diesen Vorgang **Glühemission.**

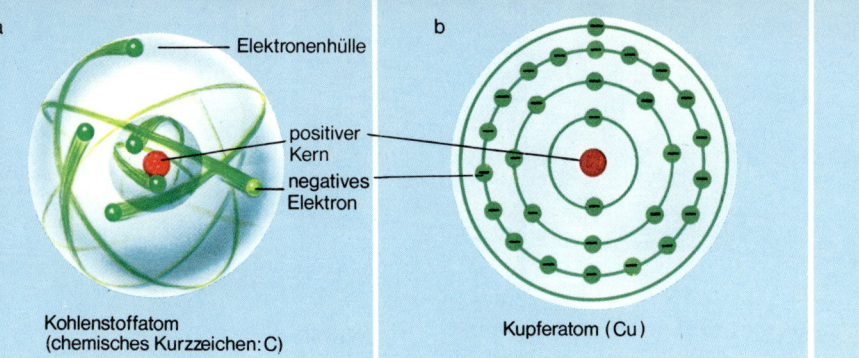

Abb. 3: Atommodell: a) räumlich, b) ebener Schnitt, c) Veranschaulichung der Größenverhältnisse (das Größenverhältnis zwischen Atomkern und Atom entspricht etwa dem zwischen einer Erbse und einer Kugel mit der Höhe des Kölner Doms als Durchmesser).

Spätere Versuche führen zu der Vorstellung, daß diese negativen Ladungen kleinste, unteilbare Elektrizitätsportionen sind. Sie werden von winzigen Teilchen getragen, die man **Elektronen** nennt. Diese Freisetzung von Elektronen aus glühenden Metallen heißt **Glühemission.** Sie ähnelt dem Verdampfen von Flüssigkeiten.

Auch positive Ladungen können das Metall verlassen, wenn auch erst bei hohen Temperaturen. Sie scheinen „fester" als Elektronen zu sitzen.

Ein Atommodell. Seit etwa 1810 nahm man aufgrund chemischer Untersuchungen an, daß jeder Stoff aus **Atomen** besteht. Das sind kleinste Teilchen, die die charakteristischen chemischen Eigenschaften des betreffenden Stoffes bestimmen. Man hielt sie für unteilbar (atome, griech. das Unteilbare). Um 1900 war man sich klar, daß z.B. die Elektronen bei der Glühemission aus diesen Atomen stammen mußten. Man machte sich folgende vereinfachte **Vorstellung vom Atom:** Der **Kern** des Atoms enthält fast die ganze Masse des Atoms und ist positiv geladen. Die negativen Elektronen umkreisen den Kern in einer **Hülle,** ähnlich wie die Planeten die Sonne (Abb. 3). Das Elektron wird durch die elektrische Anziehung zum positiven Atomkern auf seiner Umlaufbahn gehalten. Abb. 3 c veranschaulicht die Größenverhältnisse von Atomkern zum Atom. Man kann sagen: Der größte Teil des Atoms ist „leer"!

Jedes Atom hat eine bestimmte Anzahl von Elektronen, deren Verhalten sowohl seine chemischen als auch elektrischen Eigenschaften bestimmt. Wie kommt nun die elektrische Aufladung eines Körpers zustande? Bei allen Metallen findet man **„frei bewegliche" Elektronen.** Sie stammen meist aus dem äußeren Bereich der Hülle, wo sie nur noch sehr schwach an den Kern gebunden sind. Schon kleine Störungen können diese Elektronen aus der Bahn werfen. Sie „vagabundieren" dann im Körper herum und tauschen sich von Atom zu Atom aus (Abb. 4). Im Normalzustand hat jedes Atom gleich viele positive und negative Ladungen; es ist elektrisch neutral. Verläßt ein Elektron „sein" Atom, dann ist der Rest, der sog. **Atomrumpf,** positiv geladen; die Kernladung ist jetzt größer als die Elektronenladung. Entsprechend ist ein Körper elektrisch negativ, wenn er mehr Elektronen besitzt als zur Neutralisation der Ladung seiner Atomkerne erforderlich ist.

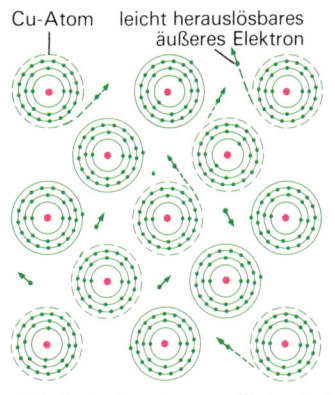

Abb. 4: Aufbau eines metallischen Leiters

Bei elektrisch negativ geladenen Körpern herrscht Elektronenüberschuß, bei elektrisch positiv geladenen Körpern liegt Elektronenmangel vor.

Aufgaben **1** 1 g Kupfer besteht aus ca. 10^{22} Atomen mit je 29 Elektronen. Die Erdoberfläche ist ca. 510 Millionen km² groß. Wieviele Atomkerne bzw. Elektronen kämen bei gleichmäßiger Verteilung auf 1 m² der Erde?
2 Ein Elektroskop E_1 sei positiv und ein anderes E_2 sei negativ geladen. Deute einen Ladungstransport mit einer Metallkugel von E_1 nach E_2 bzw. von E_2 nach E_1 mit der Elektronenvorstellung!

7 *Grunderscheinungen der Elektrizität*

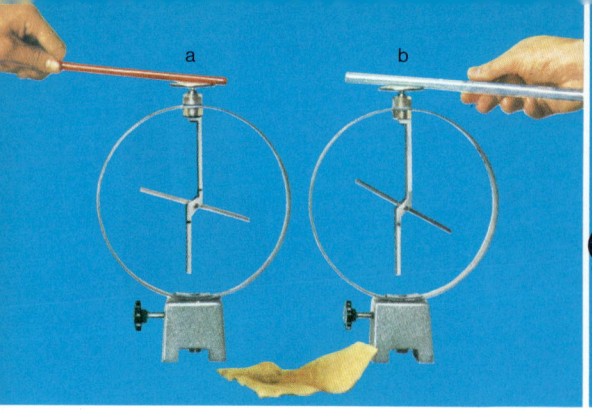

Abb. 1: Nachweis des elektrischen Zustandes von Kunststoffstab und Glasstab

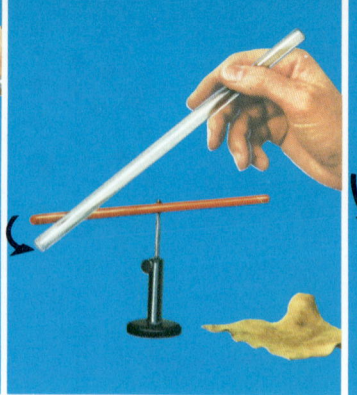

Abb. 2: Aufgeladene Kunststoff- und Glasstäbe ziehen einander an

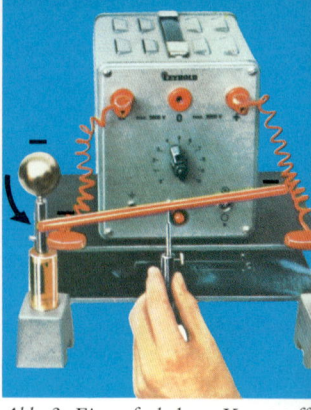

Abb. 3: Ein aufgeladener Kunststoffstab wird vom „−"-Pol abgestoßen

7.2.3 Kontaktelektrizität – Ladungstrennung

Abb. 4: Elektrische Auflading von Wassertropfen

Elektrische Aufladungen. Gehst Du in Schuhen mit einer Gummisohle über einen Kunststoffbelag, so kann es vorkommen, daß Du anschließend bei der Berührung eines Gegenstandes aus Metall einen kleinen „elektrischen Schlag" spürst. Offenbar war der enge Kontakt der Schuhsohle mit dem Bodenbelag die Ursache für diesen Effekt.

❶ Wir bringen verschiedene Stäbe aus Holz, Gummi, Hartgummi, Glas, Kohle und Metall durch Reiben mit einem Lederlappen in engen *Kontakt* und berühren anschließend ein Elektroskop (Abb. 1).

Das Elektroskop wird durch die geriebenen Stäbe aus Holz, Gummi, Kunststoff und Glas wie mit dem Hochspannungsnetzgerät geladen. Führen wir ein Glimmlämpchen am Kunststoffstab entlang, so leuchtet es auf.

❷ Wir lagern einen geriebenen Kunststoffstab drehbar auf einer Nadel. Wir nähern ihm a) einen geriebenen Glasstab (Abb. 2), b) einen Kunststoffstab.

Der Kunststoffstab und der Glasstab ziehen einander an, dagegen stoßen die beiden Kunststoffstäbe einander ab.
Diese Erscheinungen erinnern uns an die Wirkungen ungleichnamiger und gleichnamiger Ladungen aufeinander. Überprüfen wir den elektrischen Zustand der Stäbe mit Hilfe der elektrischen Ladungen, die wir dem Hochspannungsgerät entnehmen!

❸ Wir verbinden die Pole eines Hochspannungsgerätes mit je einer Metallkugel. Diesen „verlängerten" Polen nähern wir nacheinander ein Ende eines geriebenen, drehbaren Kunststoffstabes (Abb. 3).

Der Kunststoffstab wird vom „−"-Pol abgestoßen und vom „+"-Pol angezogen. Also muß der geriebene Kunststoffstab elektrisch negativ aufgeladen sein und entsprechend muß ein Glasstab durch den Kontakt mit dem Lederlappen elektrisch positiv aufgeladen sein.

❹ In eine Kerze schneiden wir eine Rinne. Wir lassen Wassertropfen diese Rinne herabrollen und in ein Blechgefäß tropfen, das auf einem empfindlichen Elektroskop steht (Abb. 4).

Nach einiger Zeit schlägt der Zeiger des Elektroskops aus.

Offensichtlich werden auch die Wassertropfen beim Kontakt mit dem Kerzenwachs aufgeladen.

Ladungstrennung. Wir müssen nun klären, *woher* z.B. der geriebene Kunststoffstab den Überschuß an Elektronen erhalten hat, bzw. was mit den dem Glasstab fehlenden Elektronen geschehen ist. Die Elektronen können nach unseren Vorstellungen nur aus den Atomen stammen.

❺ Wir reiben einen Kunststoffstab mit einem Lederlappen und berühren das Elektroskop mit dem Stab und dann mit dem Lederlappen (Abb. 5 a, b).

Bei der ersten Berührung schlägt die Elektroskopnadel aus. Der Ausschlag geht aber bei der Berührung mit dem Leder wieder ganz zurück. Entsprechend verlaufen Versuche mit einem Glasstab.

Weitere Untersuchungen haben gezeigt, daß beim Kontakt stofflich verschiedener Körper immer einige verhältnismäßig locker sitzende Elektronen von einem zum anderen Körper übergehen. Die Richtung, in der sie sich bewegen, hängt von den einander berührenden Körpern ab. Während der Lederlappen an den Kunststoffstab Elektronen abgeben muß, ist er z.B. in der Lage, einem Glasstab Elektronen zu entreißen. Dieser Elektronenübergang ist um so größer, je größer die Kontaktfläche ist. Daher reiben wir auch, um durch Ausgleich mikroskopisch kleiner Unebenheiten mehr Kontaktfläche zwischen den verschiedenen Körpern zu gewinnen. Diese Kontaktelektrizität läßt sich zwischen allen Stoffen nachweisen, auch zwischen Metallen. Allerdings erfolgt beim Auseinanderziehen zweier Metallflächen rasch ein Ladungsausgleich durch einen Funken, da ein Leiter im Gegensatz zum Nichtleiter „frei bewegliche" Elektronen hat. Die „Erzeugung von Elektrizität" besteht also nur im Trennen von schon vorhandenen Ladungen. Die Ladungsmenge, die der eine Kontaktkörper im Überschuß erhalten hat, fehlt dem anderen.

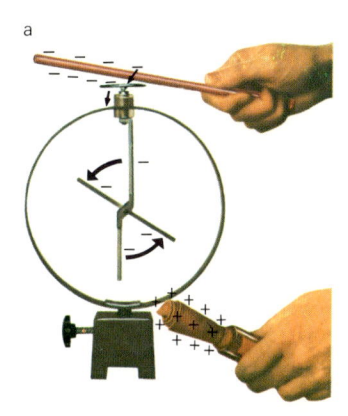

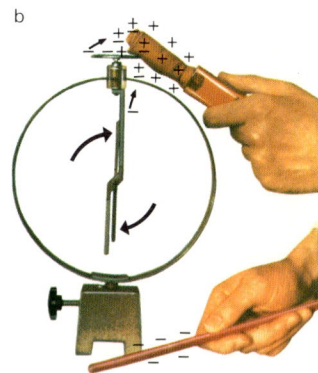

Abb. 5: Zur Ladungstrennung

Gefahren durch Kontaktelektrizität. Sind die beiden einander berührenden Körper Isolatoren, dann können die getrennten Ladungen nicht abfließen bzw. nicht neutralisiert werden. Wiederholen sich die Kontakte, dann werden die Ladungsmengen schließlich so groß, daß sie sich durch die Luft als Funken ausgleichen. Solche Funken haben schon häufig brennbare Flüssigkeiten oder Dämpfe zur Explosion gebracht. Deshalb sind die Plastik- oder Gummischläuche für Benzin bei Tankstellen oder chemischen Fabriken immer geerdet, d.h. über eine leitende Schlaucheinlage mit der Erde verbunden. So werden die beim Kontakt zwischen Flüssigkeit und Schlauch getrennten Ladungen ausgeglichen.

> Beim Kontakt stofflich verschiedener Körper findet eine **Ladungstrennung** statt. Dadurch wird eine ungleichmäßige Verteilung der Ladungen bei den Körpern verursacht.

Aufgaben **1** Es kann passieren, daß Du nach einer Autofahrt beim Aussteigen bei der Berührung der Metallkarosserie einen (ungefährlichen) elektrischen Schlag erhältst. Erkläre Ursache und Wirkung! Welche Abhilfe schlägst Du vor?
2 Wie kann man die Art der Aufladung eines geriebenen Körpers mit Hilfe eines Elektroskops und eines Hochspannungsgerätes bestimmen? Deute den Nachweis mit Hilfe der Elektronenvorstellung!
3 Warum sollte in V5 der Lederlappen gut isoliert sein (wie in Abb. 5)? Hinweis: Der menschliche Körper ist ein Leiter!

7.2.4 Ladungsverschiebung durch elektrische Influenz

Abb. 1: Elektrisch geladene Körper ziehen auch ungeladene Körper an

Abb. 3: Ladungstrennung durch elektrische Influenz: a) Versuch b) Veranschaulichung

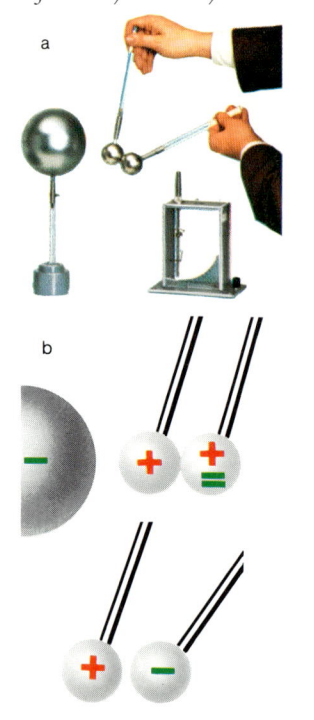

Bernsteineigenschaft. Schon im Altertum (*Thales von Milet*, 585 v. Chr.) kannte man die merkwürdige Eigenschaft von geriebenem Bernstein, kleine Körper z. B. aus Wolle anzuziehen. Man nannte diese Eigenschaft elektrisch (elektron, griech. Bernstein). Ähnliche Wirkungen sind Dir von geladenen Kunststoffgegenständen bekannt, z. B. beim Kämmen frisch gewaschener Haare oder beim Entstauben von Schallplatten.

❶ Wir laden einen Kunststoffstab und einen Glasstab durch engen Kontakt mit einem Lederlappen elektrisch auf. Wir nähern diese Stäbe nacheinander kleinen ungeladenen Papierschnitzeln, Watteflocken und einer ungeladenen, an einem langen Faden hängenden Metallkugel (Abb. 1).

Sowohl die schlecht als auch die gut leitenden ungeladenen Körper werden von *beiden* Stäben angezogen.

Die Körper scheinen geladen zu sein, obwohl sie vor und nach jedem Versuch elektrisch neutral sind. Offensichtlich werden sie durch den *„Einfluß"* der geladenen Stäbe *ohne* Berührung elektrisch verändert; man nennt diese Erscheinung **elektrische Influenz** (Influenz, neulat. Einfluß).

Elektrische Influenz bei Leitern.

Wir haben von den „frei beweglichen Elektronen" in Metallen gehört. Deshalb können wir annehmen, daß sich diese Elektronen der Metallkugel unter dem Einfluß z. B. eines positiv geladenen Körpers auf diesen zu verschieben. Es bildet sich ein Gebiet mit Elektronenüberschuß und gleichzeitig auf der entgegengesetzten Kugelseite ein Gebiet mit Elektronenmangel (Abb. 2a). Es entsteht ein **elektrischer Dipol** (di, gr. zwei).

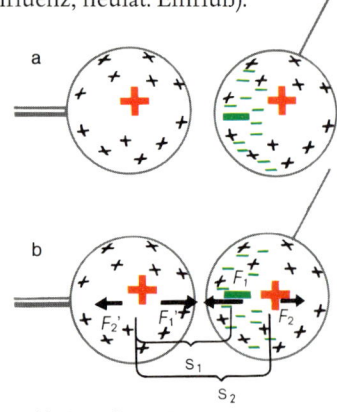

Abb. 2: Influenz bei Leitern

Die Anziehung zwischen geladenem Körper und verschobenen Elektronen ist wegen des *kleineren* Abstandes *größer* als die Abstoßung zwischen den gleichnamigen Ladungen auf Körper und Kugel (Abb. 2 b). Eine umgekehrte Elektronenverschiebung tritt ein, wenn wir der neutralen Metallkugel einen negativ geladenen Körper nähern.

Damit verstehen wir auch die Anziehung zwischen Kunststoffstab und beeinflußter Metallkugel. Wird die Ursache der Elektronenverschiebung beseitigt, verteilen sich die Elektronen wieder gleichmäßig: die Metallkugel erscheint wieder elektrisch neutral.

❷ Wir halten zwei einander berührende, elektrisch neutrale Metallkugeln in die Nähe eines geladenen Körpers (Abb. 3 a). Dann entfernen wir die beiden Kugeln voneinander und überprüfen ihre Ladung (Abb. 3 b).

Beide Kugeln sind unter dem Einfluß einer äußeren Ladung entgegengesetzt geladen worden. Wir haben dann beide Kugeln gegen die elektrische Anziehung auseinander gezogen. Es fand eine **Ladungstrennung** statt.

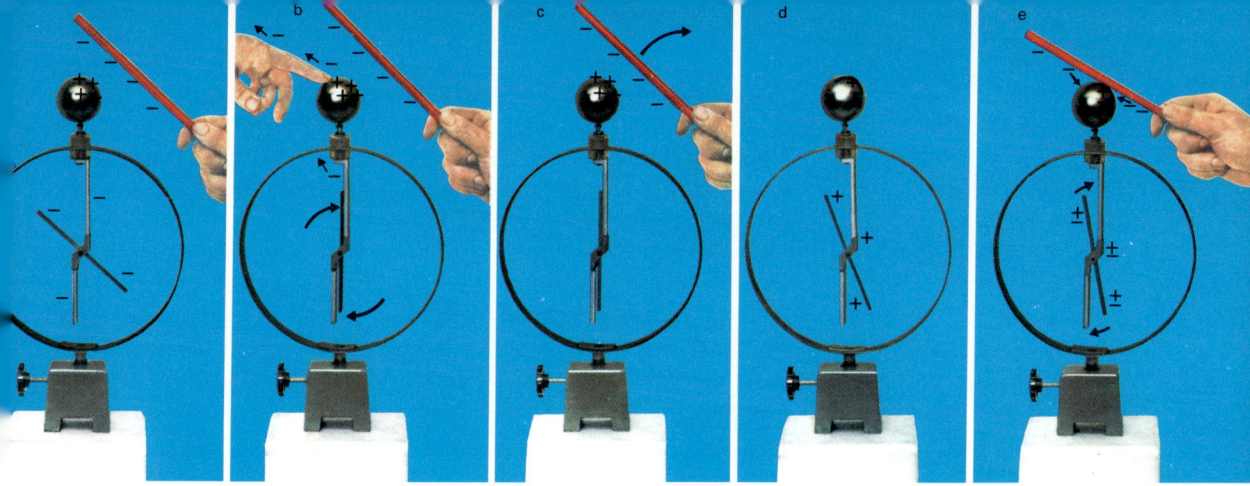

Abb. 4: Zur Wirkung der elektrischen Influenz

Wir vertiefen unsere Erkenntnisse zur Influenz (Abb. 4):

❸ Wir nähern einen negativ geladenen Kunststoffstab einem Elektroskopkopf (a) und berühren diesen mit dem Finger (b). Dann entfernen wir Finger (c) und Stab (d) und bestimmen die Elektroskopladung (e).

Die Abb. 4 a–e zeigt den Versuchsablauf. Wir deuten mit Hilfe der Elektronenvorstellung: Zunächst schlägt infolge **elektrischer Influenz** die Elektroskopnadel aus (a), anschließend fließt ein Teil der verschobenen Elektronen über den Finger zur Erde ab (b), während positive Ladungen am Elektroskopkopf durch den Einfluß der negativen Ladungen des Stabes „gebunden" sind. Wird der Stab entfernt (d), können Elektronen in dieses „Mangelgebiet" fließen und dadurch eine positive Ladung des ganzen Elektroskopes bewirken (e).

Elektrische Influenz bei Isolatoren. Im Gegensatz zu Metallen sind die Elektronen bei den schlechten Leitern an „ihr" Atom gebunden. Nähern wir uns z. B. mit dem geladenen Kunststoffstab einer Watteflocke, dann finden in den Wattefasern winzige Ladungsverschiebungen statt. Die einzelnen Fasern und damit ganze Watteflocken erscheinen als Dipole (Abb. 5 a): zwischen Stab und Dipolen erfolgt elektrische Anziehung.

Auch Flüssigkeitsteilchen enthalten positive und negative Ladungen:

❹ Wir nähern einen elektrisch geladenen Kunststoffstab und dann einen positiv geladenen Glasstab einem feinen Wasserstrahl (Abb. 5 b) und dann einem feinen Ölstrahl.

Der Wasserstrahl wird von beiden Stäben merklich angezogen. Auch der Ölstrahl wird angezogen, wenn auch merklich geringer.
Dazu muß man wissen, daß die Wasserteilchen im Gegensatz zu den Ölteilchen schon von Natur aus elektrische Dipole sind. Unter normalen Umständen sind diese ungeordnet. Durch den Einfluß elektrisch geladener Körper werden die Dipole im Wasser ausgerichtet.

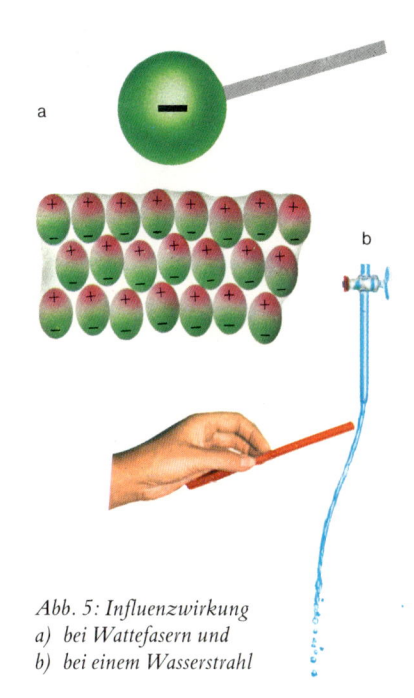

Abb. 5: Influenzwirkung
a) bei Wattefasern und
b) bei einem Wasserstrahl

> **Elektrische Influenz:** Unter dem **Einfluß** elektrisch geladener Körper werden bei Leitern Elektronen verschoben. Bei Isolatoren werden dadurch Dipole gebildet oder vorhandene Dipole ausgerichtet.

7 *Grunderscheinungen des elektrischen Stromes*

7.3 Anwendungen der Elektronenvorstellung

7.3.1 Der elektrische Strom als Ladungstransport

Vorbemerkungen. Wir haben erkannt, daß es zwei Arten von Elektrizität gibt: positive und negative elektrische Ladung. Gleichnamige Ladungen stoßen einander ab, ungleichnamige ziehen einander an. Der glühelektrische Effekt und die Influenz bei Leitern führten uns zu der Vorstellung, daß in jedem Metall frei bewegliche Elektronen mit einer negativen Ladung vorhanden sind und daß die positiven Ladungen an die Atomrümpfe innerhalb des Metalls fest gebunden sind. Mit Hilfe dieser Elektronenvorstellung können wir jetzt die erste der beiden Ausgangsfragen, *ob* etwas und wenn ja, *was* in einem Stromkreis fließt, beantworten.

Deutung des Ladungstransportes mit der Elektronenvorstellung.
Wir knüpfen an die Versuche zum Transport elektrischer Ladung mit einer Metallkugel an und führen folgenden Versuch durch:

❶ Zwischen zwei mit den Polen eines „Hochspannungsgerätes" verbundenen Metallplatten hängen wir einen grafitüberzogenen Tischtennisball. Wir berühren mit ihm eine Platte und lassen ihn los (Abb. 1).

Zunächst bleibt der Ball in Ruhe. Nach der Berührung mit einer Platte pendelt er schnell zwischen den Platten hin und her.
Die Metallplatten sind die verlängerten Pole der Stromquelle. Die eine ist positiv, die andere negativ geladen. D.h. auf der einen herrscht Elektronenmangel, auf der anderen Elektronenüberschuß. Die beiden Ladungsmengen können sich nicht von selbst ausgleichen, es fehlt ein „Transportmittel". Wir fassen diese Anordnung als **offenen Stromkreis** auf.
Berührt der Ball jetzt z.B. die „ − "-Platte, dann wird er negativ aufgeladen und erhält einen Elektronenüberschuß. Deshalb wird er von der „ − "-Platte abgestoßen und gleichzeitig von der „ + "-Platte angezogen. Er pendelt zur „ + "-Platte. Dort gibt er Elektronen ab, er wird entladen. Da auf der „ + "-Platte ein großer Elektronenmangel herrscht, werden dem Ball über den elektrisch neutralen Zustand hinaus „frei bewegliche" Elektronen entzogen, so daß jetzt auf ihm ein Elektronenmangel eintritt. Wir sagen, er wurde „positiv aufgeladen".
Aufgrund dieser „Umladung" pendelt der Ball jedes Mal wieder ganz zur anderen Platte zurück. Da nach der Elektronenvorstellung nur die Elektronen frei beweglich sind, transportiert der Ball dabei Elektronen nur in *einer* Richtung vom „ − "-Pol zum „ + "-Pol, vom Gebiet mit Elektronenüberschuß zum Gebiet mit Elektronenmangel.

Der Ladungstransport läßt sich nachweisen:

❷ Ein Elektroskop zeigt den Ladungszustand der „ − "-Platte während des Pendelns des Balls an. (Gut isolieren!) Wir unterbrechen die Verbindung zwischen „ − "-Pol und Stromquelle. Anschließend wiederholen wir den Versuch für die andere Platte.

Solange die Stromquelle angeschlossen ist, bleibt der Ladungszustand der Platten während des Pendelns erhalten.

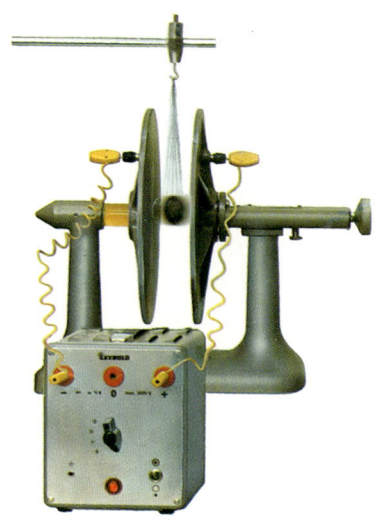

Abb. 1: Ladungstransport

Offenbar werden von der Stromquelle Elektronen zur Minusplatte nachgeliefert bzw. von der Plusplatte abgezogen. Nach dem Abschalten der Stromquelle sinkt der Elektroskopausschlag bei jeder Berührung des Balls mit der Platte. Damit ist ein **Ladungsausgleich** nachgewiesen, den wir durch Elektronentransport deuten.

> Der pendelnde Ball transportiert nach unserer Vorstellung Elektronen vom „−"-Pol zum „+"-Pol. Dieser Ladungstransport stellt einen elektrischen Strom dar.

❸ Wir wiederholen V 1, schalten aber je eine Glimmlampe zwischen den „−"-Pol der Stromquelle und die Platte sowie zwischen „+"-Pol und Platte.

Bei jeder Berührung des Balls mit der einen Platte leuchtet die Glimmlampe an dieser Platte auf und zeigt damit das Wiederaufladen der Minusplatte bzw. das Entladen der Plusplatte mit Elektronen an. Es werden portionsweise Elektronen transportiert: *der Stromkreis ist geschlossen.*

Ladungstransport im metallischen Leiter. Mit einem Metalldraht erhalten wir ähnliche Ergebnisse wie mit dem pendelnden Ball.

❹ Wir wiederholen V 2 (Ladungsausgleich) und V 3 (Glimmlampe als Stromanzeiger), überbrücken jedoch die beiden Metallplatten durch einen Metalldraht. (Begrenzungswiderstand für die Glimmlampe nicht vergessen!)

Sowohl das Elektroskop als auch die Glimmlampe zeigen uns einen Ladungstransport durch den metallischen Leiter an.
Wir deuten auch diesen Ladungstransport durch die Elektronenvorstellung: Von Anfang an stehen im Metalldraht schon frei bewegliche Elektronen zur Verfügung (Abb. 2). Halten wir beide Drahtenden gleichzeitig an die aufgeladenen Platten, dann dringen von der „−"-Platte sofort Elektronen in den elektrisch neutralen Draht ein. Gleichzeitig gehen auf der anderen Seite des Drahts „Drahtelektronen" auf die „+"-Platte über. Dabei kommt es wegen der frei beweglichen Elektronen im Draht und der elektrischen Abstoßung zwischen den Elektronen zu einer Verlagerung der Elektronen in einer Richtung. Dabei bildet sich an keiner Drahtstelle ein Elektronenüberschuß oder ein Elektronenmangel. An dem einen Drahtende werden genau so viele Elektronen „hineingepumpt", wie am anderen Drahtende „herausgesaugt" werden.
Nach dem Ladungsausgleich in V 3 befinden sich die meisten überschüssigen Elektronen der „−"-Platte noch im Draht, während die „+"-Platte durch „Drahtelektronen" neutralisiert wurde. Komplizierte Versuche zeigen nämlich, daß die Elektronen sich im Stromkreis nur mit einer Geschwindigkeit von ca. 1 mm in der Sekunde bewegen. Der „Anstoß" zu dieser Elektronenbewegung erfolgt allerdings mit einer sehr großen Geschwindigkeit.

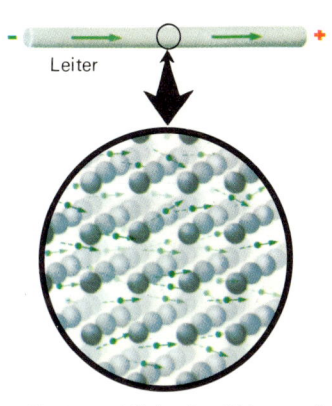

Abb. 2: Modell für den Elektronenfluß in Metallen (Die Elektronen sind gegenüber den Atomrümpfen stark vergrößert dargestellt)

Vergleich mit dem Wasserstromkreis. Ähnliche Vorgänge spielen sich auch in einem Wasserstromkreis ab, bei dem alle Rohre von Anfang an mit Wasser gefüllt sind. Wird in so einem Wasserstromkreis der Wasserhahn geöffnet, dann setzt sich im gesamten Rohrsystem das Wasser „augenblicklich" in Bewegung und treibt „sofort" ein Wasserrad an. Die Wasserteilchen, die beim Öffnen des Wasserhahns diesen gerade passieren, treffen aber erst nach längerer Zeit beim Wasserrad ein.

> In einem geschlossenen Stromkreis werden in einem metallischen Leiter Elektronen vom „−"-Pol zum „+"-Pol bewegt **(Elektronenleitung).**

7 *Grunderscheinungen der Elektrizität*

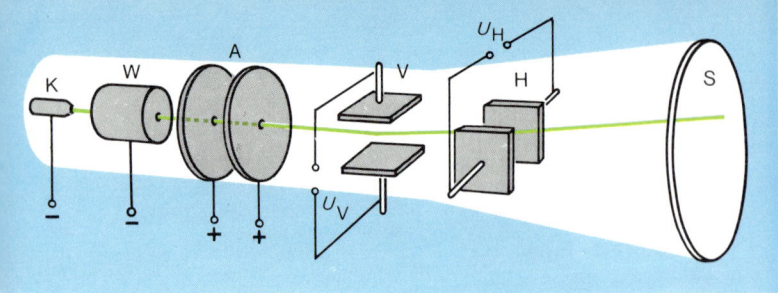

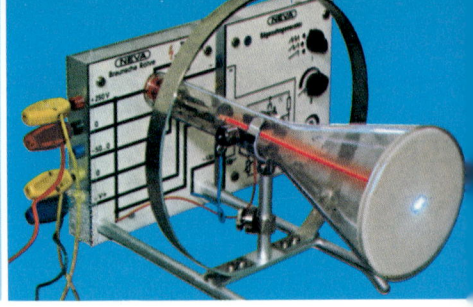

Abb. 1: Prinzip des Elektronenstrahl-Oszilloskops (K Glühkatode, W Wehneltzylinder, A Anoden, V Vertikal- und H Horizontalablenkung, S Schirm)

Abb. 2: Elektronenstrahlröhre in Betrieb (V 1)

7.3.2
Die Elektronenstrahlröhre – Das Oszilloskop

Die Elektronenstrahlröhre ist eines der wichtigsten Anzeige- und Meßgeräte in der Physik. Zu Ehren ihres Erfinders *Ferdinand Braun* (1830–1918) wird sie auch **Braunsche Röhre** genannt (Abb. 1). In der luftleeren, trichterförmigen Glasröhre befinden sich im Trichterhals wie bei der Glühdiode eine Glühkatode (K) und Anoden (A). Die durch elektrische Kräfte zwischen Katode und Anode beschleunigten „Glühelektronen" fliegen zum Teil durch ein Loch in den Anodenblechen hindurch. Wegen ihrer großen Geschwindigkeit und wegen ihrer Trägheit fliegen die Elektronen geradlinig weiter und prallen auf den Bildschirm S, der dadurch an dieser Stelle farbiges Licht aussendet.

Je nach Aufladung der beiden Anodenbleche gelingt eine Bündelung aller Elektronen auf dem Bildschirm. Die Stärke des Heizstromes und damit die Temperatur der Glühkatode bleibt konstant. Durch eine weitere negativ geladene, zylinderförmige Elektrode W (Wehneltzylinder) kann man die Zahl der beschleunigten Glühelektronen beeinflussen.

Zur Untersuchung bewegter Elektronen in elektrischen Feldern nehmen wir eine Elektronenstrahlröhre in Betrieb (Abb. 2).

❶ Wir schließen eine freistehende Elektronenstrahlröhre an ihr Betriebsgerät und ändern Helligkeit und Bündelung des Leuchtflecks.

In der Mitte des Bildschirms sehen wir einen Leuchtfleck.
Da ein kleiner und heller Leuchtfleck die Beschichtung des Bildschirms zerstören kann („Einbrenn"gefahr), stellen wir den Leuchtfleck nicht allzu hell ein.
Die Röhre nach Abb. 2 enthält geringe Mengen des Gases Neon. Die beschleunigten Glühelektronen regen diese Gasteilchen bei einem Zusammenprall zu rötlichem Leuchten an. Auf diese Weise wird der Weg der Elektronen sichtbar. Er ist tatsächlich strahlenförmig!
Zur kontrollierten Ablenkung des Elektronenstrahls dienen zwei Metallplattenpaare, deren Ebenen zueinander senkrecht stehen. Die Elektronen müssen auf ihrem Weg vom Anodensystem zum Bildschirm den Raum zwischen den Plattenpaaren durchfliegen (Abb. 1).

❷ Wir benutzen ein Oszilloskop (Abb. 3). – Wir bringen zunächst den Leuchtfleck in die Bildschirmmitte. Dann verbinden wir die sog. Vertikal-Ablenk-Platten (Y-Platten) nacheinander mit den Polen einer Batterie, polen dann um und benutzen schließlich eine Wechselstromquelle.

Abb. 3: Oszillogramm einer Wechselspannung

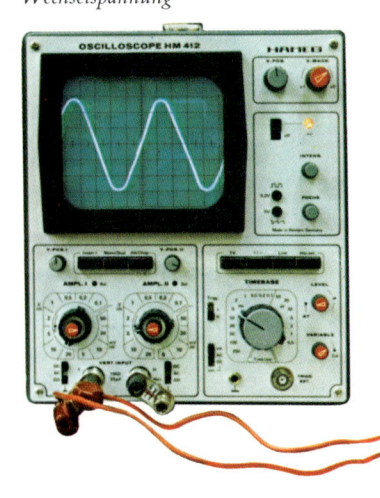

7.3 Anwendungen der Elektronenvorstellung

Zunächst wird der Elektronenstrahl in y-Richtung, also vertikal abgelenkt. Legen wir eine Wechselstromquelle an dieses Plattenpaar, dann erscheint auf dem Bildschirm ein senkrechter Leuchtstrich.
Nach Abb. 4 verstehen wir, daß die negativ geladenen Elektronen beim Durchfliegen des Raumes zwischen dem Plattenpaar eine nach unten hin ablenkende Kraft erfahren. Sie ist um so größer, je stärker die Platten aufgeladen sind.
Bei Wechselstrom wird der Elektronenstrahl offenbar so schnell zwischen zwei Extremlagen hin- und hergeführt, daß für unser Auge die Leuchtspur zusammenhängt (Abb. 5 a).

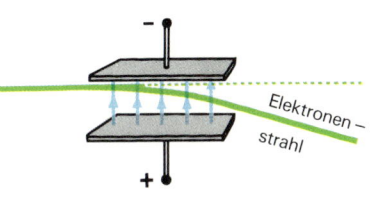

Abb. 4: Ablenkung eines Elektronenstrahls im Raum zwischen zwei geladenen Platten

❸ Wir wiederholen den Versuch, legen aber die Stromquellen jetzt an die Horizontal-Ablenk-Platten (X-Platten)!

Der Elektronenstrahl wird entsprechend zu V 2 je nach Polung nach rechts oder links abgelenkt. Bei einer Wechselstromquelle sehen wir auf dem Bildschirm einen waagerechten Leuchtstrich (Abb. 5 b).

❹ Wir legen an beide Plattenpaare gleichzeitig verschiedene Gleich- oder Wechselstromquellen und kombinieren auch Gleich- mit Wechselstrom.

Legt man gleichzeitig verschiedene Gleichstromquellen an beide Plattenpaare, so erreicht der Leuchtpunkt des Elektronenstrahls jede Stelle des Bildschirms. Bei zwei Wechselstromquellen entsteht ein schräger Leuchtstrich (Abb. 5 c). Kombiniert man Gleich- mit Wechselstromquellen, dann erhält man senkrechte oder horizontale Leuchtstriche an verschiedenen Bildschirmstellen (Abb. 5 d).

Herstellung von Oszillogrammen. Durch eine besondere Automatik kann man vom Oszilloskop her die X-Platten so elektrisch aufladen, daß der Leuchtfleck des Elektronenstrahls gleichförmig von links nach rechts in horizontaler Lage wandert. Hat der Leuchtpunkt seine maximale Auslenkung nach rechts hin erreicht, dann erfolgt eine Umladung der X-Platten derart, daß der Leuchtpunkt wieder am linken Bildschirmrand seine Bewegung beginnt.

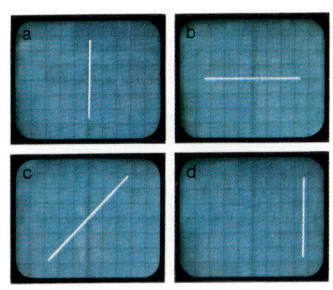

Abb. 5: Oszillogramme

❺ Wir stellen die „Kippautomatik" ein und wählen verschiedene Laufzeiten.

Bei großen Laufzeiten wandert und „springt" der Leuchtfleck, bei kleineren Laufzeiten „verschmiert" er zu einem Strich.

❻ Wir verbinden die Y-Platten mit einer Wechselstromquelle.

Bei eingeschalteter Kippautomatik erscheint eine wellenförmige Kurve auf dem Bildschirm (Abb. 3). Sie kennzeichnet die zeitliche Änderung des elektrischen Zustandes zwischen den Polen der Wechselstromquelle.

❼ Bei eingeschalteter Kippautomatik schließen wir an die Y-Platten ein Mikrofon. Wir erzeugen davor Töne, Klänge, Geräusche und einen Knall.

Wir können das Mikrofon als Stromquelle auffassen, deren elektrische Poleigenschaft sich mit den charakteristischen Merkmalen der Schallschwingungen ändert (Abb. 6). Auf diese Weise werden in der Technik oft akustische Informationen elektrisch veranschaulicht, vermessen und zur Wiedererkennung gespeichert.

Abb. 6: Charakteristische Schwingungsbilder verschiedener Schallarten: a) Ton, b) Klang, c) Geräusch, d) Knall

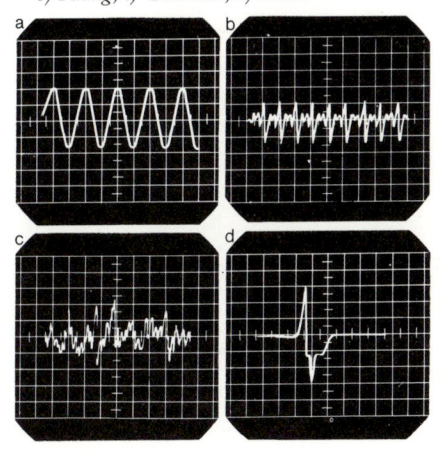

7 *Grunderscheinungen der Elektrizität*

** 7.3.3
Das elektrische Feld – Struktur und Eigenschaften

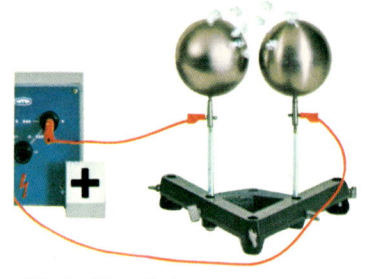

Abb. 1: Watteflocken zwischen elektrisch entgegengesetzt geladenen Kugeln

Abb. 2: Nachweis elektrischer Felder (Schnitt durch das räumliche elektrische Feld)

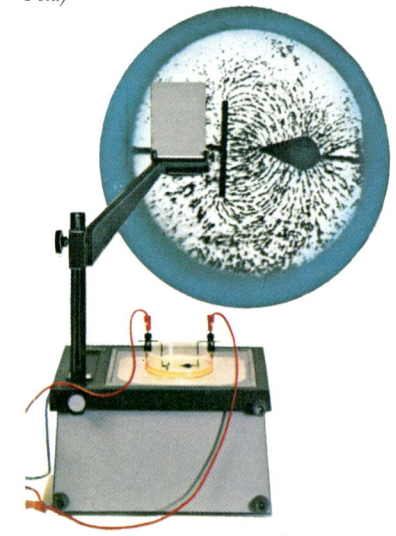

Zum Begriff des elektrischen Feldes. Unsere Versuche mit elektrisch geladenen Körpern zeigten, daß in ihrer Umgebung auf andere elektrische Ladungen Kräfte wirken. Wir machen hierzu einen Versuch:

① Wir werfen auf eine von zwei entgegengesetzt geladenen Kugeln Watteflocken (Abb. 1).

Die Flocken werden von der Kugel aufgeladen, abgestoßen und von der zweiten Kugel angezogen. Dabei fliegen sie auf *bestimmten Bahnen*. Auf der zweiten Kugel wird die Watte entladen und dann entgegengesetzt aufgeladen; der Vorgang wiederholt sich in umgekehrter Richtung.
Wir müssen annehmen, daß das Umfeld der elektrischen Ladung eine besondere Eigenschaft besitzt. In der Physik nennt man jeden *Raum*, in dem Kräfte wirken, ein **Feld**. Die elektrischen Eigenschaften des Raumes sind unseren Sinnesorganen nicht unmittelbar zugänglich. Wir können sie nur an ihren Wirkungen auf elektrische Ladungen erkennen.

> In der Umgebung elektrisch geladener Körper bestehen **elektrische Felder;** man weist sie durch Kraftwirkungen auf elektrische Ladungen nach.

Untersuchung des elektrischen Feldes – Feldlinien. Die Flugbahnen der elektrisch geladenen Watteflocken deuten darauf hin, daß die Kräfte im elektrischen Feld bestimmte *Richtungen* haben.

② Wir streuen Grießkörner in eine Glasschale, die Rizinusöl zur Erhöhung der Beweglichkeit enthält. Wir setzen verschiedene Elektroden ein, die wir mit den Polen eines „Hochspannungsnetzgerätes" verbinden (Abb. 2).

Die Grießkörner ordnen sich verschieden an, je nach Wahl der Elektroden und der Polung; es ergeben sich kettenförmige Muster (Abb. 3).
Die Grießkörnchen werden nämlich als Nichtleiter in dem elektrischen Feld zwischen den Elektroden infolge elektrischer Influenz zu elektrischen Dipolen und richten sich durch elektrische Kräfte aus, die von den Elektroden und den benachbarten Dipolen ausgehen (Abb. 4). Diese realen Grießkörnerketten kennzeichnen einen Schnitt durch das **räumliche elektrische Feld.**

Abb. 3: Schnitt durch elektrische Felder zwischen: a) zwei ungleichnamig geladenen Kugeln, b) zwei gleichnamig geladenen Kugeln, c) Rahmen und „Zeiger" eines Elektroskops, d) zwei ungleichnamig geladenen Ringen (das Innere des kleinen Ringes ist feldfrei), e) ungleichnamig geladenem Ring und Kugel (radiales Feld)

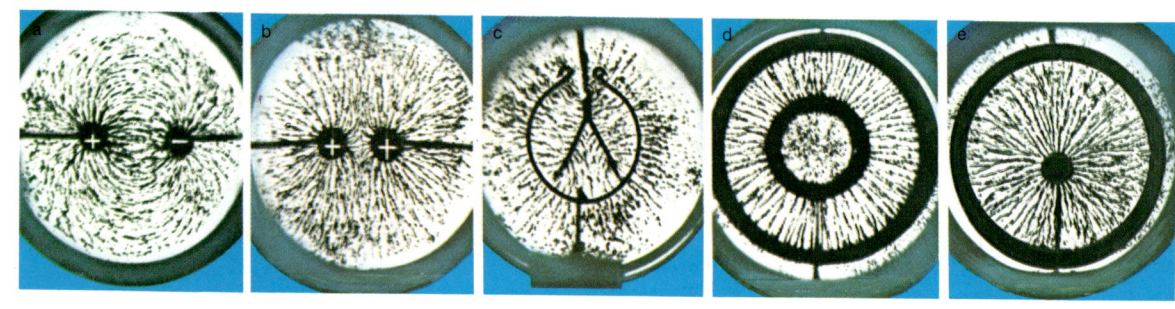

7.3 Anwendungen der Elektronenvorstellung

Zur Veranschaulichung der Struktur des Feldes ersetzt man die Grießkörnerketten durch Kraftwirkungslinien. Man nennt sie **elektrische Feldlinien** und wir sprechen vom **Feldlinienmodell**. Ein frei bewegliches elektrisch geladenes Teilchen bewegt sich im elektrischen Feld längs dieser Linien.

Aus den verschiedenen Grießkörnerbildern kann man viele Eigenschaften des elektrischen Feldes direkt ablesen. So veranschaulicht der Modellversuch mit Abb. 2 die elektrische Funkenentladung eines Körpers an seiner Spitze. Abb. 3 c zeigt die Wirkung eines Elektroskops, bei dem nicht nur die abstoßenden Kräfte zwischen den „Zeigern", sondern auch anziehende Kräfte zwischen Zeiger und Rahmen wirken. Schließlich demonstriert Abb. 3 d eindrucksvoll die Wirkung eines Faradayschen Käfigs.

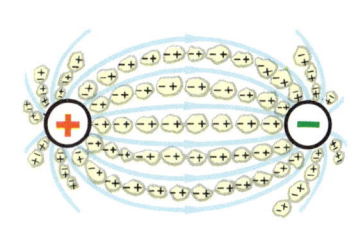

Abb. 4: Grießkörnerketten zwischen zwei ungleichnamig geladenen Kugeln

Elektrische Felder werden durch Feldlinien veranschaulicht. Von den unendlich vielen Feldlinien wird nur eine Auswahl gezeichnet.
Wir vereinbaren:
1. Die Feldlinien geben an jeder Stelle des Feldes eindeutig die *Richtung* an, in der eine Kraft auf eine *positive* elektrische Ladung wirkt.
2. Die *Stärke* des elektrischen Feldes geben wir durch die *Anzahl* der gezeichneten Feldlinien pro Flächeneinheit an. Je größer die Kraft auf eine Ladung ist, um so dichter zeichnen wir dort die Feldlinien.

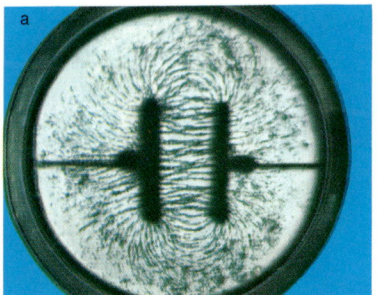

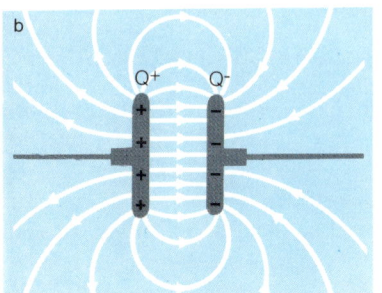

Abb. 5: Homogenes Feld: a) Grießkörnchenbild; b) Feldlinienbild

Das homogene Feld. Ein besonderes elektrisches Feld entsteht zwischen zwei parallelen, gegeneinander isolierten Metallplatten, die gleich große, entgegengesetzte Ladungen tragen (Abb. 5). Es läßt sich zeigen, daß auf eine Probeladung an jeder Stelle eines solchen Feldes die gleiche Kraft wirkt. Das bedeutet, daß nach unserer Vereinbarung die Feldlinien in *gleichem Abstand* und *parallel* zueinander von einer Platte zur anderen zu zeichnen sind (Abb. 6). Ein solches Feld nennt man **homogen**. Außerhalb der Platten ist das Feld nicht mehr homogen.

Abb. 6: Kraftwirkung auf Ladungen in einem homogenen elektrischen Feld

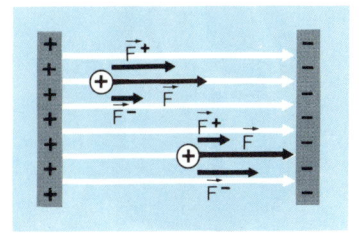

In einem homogenen elektrischen Feld wirkt auf eine Probeladung an jeder Stelle des Feldes die gleiche Kraft.

Aufgaben 1 Die Feldlinien müssen so gezeichnet werden, daß sie *senkrecht* auf den felderzeugenden Ladungen stehen! Begründung?
2 Warum dürfen sich Feldlinien nicht schneiden? (Widerspruchsbeweis!)
3 Versuche die Feldlinienbilder nach V 2 zu zeichnen (Abb. 2 und 3)!

7 *Grunderscheinungen der Elektrizität*

7.4 Das Gewitter

Elektrische Erscheinungen in der Natur

Das Gewitter zählt zu den eindrucksvollsten Naturerscheinungen, und der Blitz ist die auffallendste elektrische Erscheinung, die uns Menschen seit jeher ängstigt und zugleich fasziniert.

Bei einem Wärmegewitter wird feuchtwarme Luft mit sehr großer Geschwindigkeit senkrecht in die Höhe gerissen. Durch die heftigen, wirbelnden Luftströmungen finden in großem Umfang **Ladungstrennungen** statt. Regentropfen werden zerteilt und zerrissen, wobei die fallenden Tropfen meist positiv aufgeladen werden und die zerstäubten und abgerissenen Tröpfchenteilchen einen Elektronenüberschuß erhalten. So entstehen in der Wolke Ansammlungen von großen negativen und positiven Ladungsmengen. Zwischen den einzelnen Wolkenteilen bzw. zwischen den Wolken und der Erde findet schließlich ein Ladungsausgleich in Form eines Blitzes statt.

Fast täglich werden Menschen von Blitzen tödlich getroffen, und auch heute noch steht Inbrandsetzung von Gebäuden durch Blitzeinschlag an erster Stelle der Brandursachen. Das Sprichwort „Bei Gewitter sollst Du Eichen weichen, aber Buchen suchen!" gibt keinesfalls Sicherheit.

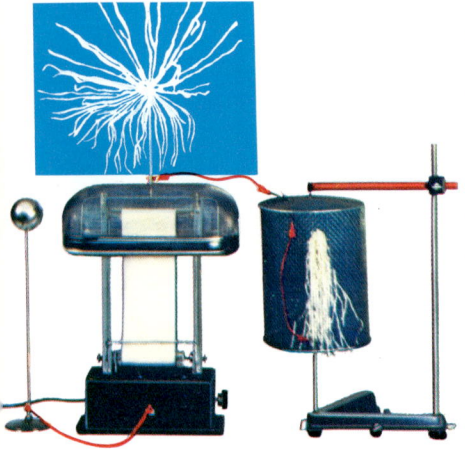

Alle Gewitterursachen sind noch nicht geklärt. In Blitzforschungsinstituten werden Blitze künstlich erzeugt und Schutzmaßnahmen erarbeitet. Auch wir gewinnen wichtige Erkenntnisse, wenn wir die Ladungsverteilung auf elektrischen Leitern untersuchen.

❶   Zwei Papierbüschel werden elektrisch aufgeladen. Ein Büschel befindet sich *in* einem Metallkäfig, das andere *darauf* (Abb. 1).

Abb. 1: Überschüssige Ladungen verteilen sich nur auf der Oberfläche eines „Faradayschen Käfigs"

Beim Aufladen z.B. mit einem „Bandgenerator" sträubt sich nur das Büschel *auf* dem Metallkäfig. Das andere Büschel im Korb zeigt keinerlei Wirkungen von elektrischen Ladungen.

Offenbar können in das *Innere* des Korbes keine Ladungen übertreten. Sie verteilen sich nur auf der Oberfläche des metallischen Leiters. Dieser sog. **Faradaysche Käfig** schützt uns ganz sicher bei einem Blitzeinschlag, d.h. einer Aufladung durch eine sehr große Ladungsmenge. Deshalb sind wir auch in einem Eisenbahnabteil, einem geschlossenen Auto (mit eingezogener Radioantenne), einem Wohnwagen, einer Schiffskabine oder in einem Flugzeug vor Blitzen sicher geschützt. Ein Blitz, der in unseren „Käfig" einschlägt, kann uns höchstens blenden und sehr erschrecken (Abb. 2).

Abb. 2: Das Innere eines „Faradayschen Käfigs" ist frei von elektrischen Wirkungen

Blitzschutzanlagen. In gut leitenden und gegenüber der Umgebung hohen Gegenständen schlägt der Blitz am ehesten ein. Deshalb versieht man z.B. große Benzintanks mit einem Faradayschen Käfig und Gebäude mit Blitzableiteranlagen. Metallstangen überragen die höchsten Teile der Gebäude und sind untereinander durch ein weitmaschiges Drahtnetz unter Einbeziehung von Schneeauffanggittern und Dachrinnen verbunden und an große Metallplatten in der Erde im Grundwasserbereich angeschlossen. Auch Fernsehantennenanlagen müssen vom Fachmann mit Blitzschutzanlagen versehen sein.

Abb. 1: Ein Haushalt ohne Elektrizität

Wirkungen des elektrischen Stromes 8
Zur Einführung 8.0

Elektrische Geräte. Jeder Stromkreis erfüllt einen Zweck. Neben der Stromquelle enthält er immer ein elektrisches Gerät, z. B. eine Glühlampe oder einen Elektromotor. In diesen Geräten arbeitet der elektrische Strom für uns, und die Auswirkungen dieser Arbeit nutzen wir. Man spricht von den Wirkungen des elektrischen Stromes. Alle elektrischen Geräte lassen sich auf Grund der Wirkungen des Stromes, die wir in ihnen nutzen, auf vier Gruppen verteilen, die wir im folgenden kennenlernen wollen.

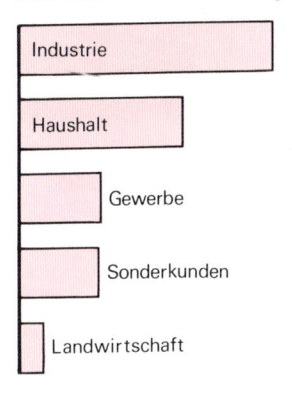

Die Wirkungen des elektrischen Stromes nutzen wir wie selbstverständlich. Wir werden erst an die Dienste des elektrischen Stromes erinnert, wenn uns z.B. im Haushalt plötzlich kein elektrischer Strom mehr zur Verfügung steht (Abb. 1). Mit Batterien als Stromquelle könnte man selbst die Haushaltsgeräte nur für kurze Zeit und unter vermehrten Kosten betreiben. Wir sind auf die Elektrizitätswerke als Stromquelle angewiesen. Der Vergleich in Abb. 2 zeigt uns aber, daß vor allem die Industrie an einer genügenden Elektrizitätsversorgung interessiert sein muß.
Eines der wichtigsten Probleme ist somit der gesicherte Betrieb und der Ausbau der Elektrizitätswerke, um auch in Zukunft Arbeitsplätze, die Leistungsfähigkeit der Verkehrsmittel und die Versorgung der elektrischen Haushaltsgeräte zu gewährleisten.

In den Elektrizitätswerken erfolgen die Ladungstrennungen in den Generatoren. Der Antrieb dieser Generatoren wird aber immer problematischer, da Erdöl und Erdgas ständig teurer werden und auch die Kohlevorräte nicht unerschöpflich sind. Selbst optimistische Hochrechnungen zeigen, daß vor allem der industrielle Elektrizitätsbedarf der nahen Zukunft nicht durch Kohle, Sonnenlicht, Windkraft, Wasserkraft oder Gezeitenströmung gedeckt werden kann. Der einzige Ausweg scheint die Nutzung der Kernkraft zu sein. Die damit verbundenen großen Risiken und Probleme gilt es heute zu meistern.

Abb. 2: Prozentuale Nutzung der Elektrizität in der BR Deutschland im Jahre 1980

8.1 Licht- und Wärmewirkung des elektrischen Stromes

8.1.1 Lichtwirkung des elektrischen Stromes

Funkenentladung. Bei vielen Beispielen zur Kontaktelektrizität beobachteten wir, wie die durch Ladungstrennung entgegengesetzt aufgeladenen Körper unter Funkenbildung wieder entladen wurden. Die Funken werden dabei durch die in der Luft bewegten Ladungen – es sind Elektronen und positiv bzw. negativ geladene Teilchen der Luft – bei Zusammenstößen mit neutralen Luftteilchen verursacht.

Der Blitz (Abb. 1) ist die wohl großartigste Funkenentladung. In den Wolken finden Ladungstrennungen statt. Zwischen zwei verschieden geladenen Wolken oder einer Wolke und der Erdoberfläche kann kurzzeitig ein Strom fließen. Diese bewegten Ladungsträger verursachen auf ihrem Weg zwischen den beiden „Polen" viele Funken.

„Verdünnte" Gase als Leiter. In Glimmlampen und Leuchtröhren bewirkt der elektrische Strom Lichterscheinungen, obwohl die Elektroden in den Lampen einander nicht berühren (Abb. 2). Zur Untersuchung dieser Erscheinung benutzen wir ein **Entladungsrohr,** ein langes Glasrohr mit zwei eingeschmolzenen Elektroden. Über einen Stutzen kann man Luft aus dem Rohr pumpen.

❶ Die Elektroden des Entladungsrohres verbinden wir nach Abb. 3 über einen empfindlichen Stromanzeiger mit einem „Hochspannungsnetzgerät" und pumpen allmählich Luft aus dem Rohr.

Zunächst wird kein Strom angezeigt. Nach einer Weile des Pumpens zeigt plötzlich das Anzeigegerät einen Strom an. Gleichzeitig beobachten wir in der Röhre farbige Lichterscheinungen, die beim weiteren Auspumpen verschiedene Formen und Farben annehmen. Offensichtlich liegt ein geschlossener Stromkreis vor. Die Ladungsträger – genauere Untersuchungen zeigen, daß es sich um Elektronen und positiv geladene Atomrümpfe handelt – fliegen von der „+"- zur „−"-Elektrode bzw. umgekehrt. Auf ihrem Weg zwischen den Elektroden stoßen sie mit Luftteilchen zusammen und können diese zum Leuchten veranlassen. Die Farbe des Lichtes hängt unter anderem vom Grad der Verdünnung und der Art der Gase ab.

Abb. 1: Blitz bei elektrischer Funkenentladung

Abb. 2: Glimmlampen und Reklameleuchtröhre

Abb. 3: Entladungsröhre mit Pumpe und Hochspannungsnetzgerät und vier Entladungszuständen

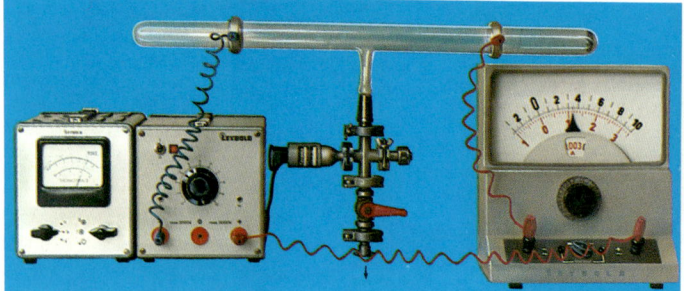

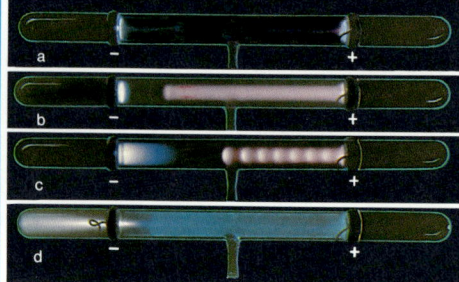

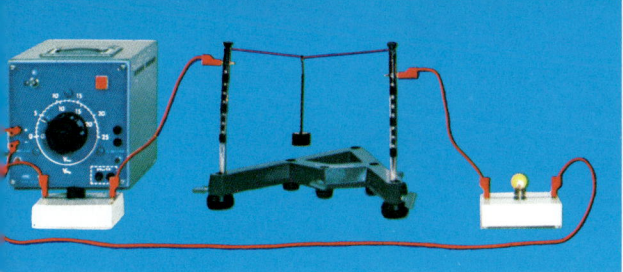

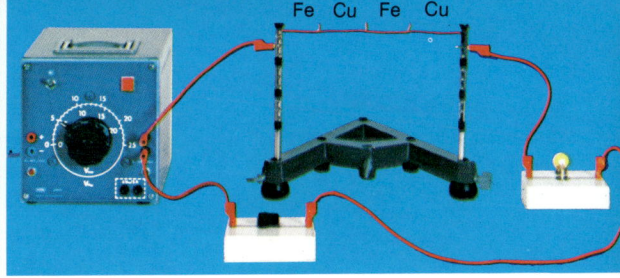

Abb. 2: Wärmewirkung des elektrischen Stromes   *Abb. 3: Unterschiedliche Erwärmung verschiedener Leiter.*

Die **Wärmewirkung des elektrischen Stromes** kennen wir von elektrischen Heiz- und anderen elektrischen Haushaltsgeräten (Abb. 1).

❶ Wir lassen durch einen dünnen Eisendraht a) Gleichstrom und b) Wechselstrom mit zunehmender Stärke fließen (Abb. 2).

Wir beobachten, wie bei Stromfluß der Eisendraht sich aufgrund seiner Erwärmung ausdehnt. Erst glüht er rot, dann weiß und schließlich schmilzt er durch. Dieselben Wirkungen können wir beobachten, wenn wir die Stromrichtung umkehren oder Wechselstrom benutzen. Merkwürdigerweise bleiben bei diesen Versuchen die isolierten Verbindungskabel kalt. An der Isolation kann es nicht liegen, denn sie beeinflußt den Stromfluß im Leiter nicht.

❷ In den Stromkreis von V 1 fügen wir eine Kette aus je zwei gleich langen und gleich dicken Kupfer- und Eisendrähten ein (Abb. 3).

Wir beobachten, wie die Eisendrähte bei Stromfluß zur Rotglut erhitzt werden, während die Kupferdrähte nur mäßig erwärmt werden.
Alle Wärmewirkungen des elektrischen Stromes in V 1 und V 2 können wir uns durch einen **Seilversuch** veranschaulichen.

❸ Einige Schüler stellen sich zu einem Kreis zusammen. Sie halten ein geschlossenes Seil so in ihren Händen, daß es von einem Mitschüler noch durchgezogen werden kann.

Ob das Seil in der einen oder in der anderen Richtung oder abwechselnd in entgegengesetzten Richtungen durch die Hände der Schüler gezogen wird, die Handflächen, an denen das Seil vorbeirutscht, werden merklich erwärmt. Je schneller das Seil bewegt wird oder je fester man das Seil hält, um so stärker ist die Erwärmung.
Sicherlich erkennst Du vergleichbare Ursachen und Wirkungen im Stromkreis und im Seilkreis! Die Stromquelle bewirkt die Elektronenbewegung, der Mitschüler bewirkt die Seilbewegung. Die Elektronen werden durch alle Leiterteile des Stromkreises bewegt, das Seil geht durch alle Hände. Es werden *die* Hände am stärksten erwärmt, die das Seil am stärksten behindern. Entsprechend werden im Stromkreis jene Leiterteile am stärksten erwärmt, die die **Elektronenbewegung** am stärksten behindern. Daher müssen die Anschlußkabel gute Leiter sein, z. B. aus Kupfer und mit großem Drahtdurchmesser, um den Elektronenfluß möglichst wenig zu behindern.

8.1.2 Wärmewirkung des elektrischen Stromes

Abb. 1: Glühende Heizdrähte in einem Toaster

In elektrischen Stromkreisen erwärmt der elektrische Strom unabhängig von der Stromrichtung alle Leiterteile. Die Erwärmung ist um so größer, je stärker ein Leiterteil den Elektronenfluß behindert und je stärker der Strom ist.

---

8 *Wirkungen des elektrischen Stromes*

8.1.3 Anwendung der Wärmewirkung des elektrischen Stromes

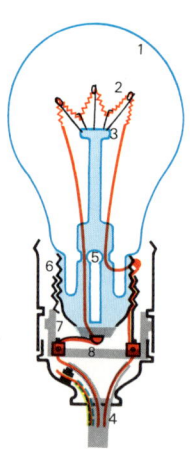

Abb. 1: Glühlampe: 1 Glaskolben, 2 Wendel, 3 Halter mit Ösen, 4 Zuleitungsdrähte, 5 Pumprohr, 6 Schraubsockel (zugleich Kontakt), 7 Isolierplatte, 8 Fußkontakt

Tab. 1: Daten einer 40 W-Lampe:

Länge des gestreckten Wendeldrahtes:	800 mm
Länge der Doppelwendel:	30 mm
Drahtdurchmesser:	0,02 mm
Anzahl der Windungen:	ca. 1000
Betriebstemperatur des Wolframdrahtes:	ca. 2600 °C

Abb. 3: Lufterhitzer

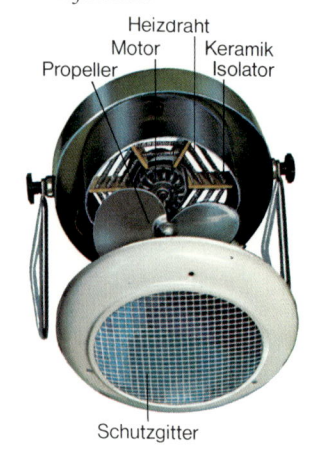

Die Glühlampe ist die meist verwendete künstliche Lichtquelle. In ihr werden Metallfäden durch den elektrischen Strom so stark erhitzt, daß sie Licht aussenden (Abb. 1). Die Wärmewirkung ist unerwünscht, aber bei Glühlampen für die Lichterzeugung notwendig. Je höher die *Temperatur* des Glühfadens ist, desto besser ist die Lichtausbeute und desto mehr ähnelt ihr Licht dem Sonnenlicht. Wie haben die Glühlampenhersteller dieser Tatsache Rechnung getragen? Sicher ist Dir schon die *Form* des Glühlampendrahtes aufgefallen. Er ist nicht gerade, sondern *gewendelt* (Abb. 2).

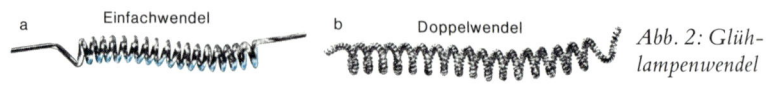

Abb. 2: Glühlampenwendel
a) Einfachwendel b) Doppelwendel

❶ In einen Stromkreis bringen wir a) einen Eisendraht, b) diesen Draht über eine Stricknadel zur Wendel gebogen und c) diese Wendel über einen Bleistift zur Doppelwendel gebogen. In allen drei Fällen soll eine Glühlampe annähernd gleiche Ströme anzeigen.

Obwohl durch alle drei Leiter etwa der gleiche Strom fließt, wird der gerade Draht nur zur Rotglut erhitzt, während die **Wendel** und die **Doppelwendel** stark glühen. Bei den Wendeln erwärmen sich die einzelnen Windungen gegenseitig, und dadurch wird eine Abkühlung vermindert und eine *Temperaturerhöhung* erzielt. Steigern wir bei den Versuchen die Stärke des Stromes, dann schmilzt die Wendel schließlich an einer Stelle durch. Für eine günstige Lichtausbeute müssen die Glühfäden weiß glühen. Deshalb bestehen sie aus leitfähigen Stoffen mit einem *sehr hohen Schmelzpunkt*. Man benutzt meistens Wolframdrähte, die den hohen Betriebstemperaturen von 2000 °C bis 2900 °C gut standhalten.
Nach unseren bisherigen Erkenntnissen muß der Glühfaden den Elektronenfluß stärker behindern als die anderen Leiterteile wie z. B. die Verbindungsdrähte. Der Glühfaden ist also ein „schlechter Leiter". Diese Eigenschaft hängt nicht allein vom Material ab.

❷ In den Stromkreis von V 1 bringen wir nacheinander Kupferdrähte verschiedener Dicke und Länge. Wir steigern jeweils die Stromstärke.

Dünne und lange Drähte werden merklich erwärmt und schmelzen.
Also beeinflussen auch *Durchmesser* und *Länge* eines Leiters seine Leitfähigkeit und damit den Grad der Erwärmung im Stromkreis entscheidend. Deshalb werden sehr dünne (bis zu 0,02 mm ⌀) und bis zu 1 m lange Wolframdrähte in Form von Doppelwendeln verwendet.
Der **Glaskolben** schließlich schützt die Wendel vor Berührung (Erdschluß, Brandgefahr) und der Verbrennung in der Luft. Heute werden die Kolben mit Stickstoff und Edelgasen wie Argon und Krypton gefüllt und erreichen so Betriebsdauern von 1000 Stunden und mehr.

In allen Elektrowärmegeräten wie z. B. in Lufterhitzern (Abb. 3), Bügeleisen, Tauchsiedern u. ä. besteht der Heizkörper aus einem hitzebeständigen Isolator und dem Heizleiter in Form von Drähten oder Stäben aus Chromnickel oder Siliziumkarbid (Silit). Der elektrische Strom erwärmt diesen „schlechten" Leiter auf Betriebstemperaturen von 200 °C bis

1300 °C. Die Heizleiter müssen rostfrei und hitzebeständig sein und eine passende Leitfähigkeit haben.

Elektrisches Heizen ist teurer als Heizen mit Gas, Öl oder Kohle. Es ist aber in Wohnungen wegen der leichten Temperaturregelung, des Wegfalls von Brennstofftransport und Verbrennungsrückständen bequemer. Im Haushalt (Abb. 4) können bei **Kurzschluß** oder **Überbelastung** auch die Zuleitungen durch zu starke Ströme gefährlich erwärmt werden (Brandgefahr). Außerdem können bei Berührung defekter elektrischer Geräte lebensgefährliche Erdschlüsse entstehen. Vor diesen Gefahren können uns **Sicherungen** im Stromkreissystem schützen.

Mit der Schmelzsicherung (Abb. 5a) wird absichtlich ein dünner Metalldraht als „großes Hindernis" in den Stromkreis eingebaut. Der Gesamtstrom fließt durch solch eine Sicherung und wird von ihr begrenzt. Übersteigt der Strom eine bestimmte zulässige Stärke, dann schmilzt der Draht in der Sicherung in Bruchteilen von Sekunden durch. Dadurch wird der Stromkreis unterbrochen. Man muß erst die Ursache für den gefährlichen Stromanstieg beseitigen, bevor man eine neue Sicherung einschraubt. Das Flicken von Sicherungen ist gesetzlich verboten.

Beim **Kurzschluß** findet der Strom plötzlich einen Weg, der das große Hindernis im Stromkreis, z.B. eine Glühlampe oder einen Heizleiter, überbrückt. Ohne Sicherung könnte jetzt der Strom gefährlich ansteigen. Betrachte dazu Abb. 5b! Kommt bei elektrischen Geräten mit Schukosystem durch einen Defekt die Phase an das Metallgehäuse, dann liegt sofort ein Kurzschluß über **Phase** und **Schutzleiter** vor. Die in der Phaseleitung liegende Sicherung bewahrt uns vor einem möglichen lebensgefährlichen Erdschluß bei Berührung des Gerätes (Abb. 6a).

Wenn in einem Stromkreis zu viele elektrische Geräte gleichzeitig benutzt werden, kann **Überlastung** eintreten, d.h. der Gesamtstrom kann für diesen Stromkreis so stark werden, daß die Hauptleitungen beträchtlich erwärmt werden. Die Sicherung, durch die der Gesamtstrom des Stromkreises fließt, schmilzt bei der Stromstärke durch, die die Belastbarkeit des verlegten Stromnetzes überschreitet (Abb. 6b).

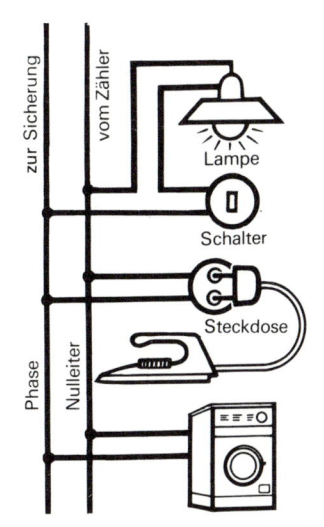

Abb. 4: Parallelschaltung im Haushalt

Abb. 5: a) Schmelzsicherungen, b) Modellversuch

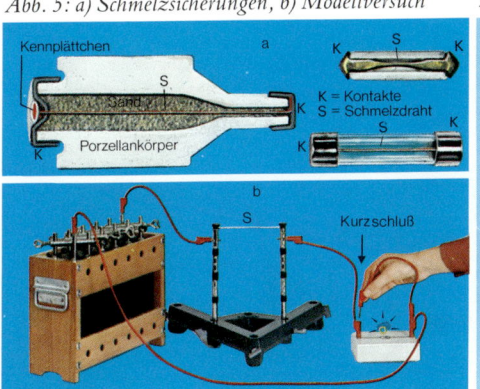

Abb. 6: a) Kurzschluß, b) Überlastung

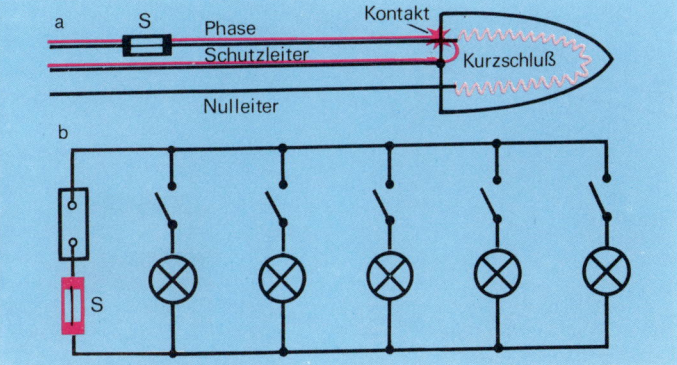

8 Wirkungen des elektrischen Stromes

8.2
8.2.1 Chemische Wirkung des elektrischen Stromes

Chemische Wirkung des elektrischen Stromes

Flüssige Leiter. Bis jetzt haben wir vor allem Stromkreise mit festen, metallischen Leitern untersucht. Nach unseren Vorstellungen wird in Metallen der Stromfluß durch frei bewegliche Elektronen hervorgerufen, wobei der Leiter nicht verändert wird. Jetzt wollen wir flüssige Leiter während des Stromflusses beobachten.

❶ Wir tauchen zwei Kohleplatten in destilliertes Wasser und verbinden sie über eine Glühlampe mit einer Stromquelle. Dann schütten wir Kochsalz in das Wasser (Abb. 1).

Reines Wasser ist ein sehr schlechter Leiter. Die wäßrige Salzlösung ist dagegen ein guter Leiter, unsere Glühlampe leuchtet hell auf. Ferner beobachten wir an den beiden Kohleplatten eine heftige Gasbildung.
An beiden Stromzuführungen, den sog. **Elektroden,** werden bei Stromfluß aus dem flüssigen Leiter Gase freigesetzt. Der elektrische Strom erzeugt also eine chemische Wirkung.

Abb. 1: Wäßrige Kochsalzlösung ist ein guter Leiter

Wir untersuchen weitere flüssige Leiter:

❷ Wir wiederholen V 1, benutzen aber einen Akku als Stromquelle und schütten Kupfersulfat, also ein Kupfersalz, ins Wasser (Abb. 2).

Auch die wäßrige Kupfersalzlösung ist ein guter Leiter. Allerdings bemerken wir jetzt nur an der mit dem „+"-Pol des Akkus verbundenen Elektrode eine Gasentwicklung. An der Minuselektrode ist nach kurzer Zeit ein feiner Kupferüberzug zu sehen.
Das abgeschiedene Kupfer kann nur aus dem flüssigen Leiter stammen. Diese Tatsache und die Gasbildung an der Pluselektrode weisen darauf hin, daß der flüssige Leiter sich bei Stromfluß verändert.
Polen wir bei V 2 die Anschlüsse am Akku um, dann verliert die „verkupferte" Kohleplatte ihren Kupferbelag unter gleichzeitiger Gasentwicklung, und die „neue" Minuselektrode wird jetzt verkupfert.
Damit haben wir eine weitere Möglichkeit, die beiden nicht gleichwertigen Pole einer Gleichstromquelle zu unterscheiden.

Mit den gewonnenen Erfahrungen verkupfern wir einen Eisennagel.

❸ Wir stellen einen Stromkreis mit einem Akku und einer Kupferplatte als Pluselektrode und einem Eisennagel als Minuselektrode mit wäßriger Kupfersalzlösung zusammen.

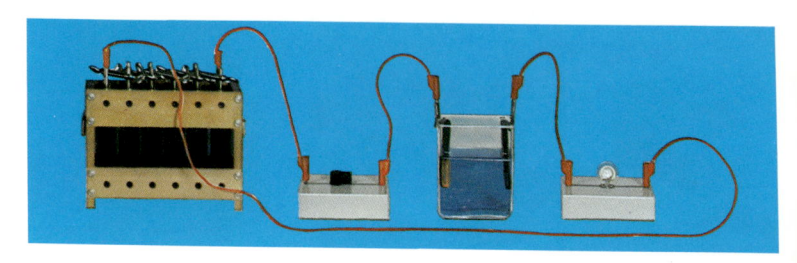

Abb. 2: Stromfluß durch eine Kupfersulfatlösung

Schon bald sieht man die Verkupferung des von der Flüssigkeit bedeckten Eisennagels. Mit der Zeit wird der Kupferüberzug beim Eisennagel immer dichter. Gleichzeitig erkennt man, daß die Pluskupferelektrode merklich an Materie verliert.

Das Kupfer scheint bei Stromfluß von der einen Platte durch die wäßrige Kupfersalzlösung zur Minuselektrode zu „wandern". Genaue Untersuchungen zeigen, daß sich bei Stromfluß an der Minuselektrode genau so viel Kupfer absetzt, wie bei der Pluselektrode verschwindet.

Besonders deutlich sieht man die Veränderung des flüssigen Leiters beim Stromfluß im **Hofmannschen Apparat.**

Abb. 3: Hofmannscher Apparat

❹ In einem Hofmannschen Apparat befindet sich durch Schwefelsäure leitend gemachtes Wasser (Abb. 3). Zwei Platinelektroden tauchen in die Flüssigkeit und werden über eine Glühlampe mit einem Akku verbunden.

Bei Stromfluß wird an beiden Elektroden heftig Gas frei. Die an den jeweiligen Elektroden entstandenen Gase steigen in getrennten Glasröhren auf. Dabei sammelt sich über der Minuselektrode das doppelte Gasvolumen an wie über der Pluselektrode.

Wir können das Gas aus den einzelnen Röhren über einen Glashahn ausströmen lassen und untersuchen. Das an der Minuselektrode entstandene Gas läßt sich entzünden und brennt mit bläulicher Flamme. Der Chemiker kann es als reinen **Wasserstoff** identifizieren. Das an der Pluselektrode entstandene Gas fördert die Verbrennung, es läßt z. B. einen glimmenden Holzspan wieder aufflammen. Das Gas erweist sich als **Sauerstoff.**

Knallgas. Ein Wasserstoff-Sauerstoff-Gemisch ist gefährlich!

Abb. 4: Erzeugung von Knallgas

❺ Nach Abb. 4 leiten wir die bei Stromfluß durch wäßrige Schwefelsäure gemeinsam entstandenen Gase über einen Gummischlauch in ein Gefäß mit einer Seifenlösung (z. B. zur Herstellung von Seifenblasen). Wir entzünden die Seifenblasen, die wir von der Flüssigkeitsoberfläche nehmen.

Nachdem das Wasserstoff-Sauerstoff-Gemisch die Luft aus dem Schlauch gedrängt hat, lassen sich die Seifenblasen entzünden. Dabei verpuffen sie unter einem kleinen Knall. Deshalb heißt das Gasgemisch auch **Knallgas.** Es sind verheerende Zerstörungen in der Industrie bei der Entzündung größerer Mengen dieses Gases bekannt geworden.

Nach längerer Versuchsdauer bemerken wir, daß das angesäuerte Wasser deutlich weniger wird. D. h. der flüssige Leiter wird durch den elektrischen Strom zersetzt; es scheint so, als ob das Wasser in seine Bestandteile zerlegt wird. Tatsächlich geben die Chemiker für Wasser die Formel H_2O an. Sie besagt, daß ein „Wasserteilchen" immer aus zwei Wasserstoffatomen (H) und einem Sauerstoffatom (O) zusammengesetzt ist.

Wäßrige Lösungen von Salzen, Säuren und Laugen leiten den elektrischen Strom. In der Umgebung der Elektroden finden dabei in diesen Leitern chemische Vorgänge statt. An der Minuselektrode scheiden sich Wasserstoff oder Metalle ab, an der Pluselektrode bildet sich z. B. Sauerstoff. Metallische Pluselektroden können sich auflösen.

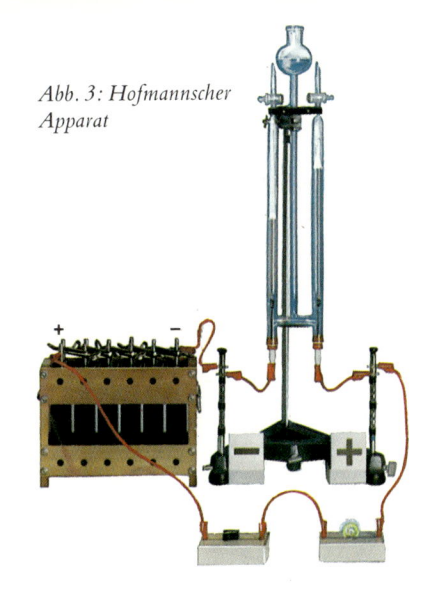

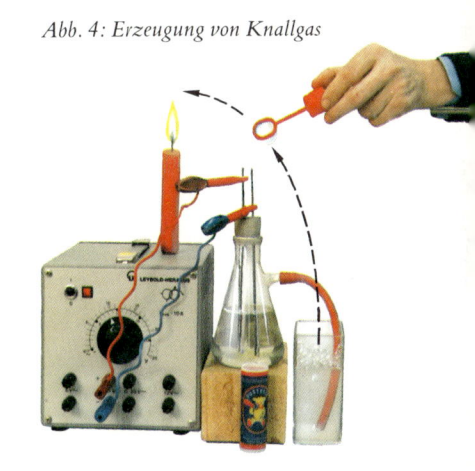

8.2.2 Deutung des elektrischen Stromes in wäßrigen Salzlösungen

Wir erkannten, daß sich an den Elektroden im flüssigen Leiter je nach ihrer Verbindung mit den Polen der Stromquelle verschiedene chemische Vorgänge abspielten. Man nennt die Minuselektrode **Katode** und die Pluselektrode **Anode**. (Dazu eine Eselsbrücke: Das englische Wort „and" (und) erinnert sowohl an „Anode" als auch an das mathematische „Plus"). Die chemischen Vorgänge bei Stromfluß in flüssigen Leitern nennt man nach Michael Faraday seit 1831 **Elektrolyse** (lyein, griech. zerlegen), weil der flüssige Leiter zerlegt werden kann.

Die Veranschaulichung der Stromleitung in einer wäßrigen Salzlösung ist verhältnismäßig einfach. Reines Wasser scheint keine Ladungsträger zu besitzen, um einen Ladungsausgleich zwischen den beiden Elektroden mit Elektronenüberschuß bzw. -mangel herbeizuführen. Dagegen werden durch das Einbringen von Salzen Ladungsträger bereitgestellt. Die kleinsten Salzteilchen stellen eine Verbindung mehrerer Atome dar. So setzt sich z.B. Kochsalz aus Natrium (Na) und Chlor (Cl) zusammen. Gehen nun diese beiden Grundstoffe eine Verbindung ein, dann gibt je ein Natrium-Atom an je ein Chlor-Atom ein Elektron ab; dadurch laden sich die Natrium-Teile positiv und die Chlor-Teile negativ auf. Zwischen den jetzt entgegengesetzt geladenen Teilchen bestehen elektrische Anziehungskräfte, wodurch die chemische Bindung zustande kommt.

Da die elektrischen Kräfte nach allen Richtungen des Raumes wirken, bilden sich nicht nur einzelne Kochsalzteilchen, sondern es entsteht ein größerer, strukturierter Verband. Diese Anordnung heißt Kristall. Das Wasser hat nun die Eigenschaft, diese entgegengesetzt geladenen „Atom"-Teilchen eines Salzes zu trennen. Daher befinden sich in wäßrigen Salzlösungen positiv und negativ geladene Materieteilchen. Man nennt sie **Ionen** (ion, griech. wandernd), da sie aufgrund der elektrischen Anziehung und Abstoßung in der Flüssigkeit wandern, und zwar positive Ionen mit einem Elektronenmangel zur Katode und negative Ionen mit einem Elektronenüberschuß zur Anode (Abb. 1). Es findet also ein Transport ungleichnamiger Ladungen in zwei entgegengesetzten Richtungen statt, ganz im Gegensatz zu festen, metallischen Leitern, in denen sich nur Elektronen ohne Materietransport in einer Richtung bewegen. (Unser Wasserstrommodell läßt sich auf diese Ionenleitung nun nicht mehr anwenden!) An den Elektroden werden die Ionen durch Aufnahme oder Abgabe von Elektronen wieder elektrisch neutral. Sie scheiden sich an den Elektroden als Belag oder als Gas ab oder gehen mit der Salzlösung in unmittelbarer Nähe der Elektroden weitere, oft komplizierte Reaktionen ein.

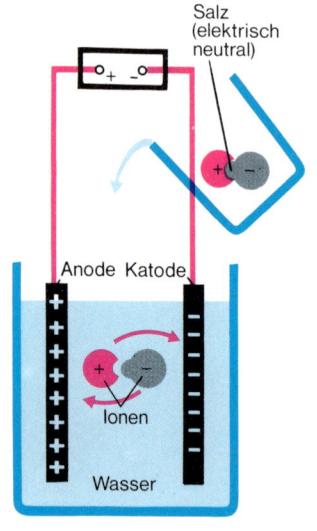

Abb. 1: Veranschaulichung der Stromleitung in einer wäßrigen Salzlösung

> Wäßrige Salzlösungen enthalten elektrisch entgegengesetzt geladene Teilchen (Ionen), die bei Stromfluß den Ladungstransport zwischen den Elektroden bewirken; an diesen laufen chemische Vorgänge ab.

Aufgaben
1 Nenne die grundsätzlichen Unterschiede bei der Veranschaulichung des Stromflusses (= Ladungstransportes) bei festen und flüssigen Leitern!
2 Wäßrige Zuckerlösung ist ein Nichtleiter. Versuche eine Erklärung!

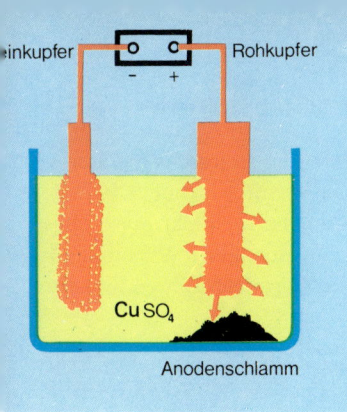

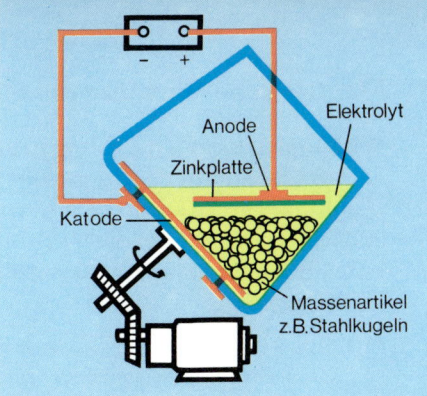

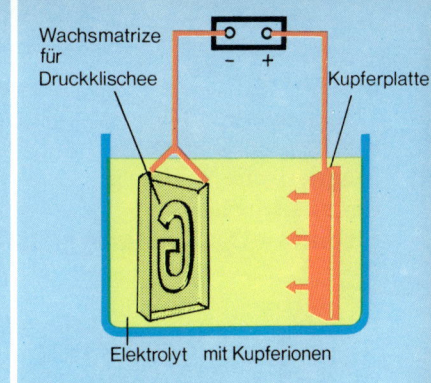

Abb. 1: Elektrolytkupfer   *Abb. 2: Galvanisieren*   *Abb. 3: Galvanoplastik*

Elektrolyse. Metalle, Gase und Laugen können in großen Mengen und in großer Reinheit durch Elektrolyse gewonnen werden. Elektrolytkupfer, das in der Elektrotechnik eine große Bedeutung hat, wird elektrochemisch hergestellt: Das industriell gewonnene Rohkupfer wird in Platten als Anode in Kupfersulfatlösung ($CuSO_4$) gebracht. Als Katode dienen dünne Kupferbleche (Abb. 1). Bei Elektrolyse scheidet sich Kupfer von 99,95% Reinheit an der Katode ab. Der sog. Anodenschlamm, der bei der Auflösung der Anode entsteht, wird weiterverarbeitet; er enthält weitere wertvolle Elemente. Bei der Elektrolyse von Natriumchloridlösung (NaCl) gewinnt man an der Katode Wasserstoff (z. B. zum Schweißen), an der Anode Chlorgas (z. B. zur Desinfektion) und in der Lösung entsteht Natronlauge (für die chemische Industrie).

Bei dem **Eloxal-Verfahren** (**el**ektrisch **ox**ydiertes **Al**uminium) werden Aluminiumwerkstücke als Anode z. B. in Schwefelsäure gebracht. Bei der Elektrolyse entsteht an der Anode Sauerstoff, der das Aluminium mit einer korrosionsfesten Oxidschicht überzieht.

Galvanisieren. Durch Elektrolyse kann man Gegenstände aus einem unedlen Metall mit einer Schicht eines edleren Metalls überziehen. Man verkupfert, vernickelt, vergoldet usw. Der zu behandelnde Gegenstand wird sorgfältig entfettet und sauber als Katode ins galvanische Bad gebracht, das stets ein Salz des Metalls enthalten muß. Das Metall der Anode geht dann in Lösung und scheidet sich an der Katode ab. Die ausgeschiedene Metallmenge hängt von der Versuchsdauer, der Stärke des Stromes bei der Elektrolyse und der Temperatur sowie der Zusammensetzung des galvanischen Bades ab. – Zum Galvanisieren von Massenartikeln (z. B. Schrauben und Kugeln) dienen Trommelgeräte (Abb. 2).

Galvanoplastik. Gips- oder Wachsabdrücke von Büsten, Münzen oder Druckklischees werden z. B. mit Graphitpulver leitend gemacht und als Katode z. B. in ein Kupfersulfatbad mit Kupferanode gebracht (Abb. 3). Der Metallüberzug läßt sich abheben. Auf ähnliche Weise werden z. B. die Stempel zum Pressen von Schallplatten hergestellt.

Aufgabe Es soll ein Eisennagel verkupfert werden. Welche Geräte benötigt man? Worauf ist zu achten, um einen festen Kupferbezug zu erhalten?

*8.2.3
Anwendungen der chemischen Wirkungen

8.3 Magnetische Wirkung des elektrischen Stromes

8.3.1 Magnetische Wirkung des elektrischen Stromes – Dauermagnete

Wirkungen in der Umgebung stromführender Leiter. Wir erkennen in einem Stromkreis den Stromfluß an seiner Wärmewirkung, z. B. in der Glühlampe oder an seiner chemischen Wirkung bei der Elektrolyse. Diese „Botschaften" geben uns die *bewegten Ladungen* durch ihre Wirkungen *im* Leiter. Wir untersuchen, ob auch in der *Umgebung* stromführender Leiter Wirkungen festzustellen sind.

❶ Neben einen senkrecht eingespannten Leiter hängen wir an einen Faden einen Eisennagel so auf, daß er zum Leiter hinzeigt. Wir lassen kurzfristig einen starken Strom durch den Leiter fließen (Abb. 1).

Bei Stromfluß wird der Eisennagel abgelenkt. Unterbrechen wir den Stromkreis, schwingt der Nagel wieder in seine Ausgangslage. Die Ursache für diese Wirkungen auf den Eisenkörper kann nur der Stromfluß im Leiter sein. Der Däne *Oerstedt* entdeckte schon 1820 durch Zufall bei einem ähnlichen Experiment diese Wirkung des elektrischen Stromes. Vielleicht denkst Du an die vorangegangenen elektrostatischen Versuche zur elektrischen Influenz und meinst, man kann den Eisennagel durch einen Kunststoffstab, Papierfetzen oder andere Metallstifte ersetzen, um ähnliche Wirkungen zu erzielen:

❷ Wir wiederholen V 1 mit Stiften aus Papier, Glas, Kupfer, Nickel.

Lediglich der Nickelstift erfährt ähnliche Wirkungen wie der Eisennagel. Weitere Untersuchungen zeigen, daß nur Körper aus Eisen, Nickel, Kobalt und einigen Legierungen aus Eisen, Nickel und anderen Metallen in der Nähe stromführender Leiter aus ihrer Ruhelage bewegt werden. Wir sagen, es wirken auf diese Körper **Kräfte**.

Wir erkennen, daß es sich bei diesen Versuchen nicht um die Wirkung *ruhender Ladungen* handeln kann, sondern daß diese Wirkungen durch *bewegte Ladungen* hervorgerufen werden, also auf den *elektrischen Strom* zurückzuführen sind.

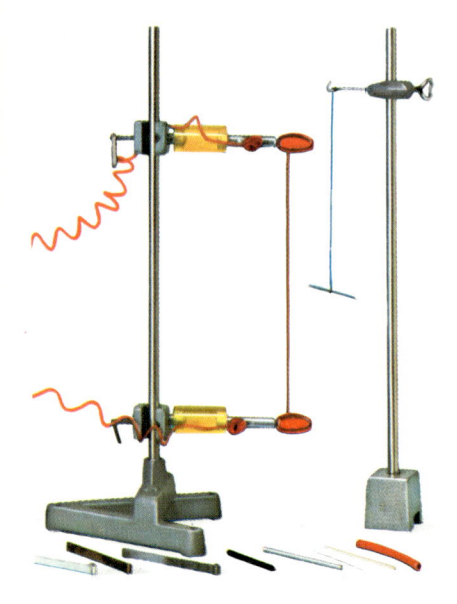

Abb. 1: In der Umgebung stromführender Leiter werden Körper aus Eisen abgelenkt

> Auf Körper aus Eisen, Nickel und Kobalt wirken in der Umgebung stromführender Leiter Kräfte.

Abb. 2: Naturmagnet, Scheiben-, Hufeisen- und Stabmagnet

Wirkungen in der Nähe von Dauermagneten. Schon im Altertum kannte man besondere Eisenerzstücke, die auf Körper aus Eisen anziehende Kräfte ausübten. Da man diese Eisenerze vermutlich erstmalig in der Stadt **Magnesia** in Kleinasien gefunden hat, nennt man sie **Magnete**. Heute benutzt man technisch hergestellte **Dauermagnete** in verschiedenen Formen (Abb. 2).

❸ Wir nähern einen Stabmagneten den beweglich aufgehängten Körpern aus Versuch V 2.

Unsere Versuche und weitere Untersuchungen zeigen, daß nur Körper aus Eisen, Nickel, Kobalt und einigen wenigen Legierungen von den Dauermagneten bewegt werden können.

Diese Stoffe nennt man **ferromagnetisch** (lat. ferrum, Eisen), weil sie sich Magneten gegenüber wie Eisen verhalten.

> Auch in der Umgebung von Dauermagneten wirken auf Eisen, Nickel und Kobalt Kräfte.

Deutung: Sowohl stromführende Leiter als auch Dauermagneten üben auf Körper aus ferromagnetischen Stoffen Kräfte aus.
Aus den *ähnlichen Wirkungen* von Dauermagneten und stromführenden Leitern schloß 1821 der Franzose *Ampère* auf *ähnliche Ursachen*. Deshalb nahm er an, daß auch bei Dauermagneten der Magnetismus durch bewegte Ladungen im atomaren Bereich verursacht wird. Tatsächlich wurden mehr als 100 Jahre später diese Ampèreschen Vermutungen bestätigt.

Abb. 3: An den Polen von Magneten bleiben Eisenspäne haften

> Die magnetischen Wirkungen von stromführenden Leitern und Dauermagneten sind auf die Bewegung elektrischer Ladungen zurückzuführen.

Magnetpole. Zunächst wiederholen wir Eigenschaften von Dauermagneten und untersuchen später, ob auch bei stromführenden Leitern ähnliche Eigenschaften zu finden sind.

Abb. 4: Stabmagnete bzw. Magnetnadeln stellen sich in Nord-Süd-Richtung ein

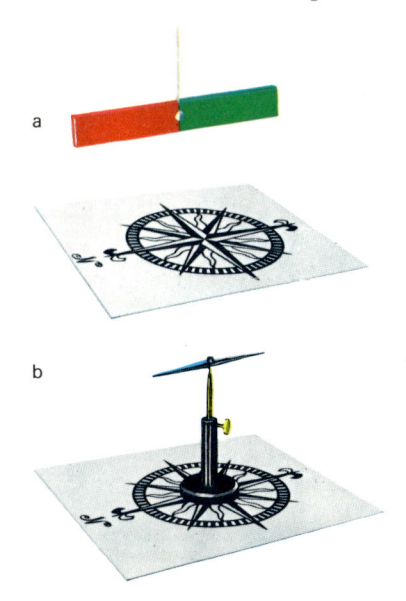

❹ Wir legen einen Stabmagneten und einen Hufeisenmagneten und eine Magnetnadel (kleiner, zugespitzter Stabmagnet) in Eisenfeilspäne und nehmen sie wieder heraus.

Die Magneten ziehen ganze „Bärte" von Spänen an, die Mitte dagegen bleibt frei (Abb. 3).
Die zwei Stellen stärkster Anziehung heißen **Pole,** der Bereich ohne Anziehung **Indifferenzzone** (indifferent: unbestimmt).

❺ a) Wir hängen einen Stabmagneten horizontal auf, b) wir setzen eine Magnetnadel drehbar auf eine Nadelspitze (Abb. 4).

Nach einigen Schwingungen stellen sich beide Magnete ungefähr parallel zur geographischen Nord-Süd-Richtung ein. Wie wir die Ausgangslage auch wählen, nach kurzer Zeit zeigt immer das gleiche Ende nach Norden und das andere entsprechend nach Süden.
Wir erkennen: Die Enden eines Magneten sind nicht gleichwertig.

> Jeder Magnet hat in der Nähe seiner Enden zwei Stellen stärkster Anziehung, die **Pole.** Der nach Norden weisende Pol eines frei beweglich aufgehängten Stabmagneten heißt **Nordpol,** der nach Süden weisende Pol **Südpol.** Der ganze Magnet ist ein magnetischer **Dipol.**

Aufgaben **1** Von Spielzeugen und aus dem Haushalt sind Dir sicher Dauermagnete bekannt! Nenne Eigenschaften und Anwendungen dieser Magnete!
2 Welche wichtige Rolle spielt der Magnetkompaß seit Jahrhunderten in der Seefahrt?

8 Wirkungen des elektrischen Stromes

8.3.2 Grunderscheinungen des Magnetismus

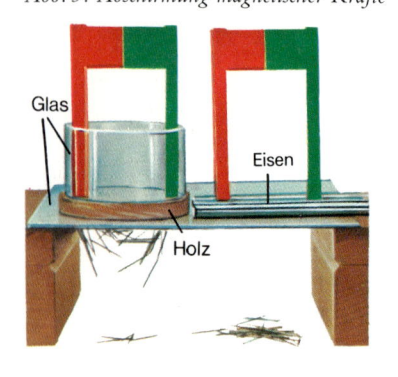

Die Ausrichtung der Magnetnadel in Nord-Süd-Richtung weist auf eine **Verschiedenartigkeit** der beiden Magnetpole hin.

❶ Wir nähern den Polen eines auf einem Wagen befestigten Stabmagneten jeweils den Nord- und Südpol eines zweiten Stabmagneten.

Wir beobachten Abstoßung zwischen Nord- und Nordpol bzw. Süd- und Südpol und Anziehung zwischen Nord- und Südpol.
Diese magnetischen Grunderscheinungen erinnern uns an die Beobachtungen bei elektrischen Ladungen.

❷ Wir bringen zwei Scheibenmagnete so an (Abb. 1), daß gleichnamige Pole einander gegenüberliegen. Den oberen Magneten belasten wir.

Die abstoßende Wirkung der gleichnamigen Magnetpole ist um so größer, je kleiner ihr Abstand ist.
Entsprechend wachsen auch die anziehenden Kräfte zwischen ungleichnamigen Polen bei kleiner werdendem Abstand.

Abb. 1: „Schwebe-Magnete"

> Gleichnamige Pole stoßen einander ab, ungleichnamige ziehen einander an. Die abstoßenden bzw. anziehenden Kräfte zwischen den Polen sind um so größer, je kleiner ihr Abstand ist.

Abb. 2: Zusammenwirken von Magneten

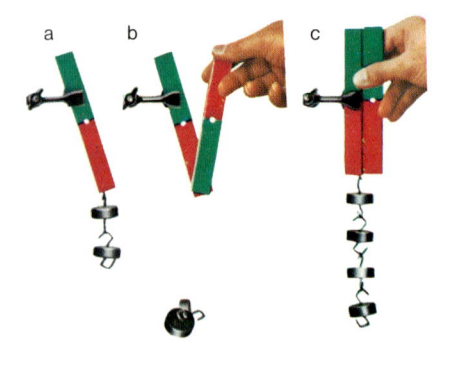

❸ a) Am Nordpol eines senkrecht eingespannten Stabmagneten hängen Eisenstücke. b) Wir nähern diesem Pol den Südpol eines zweiten Stabmagneten, c) wir halten den zweiten Stabmagneten gleichsinnig und parallel zum ersten und hängen weitere Eisenstücke an (Abb. 2).

Die magnetische Wirkung eines bestimmten Dauermagneten ist außer durch den Abstand zum ferromagnetischen Körper oder zu anderen Magneten auch durch andere Dauermagnete beeinflußbar.

> Die Wirkung gleichnamiger Magnetpole auf ferromagnetische Körper verstärken einander, die von ungleichnamigen heben einander teilweise oder ganz auf.

❹ Wir legen auf zwei Klötze horizontal Körper aus Glas, Holz, Eisen, Blei u.a. und stellen einen Hufeisenmagneten darüber. Von unten nähern wir Eisennägel (Abb. 3).

Abb. 3: Abschirmung magnetischer Kräfte

Die magnetischen Wirkungen des Hufeisenmagneten durchdringen alle Stoffe bis auf Eisen. Weitere Untersuchungen zeigen:

> Alle ferromagnetischen Stoffe schirmen magnetische Wirkungen ab.

Bei den elektrischen Ladungen lernten wir die **Influenz** kennen: In der Nähe elektrisch geladener Körper bildeten sich in allen Körpern elektrische Dipole. Gibt es Influenz auch bei ferromagnetischen Körpern?

❺ Am Ende eines Eisenstabes steht eine Magnetnadel. Wir nähern dem anderen Stabende a) den Nordpol, b) den Südpol eines Magneten (Abb. 4).

Abb. 4: In der Nähe von Magneten wird ein Eisenstab magnetisiert

Obwohl der Magnet den Eisenstab nicht berührt, wird die Magnetnadel in beiden Fällen am anderen Ende aus ihrer Lage abgelenkt. Nach Entfernen des Magneten kehrt sie in ihre ursprüngliche Lage zurück.
Der Eisenstab ist offensichtlich magnetisch geworden. Halten wir z. B. einen Magneten in eine Menge Eisennägel, dann werden auch die einzelnen Eisennägel selber zu einem Magneten. Körper aus sog. Weicheisen sind also magnetisch, *solange* sich ein Magnet in ihrer Nähe befindet. Diese Erscheinung bezeichnet man als **magnetische Influenz.**
Es gibt aber auch Eisensorten, die bei Beeinflussung durch einen Magneten dauerhaft magnetisiert werden.

❻ Mit dem Nordpol eines Magneten streichen wir in gleicher Richtung über eine Stahlstricknadel und prüfen danach ihren Magnetismus (Abb. 5a).

An den Enden der Stahlnadel bleiben auch nach längerer Zeit Eisenfeilspäne hängen. Mit einer Magnetnadel weist man nach, daß die Nadel einen magnetischen Nord- und Südpol hat.
Beim Magnetisieren verliert der Magnet nichts von seiner magnetischen Stärke. Es gibt also keine „magnetische Substanz", die übertragen wird. Vielmehr scheint es, daß in den ferromagnetischen Stoffen die Anlage für die magnetische Eigenschaft schon vorhanden ist, und daß sie durch den Einfluß von Magneten lediglich „wachgerufen" wird.

Mit einem Magneten können ferromagnetische Körper magnetisiert werden, ohne daß der erste Magnet etwas von seiner Stärke verliert.

❼ Wir halbieren eine magnetisierte Stricknadel und dann ihre Teilstücke. Mit Eisenspänen und Magnetnadel prüfen wir die Teilstücke (Abb. 5b).

Jedes Teilstück ist wieder ein selbständiger Magnet mit Nord- *und* Südpol geworden. An der vorher unmagnetischen Teilungsstelle sind jeweils zwei ungleichnamige Magnetpole entstanden.

Beim Teilen von Magneten entstehen immer wieder neue Magnete. Es gibt keine isolierten magnetischen Pole, sondern nur **magnetische Dipole.**

Die Entstehung von immer kleiner werdenden Teilmagneten führt zu der Vorstellung von nicht mehr teilbaren **Elementarmagneten,** die in allen ferromagnetischen Körpern enthalten sind. Beim Magnetisieren werden sie durch magnetische Influenz lediglich „ausgerichtet" (Abb. 6).

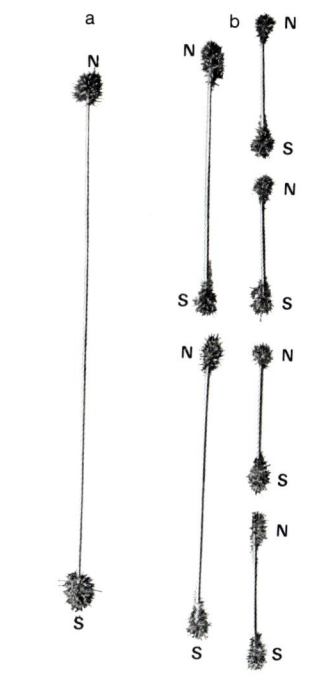

Abb. 5: Werden magnetische Dipole geteilt, so entstehen wieder magnetische Dipole

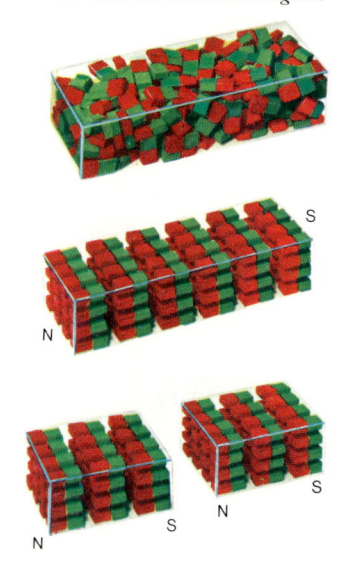

Abb. 6: Modell der Elementarmagnete

8 Wirkungen des elektrischen Stromes

8.3.3 Der Elektromagnet – Anwendungen

Abb. 1: Stromführende Spulen verhalten sich wie Stabmagnete

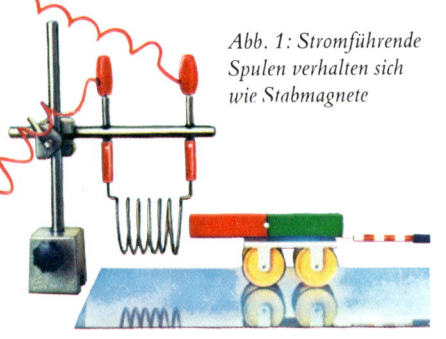

*Abb. 2: Ein **Weicheisenkern** verstärkt die magnetische Wirkung stromführender Spulen*

Abb. 3: Elektromagnet mit Eisenjoch (Anker)

Stromführende Spulen. Wir haben die magnetische Wirkung eines einzelnen stromdurchflossenen Leiters kennengelernt. Sie ist aber zur technischen Nutzung zu gering! Wir wollen mehrere Leiter zusammenwirken lassen. Dazu wickelt man einen Draht um einen zylinderförmigen Körper zu einer Spule.

❶ a) Vor der Öffnung einer festen Spule befindet sich der Nordpol eines beweglichen Stabmagneten. Wir lassen einen Strom durch die Spule fließen.
b) Wir wiederholen mit demselben Magnetpol den Versuch an der anderen Spulenöffnung (Abb. 1), c) anschließend nehmen wir an der Stromquelle eine Umpolung der Anschlüsse vor.

Bei V 1 a beobachten wir z. B. Anziehung, bei 1 b dagegen Abstoßung des Stabmagneten.
Eine stromdurchflossene Spule besitzt also wie ein Stabmagnet einen Nord- und Südpol. Allerdings wechseln die Spulenöffnungen ihre Poleigenschaft beim Wechsel der Stromrichtung (V 1 c).

> Stromführende Spulen wirken wie Stabmagnete: Elektromagnete.

Lassen sich die magnetischen Wirkungen von Elektromagneten verstärken? Wird ein ferromagnetischer Körper auch in der Nähe eines stromführenden Leiters durch **magnetische Influenz** selber zu einem Magneten?

❷ Durch gleiche Spulen ohne und mit Eisenkern lassen wir den gleichen Strom fließen und hängen möglichst viele Eisennägel an ihre unteren Enden. Über den Spulenenden hängen Eisenkörper an Federn (Abb. 2).

Die Spule mit Eisenkern hält mehr Eisennägel und zieht das obere Eisenstück stärker an als die Spule ohne Eisenkern. – Abb. 3 zeigt einen Elektromagneten mit zwei Spulen und einen ringförmig geschlossenen Eisenkern. Das abschließende Eisenjoch wird mit großer Kraft gehalten. Zusätzlich könnte die magnetische Stärke des Elektromagneten von der Stärke des Stromes und der Windungszahl der Spule abhängen.

❸ Bei einem Versuchsaufbau nach Abb. 2 verstärken wir zunächst den Strom und verwenden dann Spulen mit verschiedenen Windungszahlen.

Die magnetische Wirkung des Elektromagneten ist um so größer, je größer die Stärke des Stromes und je größer die Anzahl der Windungen der Spule bei gleicher Spulenlänge ist.

> Die magnetische Wirkung eines Elektromagneten wird durch den Eisenkern, die Windungszahl der Spule und die Stärke des Stromes beeinflußt.

Vergleich. Dauermagnete und Elektromagnete haben ähnliche magnetische Eigenschaften. Ein Dauermagnet benötigt zwar keine Stromquelle, man kann ihn aber nicht wie einen Elektromagneten ein- und ausschalten oder seine Stärke schnell in großem Maße verändern. Beide Magnetarten spielen eine große Rolle.

Anwendungen. Dauermagnete werden zu Magnetverschlüssen von Schränken, als Haftmagnete, als Kompaßnadel, als wichtiger Teil von Elektromotoren und von Fahrraddynamos, als Schaltkontakte usw. verwendet. Im Prinzip kann ein Elektromagnet alle Aufgaben eines Dauermagneten übernehmen, aber nicht umgekehrt.
Der Elektromagnet eines **Magnetkrans** kann große Mengen von Eisenschrott aufnehmen, transportieren und bei Abschaltung des Spulenstromes wieder fallen lassen. Die **Weichen** von Straßenbahnen und die **elektrischen Türöffner** werden durch Elektromagnete betätigt.
Schaltungen in gefährlichen Stromkreisen, die zentrale Steuerung komplizierter Maschinenanlagen und die Regelung technischer Vorgänge erfolgen durch **elektromagnetische Schalter (Relais).**

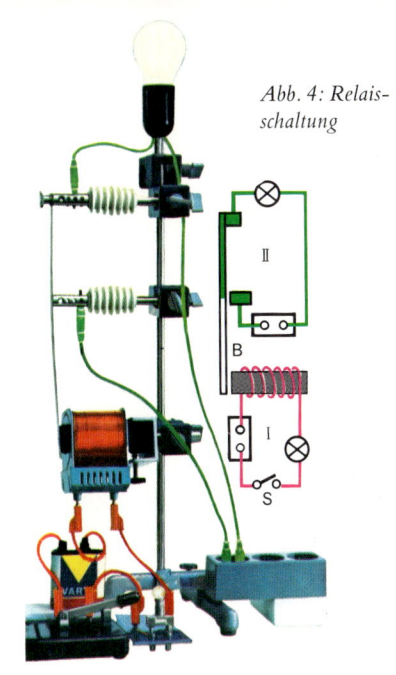

❹ Abb. 4 zeigt einen Stromkreis I mit einem Elektromagneten, vor dessen einem Ende eine Eisenfeder angebracht ist. Diese wirkt als Schalter in einem Stromkreis II. Wir schließen Schalter S im Stromkreis I.

Abb. 4: Relaisschaltung

In beiden Stromkreisen zeigen Glühlampen den Stromfluß an. Beim Schließen des Stromkreises I zieht der Elektromagnet die Blattfeder B an und schließt so den Stromkreis II. Wird der Elektromagnet stromlos, schwingt die Feder in die Ausgangslage zurück.
Ein Schwachstromkreis kann so gefahrlos einen Hauptstromkreis schalten. Abb. 5 zeigt ein technisches Relais.
Das Prinzip des **elektrischen Selbstunterbrechers** wird in der elektrischen **Klingel** benutzt. Vor den Polen eines Elektromagneten (Abb. 6) befindet sich in geringer Entfernung eine Blattfeder mit einem Stück Weicheisen A. Zwischen P_1 und P_2 ist durch einen Metallstift ein Kontakt hergestellt. Schließen wir den Stromkreis, so beobachten wir, wie das Eisenstück A und damit die Blattfeder vom Elektromagneten angezogen wird, und der Klöppel K an der Blattfeder an die Glocke schlägt. Gleichzeitig wird der Stromkreis zwischen P_1 und P_2 unterbrochen. Der stromlose Elektromagnet läßt die Blattfeder wieder in die Ausgangslage zurückschwingen. Der Vorgang wiederholt sich periodisch: es klingelt!
Eine **Autohupe** wird nach demselben Prinzip betrieben. Dort wird statt der Blattfeder eine Metallmembran zum Schwingen gebracht.

Abb. 5: Technisches Relais

Abb. 6: Elektrischer Selbstunterbrecher

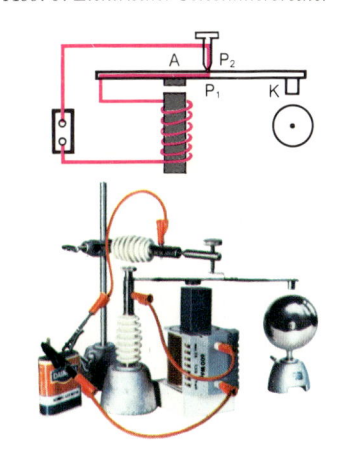

Abb. 7: Automatische Sicherung (Modell)

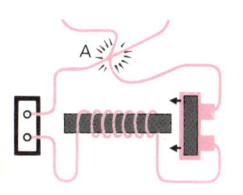

Aufgaben
1 Wie muß in V 4 der Elektromagnet angebracht werden, damit beim Einschalten des Stromkreises I der Stromkreis II geöffnet wird?
2 Zeichne das Schaltbild einer Relaisschaltung, bei der durch Schließen eines Schalters mehrere Stromkreise gesteuert werden!
3 In Abb. 7 ist das Prinzip einer automatischen Sicherung skizziert. Erkläre ihre Wirkungsweise und ihre Vorteile gegenüber einer Schmelzsicherung!

8 Wirkungen des elektrischen Stromes

8.4 Das magnetische Feld

8.4.1 Die Magnetfelder gerader, stromführender Leiter

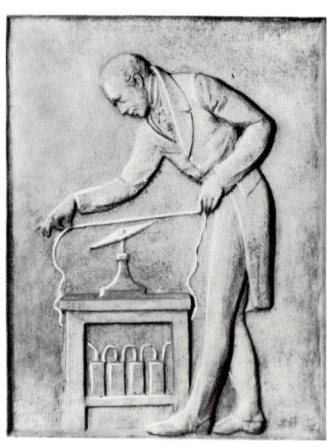

Abb. 1: Oerstedts Entdeckung

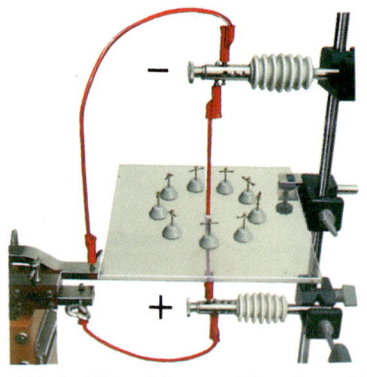

Abb. 2: Kleine Magnetnadeln ordnen sich um einen stromführenden Leiter

Abb. 3: Eisenspäne zeigen das zirkulare Magnetfeld

Zum Begriff des magnetischen Feldes. Unsere Untersuchungen der magnetischen Eigenschaften von Dauermagneten und stromführenden Leitern zeigten, daß in dem sie *umgebenden Raum* auf Magnetnadeln und auf ferromagnetische Körper *Kräfte* wirken. Die Entdeckung der magnetischen Wirkung des elektrischen Stromes gelang 1820 dem dänischen Physiker *Hans Christian Oerstedt* (1777–1851; Abb. 1).

Wir gehen davon aus, daß der Raum um Dauermagnete und stromführende Leiter eine *besondere Eigenschaft* besitzt. Diese Eigenschaft des Raumes ist an der Wirkung auf ferromagnetische Körper zu erkennen. Man spricht von **Magnetfeldern** oder **magnetischen Feldern**.

> In der Umgebung von Dauermagneten und stromführenden Leitern bestehen **magnetische Felder**; man weist sie durch Kraftwirkungen auf ferromagnetische Stoffe nach.

Das Magnetfeld gerader Stromleiter – Das Feldlinienmodell. Wir untersuchen den Raum um einen geraden, stromführenden Leiter:

① Ein Kupferdraht wird senkrecht durch eine Glasplatte geführt. Wir stellen kleine Magnetnadeln kreisförmig um den geraden Leiter und schalten einen starken Strom ein. Anschließend polen wir um (Abb. 2).

Die Magnetnadeln werden beim Einschalten des Stromes aus ihrer Nord-Süd-Richtung abgelenkt. Sie stellen sich so, daß die Richtungen ihrer Längsachsen mit den Richtungen der Tangenten an den Kreis nahezu zusammenfallen. Bei Umpolung drehen sich die Nadeln um 180°. Der Versuch zeigt u. a., daß es sinnvoll ist, bei Magnetfeldern von *gerichteten Feldern* zu sprechen. Zur Verdeutlichung des gesamten Feldes verwenden wir nun viele kleine „Feldanzeiger":

② Wir bestreuen die Glasplatte von V 1 mit Eisenfeilspänen, schalten kurz den Strom ein und klopfen dabei ein wenig an die Platte (Abb. 3).

Die Eisenfeilspäne ordnen sich zu Ketten, die konzentrische Kreise, also geschlossene Linien, um die Leiterachse bilden.
Diese kreisförmige Struktur konnten wir bereits in V 1 nachweisen. Jeder Eisenspan verhält sich offensichtlich ähnlich wie eine kleine Magnetnadel (wir sprachen hier bereits von magnetischer Influenz).
Mit wachsender Entfernung vom Leiter ordnen sich die Eisenfeilspäne weniger deutlich zu Ketten. Daraus schließen wir, daß das *Magnetfeld* mit *wachsender Entfernung* vom stromführenden Leiter *schwächer* wird. Zu betonen ist, daß die kreisförmigen Eisenfeilketten lediglich einen Schnitt durch das *räumliche* Magnetfeld darstellen.
Zur Veranschaulichung des Aufbaus von Magnetfeldern ersetzt man die Kettenlinien aus Eisenspänen durch Kraftwirkungslinien, die man **magnetische Feldlinien** nennt (Abb. 4). Wir sprechen vom **Feldlinienmodell**. Eine Magnetnadel wird sich in jedem Punkt eines Magnetfeldes tangential zu diesen Feldlinien einstellen.

Von den unbegrenzt vielen Feldlinien eines Magnetfeldes wird zur zeichnerischen Darstellung nur eine Auswahl gezeichnet. Dazu vereinbaren wir:

> 1. Die gezeichneten Feldlinien sollen in jedem Punkt des Feldes so orientiert sein, daß sie *eindeutig* angeben, wohin der **Nordpol** einer eingependelten Magnetnadel zeigt (willkürliche Definition).
> 2. Die *Stärke* des Magnetfeldes wird durch die *Zahl* der Feldlinien veranschaulicht, die man pro Flächeneinheit zeichnet.

Bei vielen Magnetfeldern zeigt sich, daß die Stärke des Feldes an verschiedenen Stellen einer Feldlinie unterschiedlich sein kann. Weil die Kraftrichtung in jedem Punkt eindeutig ist, darf man keine einander schneidenden Feldlinien zeichnen. Die Orientierung der magnetischen Feldlinien in Abhängigkeit von der Stromrichtung gibt die **Rechte-Hand-Regel** an (Abb. 5):

> Umfaßt man den geraden, stromführenden Leiter so mit der rechten Hand, daß der abgespreizte Daumen die technische Stromrichtung (von + nach −) angibt, so zeigen die übrigen Finger die Orientierung der Feldlinien an.

Kein Strom ohne Magnetfeld. Während die chemischen Wirkungen des elektrischen Stromes nur bei flüssigen oder gasförmigen Leitern auftreten und auch die Wärmewirkung unter besonderen Voraussetzungen (Supraleitung bei extrem tiefen Temperaturen) fehlen kann, hat jeder Strom ein Magnetfeld. *Jede Bewegung* von Ladungen erzeugt ein Magnetfeld.

❸ Wir stellen eine Magnetnadel unter ein mit verdünnter Schwefelsäure gefülltes Gefäß, in das zwei Elektroden mit Zuleitungen zu einer Elektrizitätsquelle getaucht sind. Wir schalten den Strom ein (Abb. 6).

Neben einer Gasentwicklung an den Elektroden (auf die wir hier nicht eingehen wollen) beobachten wir, daß sich die Magnetnadel beim Einschalten des Stromes dreht. Sie stellt sich senkrecht zur Stromrichtung im Elektrolyten, wie die Magnetnadel in V 1 zum metallischen Leiter.

> Jede Bewegung von elektrischen Ladungen bewirkt ein Magnetfeld.

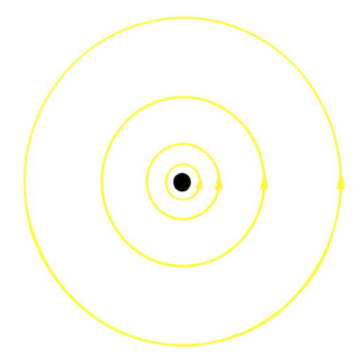

Abb. 4: Feldlinienbild eines geraden, stromführenden Leiters

Abb. 5: Rechte-Hand-Regel

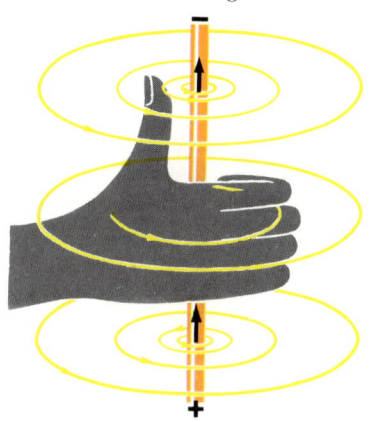

Abb. 6: Auch stromführende flüssige Leiter haben ein Magnetfeld

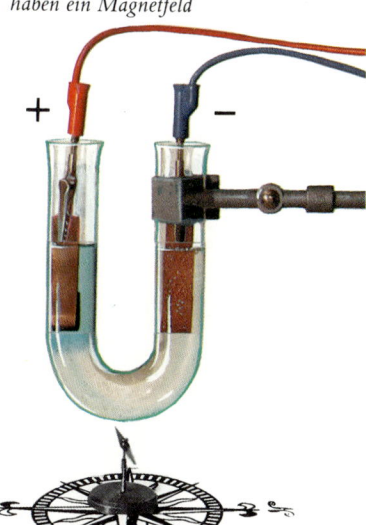

Aufgaben 1 In V 3 bewegen sich im elektrolytischen Leiter elektrisch geladene Körper in entgegengesetzten Richtungen. Woran mag es liegen, daß sich die magnetischen Wirkungen beider Ströme nicht gegenseitig aufheben?
2 In der Umgebung von Dauermagneten und Leitern bestehen magnetische Felder. Warum ist dieser Satz nicht ganz richtig formuliert?
3 Auch *zwischen* den gezeichneten Feldlinien in Abb. 4 ist das Magnetfeld vorhanden. Woraus ergibt sich das?
4 Welcher Versuch zeigt, daß die Orientierung der magnetischen Feldlinien von der Stromrichtung abhängt?
5 Das Magnetfeld in V 2 ist nach außen hin nicht begrenzt. Warum ist das kein Widerspruch zum Versuchsergebnis, daß die Späne weit außen regellos sind?

8 *Wirkungen des elektrischen Stromes*

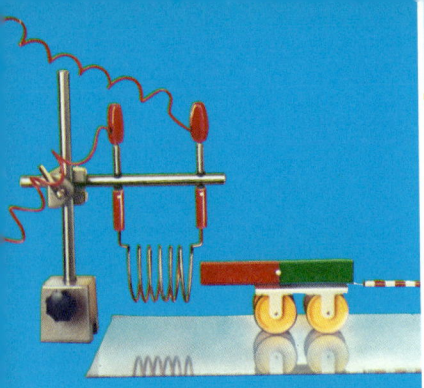

Abb. 1: Spule als Stabmagnet

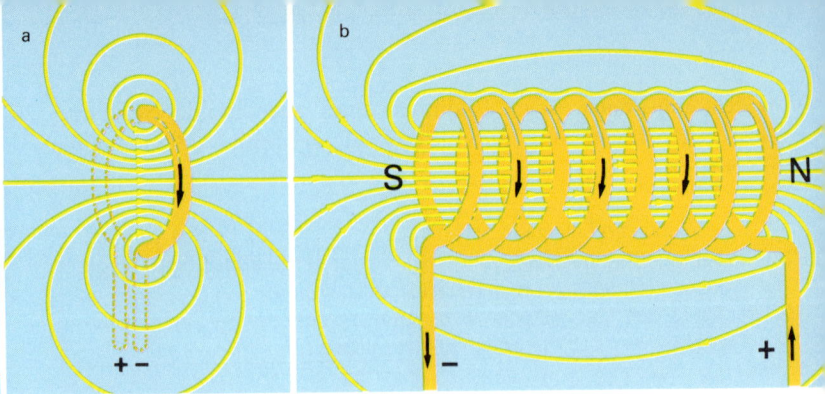

Abb. 2: Magnetfeld einer stromführenden a) Leiterschleife, b) Spule

8.4.2 Magnetfelder stromführender Spulen – Magnetisierung von Eisen

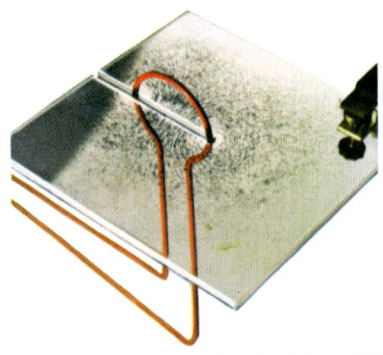

Abb. 3: Eisenspäne zeigen das Magnetfeld einer stromführenden Leiterschleife an

Abb. 4: Eisenspäne zeigen das Magnetfeld einer stromführenden Spule an

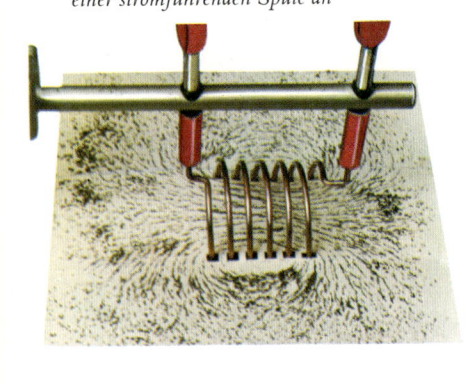

Theoretische Vorbetrachtung. Eine stromführende, gerade Spule hat ähnliche magnetische Eigenschaften wie ein Stabmagnet. Ihre Enden wirken wie der Nord- bzw. Südpol eines Dauermagneten. Wir erinnern uns z. B. an die anziehenden Kräfte zwischen dem Südpol einer stromführenden Spule und dem Nordpol eines Stabmagnets (Abb. 1). Beim Wechsel der Stromrichtung wechseln auch die Pole der Spule.

Wir überlegen nun, *warum* eine stromdurchflossene Spule diese Eigenschaften hat. Es liegt nahe, dazu ihr Magnetfeld genauer zu untersuchen. Da eine Spule lediglich aus einem geraden Leiter besteht, der in einer „Schraubenlinie" aufgewickelt ist, können wir versuchen, das Magnetfeld der Spule aus den Magnetfeldern der einzelnen Windungen (Schleifen) heraus zu verstehen. Nach Abb. 2a müßte es im Inneren einer einzelnen Schleife zu einer Überlagerung der Magnetfelder der einzelnen gekrümmten Leiterteile kommen; die Magnetfelder müßten sich verstärken.

Experimentelle Untersuchung. Wir überprüfen unsere Vermutung:

❶ Wir führen eine Leiterschleife in den Schlitz einer Plexiglasplatte, auf die wir gleichmäßig Eisenfeilspäne streuen. Während der Strom fließt, klopfen wir leicht an die Platte (Abb. 3).

Die Eisenspäne ordnen sich wieder zu geschlossenen Ketten um den Leiter. Alle Linien laufen auch durch das Innere der Schleife.
Beim *Zusammenwirken aller Windungen einer Spule* fließt der Strom durch die zueinander parallelen Windungen in gleicher Richtung. Also besitzen auch deren „Einzelfelder" den gleichen Richtungssinn. Während sich im Inneren der Spule alle „Beiträge" der Einzelmagnetfelder addieren, müßten sie sich dagegen zwischen den einzelnen Windungen z.T. aufheben (Abb. 2b). Auch im Außenraum erfolgt eine *Überlagerung der Einzelfelder*.

❷ Wir führen nach Abb. 4 die Windungen einer Spule durch die Löcher einer Platte, schließen den Stromkreis und streuen Eisenspäne darauf.

Es bilden sich wieder geschlossene Ketten aus den Spänen. Im Inneren der Spule verlaufen sie annähernd *parallel* zueinander.

Das Magnetfeld im *Inneren* einer Spule hat einen besonderen Aufbau: Die Stärke und Orientierung des Magnetfeldes ist dort überall gleich, man spricht von einem **homogenen Magnetfeld.** Die Feldlinien zeichnet man dort parallel und überall gleich dicht.

> Die magnetischen Feldlinien von stromdurchflossenen Leitern sind stets geschlossene Linien. Im Inneren einer stromführenden Spule ist das Magnetfeld homogen.

Aus dem Feldlinienbild läßt sich die Art der Spulenpole leicht ermitteln. Dazu bestimmen wir die Richtung der Feldlinien, indem wir die **Rechte-Hand-Regel** auf ein Leiterstück anwenden, bei dem wir die Stromrichtung kennen. Das Spulenende, aus dem die Feldlinien aus der Spule austreten, ist der Nordpol, das andere der Südpol (Abb. 5).

Magnetische Influenz als Wirkung des Magnetfeldes. Dem Begriff „Magnetische Influenz" begegneten wir schon bei den Untersuchungen der Grunderscheinungen des Magnetismus. In Versuch 5 des Themas 8.3.2 ordneten sich die Elementarmagnete so, daß sich ihre Südpole dem Nordpol des Stabmagneten zuwandten. Der in Abb. 6 dargestellte, schon bekannte Versuch, bei dem ein Elektromagnet sehr starke magnetische Kräfte entwickelt, veranlaßt uns zu einer vertieften Betrachtung der magnetischen Influenz:

Das Weicheisen wird magnetisch, solange es sich im Magnetfeld befindet. Das Magnetfeld wird hier durch die stromdurchflossenen Spulen erzeugt. Entscheidend für das Ausrichten der Elementarmagnete ist offenbar das Magnetfeld. So dreht sich jeder magnetische Dipol, der sich in einem Magnetfeld befindet, in Richtung der magnetischen Feldlinien, wenn er beweglich ist (Abb. 7). Wird der Stromkreis des Versuchs in Abb. 6 unterbrochen, verschwindet sofort auch das Magnetfeld, und die Elementarmagnete verlieren zum größten Teil wieder ihre Ordnung.

> In Magnetfeldern werden in ferromagnetischen Körpern magnetische Dipole influenziert. Sind die Körper leicht beweglich, so werden sie in Feldrichtung gedreht.

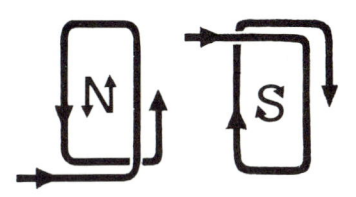

Abb. 5: Fließt in dem uns zugewandten Ende einer Spule der Strom im Uhrzeigersinn, dann liegt dort ein Südpol, im anderen Fall ein Nordpol

Abb. 6: Magnetische Influenz

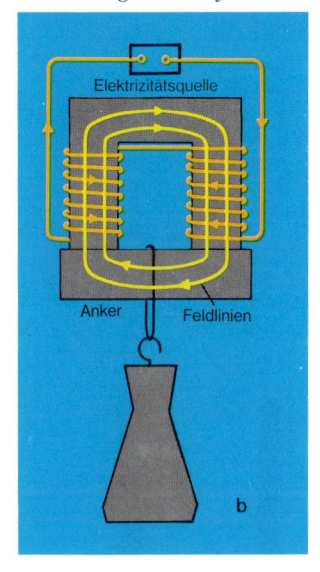

Abb. 7: Ein magnetischer Dipol dreht sich in Feldrichtung

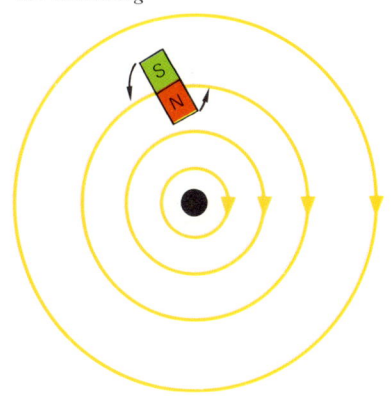

Aufgaben
1 Zeichne das Magnetfeld einer stromführenden „Ringspule"!
2 Durch zwei gleich lange Spulen fließen Ströme gleicher Stärke, ihre Magnetfelder sind jedoch verschieden stark. Woran liegt das? Begründung!
3 Im Versuch zur Abb. 6 werden die Anschlüsse bei der Elektrizitätsquelle vertauscht. Beschreibe die sich einstellenden Vorgänge mit dem Modell der Elementarmagnete!
4 Beschreibe einen Versuchsaufbau, der geeignet ist, Permanentmagnete herzustellen!
5 Deute Versuch 2!
6 Zwischen den Windungen von stromführenden Spulen sind die Magnetfelder nur sehr schwach. Zeige das anhand einer geeigneten Skizze!
7 In Abb. 1 führen die Verbindungskabel zu den Polen einer Elektrizitätsquelle. Welches Kabel ist mit dem „+"-Pol verbunden? Begründung!

8 Wirkungen des elektrischen Stromes

8.4.3
Die Magnetfelder von Dauermagneten

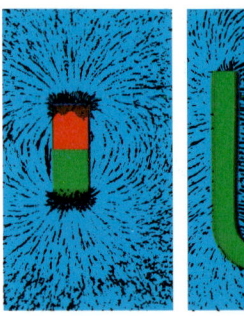

Abb. 1: Eisenspäne zeigen den Aufbau der Magnetfelder

Abb. 2: Magnetnadeln zeigen die Orientierung des Magnetfeldes

Nachweis von Magnetfeldern bei Dauermagneten. Nicht nur stromführende Leiter üben auf Körper aus ferromagnetischen Materialien Kräfte aus, sondern auch Dauermagnete. Daraus folgt, daß auch Dauermagnete Magnetfelder haben müßten.

❶ Auf einen Stab- und Hufeisenmagneten wird jeweils eine Glasplatte gelegt. Wir streuen Eisenspäne gleichmäßig darauf und klopfen leicht (Abb. 1).

Die Späne, die zu magnetischen Dipolen werden, ordnen sich, wie erwartet, kettenförmig an. Mit *wachsender* Entfernung vom Magneten ordnen sich die Eisenspäne *weniger* deutlich an.
Aus den Beobachtungen schließen wir, daß die Kraft auf die magnetischen Dipole mit der Entfernung abnimmt, d.h., das Magnetfeld wird mit wachsender Entfernung vom Magneten schwächer. Obwohl wir in einiger Entfernung vom Magneten mit unseren Mitteln keine Kraftwirkung mehr nachweisen können, ist das Magnetfeld doch unbegrenzt.

> Auch im Raum um Dauermagnete existieren magnetische Felder.

Aufbau der Magnetfelder von Dauermagneten. Zur Untersuchung der Felder verwenden wir jetzt statt der Späne kleine Magnetnadeln.

❷ Auf ein durchsichtiges Plastikgerüst, in dem kleine Magnetnadeln befestigt sind, setzen wir einen Hufeisenmagneten (Abb. 2).

Die Magnetnadeln richten sich im Magnetfeld aus und zeigen den Aufbau des Feldes. Zwischen den beiden Schenkeln des Hufeisenmagneten stellen sich die Magnetnadeln zueinander parallel ein.
Zwischen den beiden Schenkeln ist das magnetische Feld annähernd **homogen.** Weiter ist zu erkennen, daß es sich bei einem Magnetfeld um ein *orientiertes Feld* handelt: Die Spitzen der Magnetnadeln – dort befinden sich die Nordpole – sind einheitlich orientiert. Zur Veranschaulichung des Aufbaus des Magnetfeldes ersetzt man die Kettenlinien aus Eisenspänen wieder durch Kraftwirkungslinien, die sog. **magnetischen Feldlinien** (Abb. 3). Eine Magnetnadel stellt sich in jedem Punkt eines

Abb. 3: Feldlinienbild eines Stabmagneten

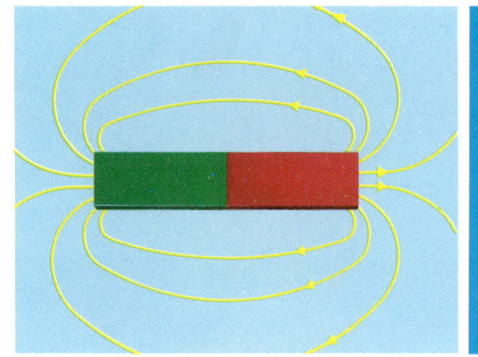

Abb. 4: Orientierung des Magnetfeldes

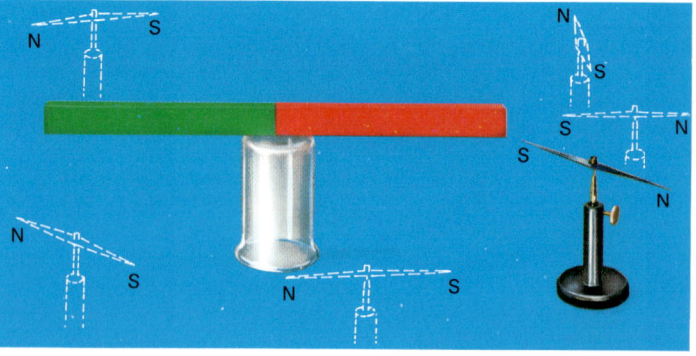

Magnetfeldes tangential zu diesen Linien ein. Von den unbegrenzt vielen Feldlinien können wir wieder nur eine Auswahl zeichnen.

❸ Wir bewegen eine Magnetnadel um einen Stabmagneten (Abb. 4).

Die Richtung der feldanzeigenden Nadel ändert sich laufend. Sie stellt sich stets in die Richtung der Kettenlinien von V 1 ein.
Die Orientierung eines Magnetfeldes hatten wir durch die Richtung festgelegt, in die der Nordpol einer Magnetnadel zeigt. Bewegt man diese in ganz kleinen Schritten von irgendeinem Punkt des Feldes ausgehend jeweils stets dorthin, wohin ihr Nordpol zeigt, dann bewegt sie sich zum Südpol des felderregenden Magneten. Die Magnetnadel bewegt sich annähernd auf der Linie, die wir als magnetische Feldlinie bezeichnet haben. Aus V 3 ergibt sich also auch für Dauermagneten, daß die magnetischen Feldlinien am Nordpol austreten und beim Südpol wieder einmünden.
Berücksichtigen wir den Aufbau eines Magnetfeldes zwischen den ungleichnamigen Polen in Abb. 3 und denken wir an die Ordnung der Elementarmagnete im *Innern* des Magneten, so liegt es nahe, die Feldlinien im Inneren eines Stabmagneten den zueinander parallelen Ketten der Elementarmagnete folgen zu lassen. Äußeres und inneres Feld bilden dann eine Einheit, die magnetischen Feldlinien ergeben sich wie bei stromführenden Leitern wieder als geschlossene Linien.

Abb. 5: Eine magnetisierte Stricknadel bewegt sich längs einer Feldlinie

> Auch die Feldlinien von Dauermagneten sind geschlossene Linien. Die Magnetfelder von Stabmagnet und stromführender Spule sind ähnlich.

Besonderheiten bei Magnetfeldern von Dauermagneten. Statt von „magnetischen Feldlinien" spricht man auch von „magnetischen Kraftlinien". Der folgende Versuch macht dies verständlich.

❹ Eine magnetisierte Stricknadel schwimmt so in einem Wassergefäß (Abb. 5), daß sich ihr Nordpol in Höhe eines Hufeisenmagneten befindet.

Der Nordpol der Nadel bewegt sich annähernd längs einer Feldlinie vom Nord- zum Südpol des Magneten.

❺ Wir bringen einen Eisenring in ein Magnetfeld (Abb. 6).

Das Innere des Eisenrings bleibt feldfrei, einige Feldlinien münden in den Rand des Ringes, in dem sie weiterlaufen.
Abb. 7 zeigt, daß auch die Felder von Dauermagneten eine räumliche Struktur haben.

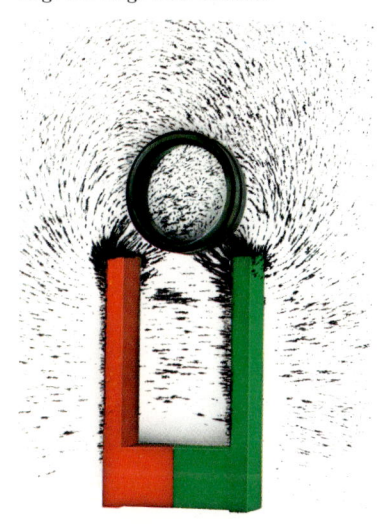

Abb. 6: Das Innere eines Eisenringes in einem Magnetfeld ist feldfrei

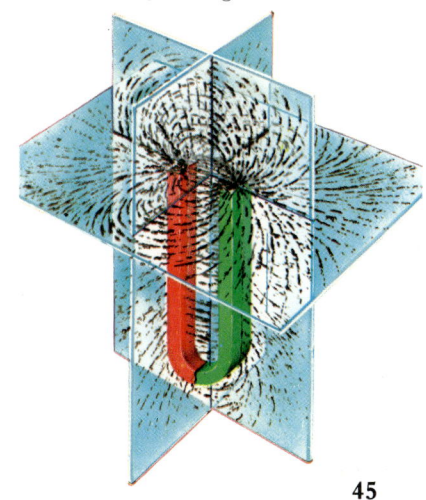

Abb. 7: Schnitte durch das räumliche Magnetfeld des Hufeisenmagneten

Aufgaben 1 Warum muß der Südpol der Magnetnadel in V 4 möglichst weit unten sein?
2 Kann man mit Eisenspänen die Orientierung von Magnetfeldern herausfinden? Begründe Deine Antwort!
3 Wie lassen sich Magnetfelder abschirmen?
4 Zwei Stabmagnete liegen in einer Entfernung von einigen Zentimetern hintereinander. Ihre Längsachsen haben die gleiche Richtung. Skizziere das Feldlinienbild der gesamten Anordnung für die Fälle, daß die gegenüberliegenden Pole gleichnamig bzw. ungleichnamig sind!

8 Wirkungen des elektrischen Stromes

8.4.4 Das Magnetfeld der Erde

Abb. 1: Deklination beim Kompaß

Abb. 2: Isogonenkarte

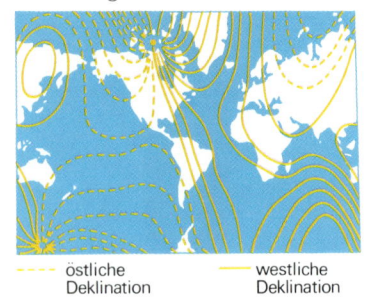

- - - östliche Deklination
— westliche Deklination

Der Aufbau des Erdmagnetfeldes. Wir wissen, daß sich eine horizontal drehbare Magnetnadel stets ungefähr in die geographische Nord-Süd-Richtung einstellt. Diese Kräfte können auf den magnetischen Dipol nur von einem magnetischen Feld, dem **Erdmagnetfeld,** verursacht werden. Demnach muß die Erde *selbst* ein Magnet sein. Eine Untersuchung des Erdmagnetfeldes mit Eisenfeilspänen führt zu keinem Erfolg, da es zu schwach ist. Die *Magnetnadel* ist der ideale, empfindliche *Anzeiger*. Die geographische Nord-Süd-Richtung läßt sich an jedem Punkt der Erde mit astronomischen Methoden sehr genau bestimmen. Man kann nun mit einer horizontal drehbaren Magnetnadel eines Kompasses nachweisen, daß die Richtung der Magnetnadel nicht exakt mit der geographischen Nord-Süd-Richtung übereinstimmt, sondern einen Winkel δ mit dieser bildet, den man als **Mißweisung (Deklination)** bezeichnet (Abb. 1).

Liegt der Nordpol der Magnetnadel westlich des geographischen Meridians, so sprechen wir von westlicher Deklination, andernfalls von östlicher Deklination. Die Deklination kann von Ort zu Ort verschieden sein. Sie beträgt in Deutschland etwa 4° westlich. Man hat Landkarten entworfen, auf denen die Punkte der Erde, die die gleiche Deklination besitzen, durch Linien, die **Isogonen**[1], verbunden sind. Mit einer Isogonenkarte und einem Kompaß läßt sich an jedem Punkt der Erde sehr genau die Nord-Süd-Richtung feststellen (Abb. 2).

Die Chinesen haben den Kompaß etwa 120 n. Chr. erfunden. Auch *Kolumbus* benutzte bei seiner Entdeckungsfahrt nach Amerika (1492) einen Kompaß. Ihm waren sogar schon die Deklination und deren örtliche Änderungen bekannt. Überraschend ist, daß sich die Deklination an festen Orten der Erde zeitlich ändern kann. So betrug sie in München im Jahre 1970, 9,7° westlich, 1956 dagegen 2,7° westlich.

> Die Richtung einer Magnetnadel bildet mit der geographischen Nord-Süd-Richtung einen bestimmten Winkel δ, den man als Mißweisung oder **Deklination** bezeichnet.

Inklination. Um den Verlauf der magnetischen Feldlinien des Erdmagnetfeldes ermitteln zu können, müssen wir dafür sorgen, daß die Magnetnadel auch in einer anderen als der horizontalen Ebene drehbar ist.

① Eine Magnetnadel ist um eine waagerechte Achse drehbar gelagert, die senkrecht zur Richtung einer horizontal drehbaren Magnetnadel, d.h. ungefähr senkrecht zur Nord-Süd-Richtung, steht (Abb. 3).

Die Nadel neigt sich um einen bestimmten Winkel i zur Horizontalebene, den man als **Inklination**[2] bezeichnet.
Die Inklination beträgt in Deutschland im Süden 65°, im Norden 63°. Mit den Angaben von Deklination und Inklination läßt sich die Richtung des Erdmagnetfeldes an jedem Punkt der Erde auch in größeren Höhen über der Erdoberfläche angeben. Folgt man von verschiedenen Orten der Erde aus dem Nordpol eines Kompasses, so laufen alle Wege

---
[1] Isos, gr. gleich; gonia, gr. Winkel.   [2] inclinatio, lat. Neigung.

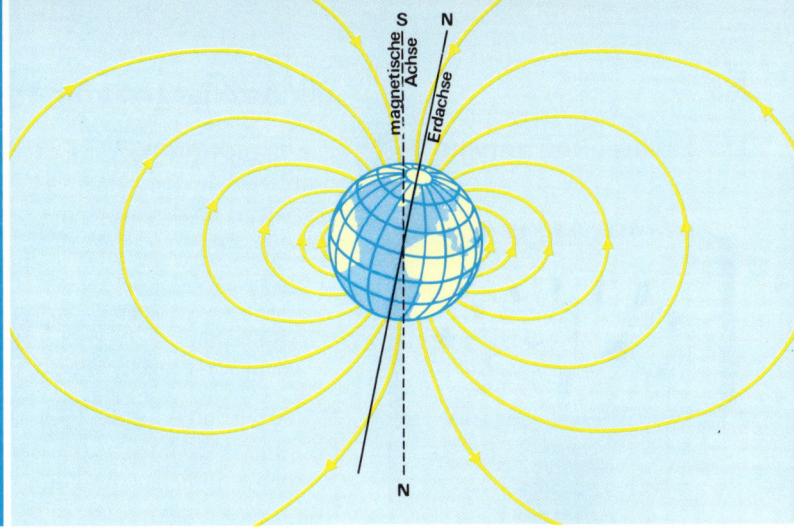

Abb. 3: Inklination   *Abb. 4: Das Magnetfeld der Erde*

über dem **magnetischen Südpol** der Erde, der nördlich von Kanada (73° nördl. Breite, 100° westl. Länge) zu finden ist, zusammen. Er ist also nicht identisch mit dem geographischen Nordpol. Am magnetischen Südpol der Erde zeigt eine Kompaßnadel keine bestimmte Richtung mehr an, und eine Inklinationsnadel steht dort senkrecht zur Erdoberfläche. Der **magnetische Nordpol** befindet sich auf der südlichen Halbkugel (68° s. B., 145° o. L.). Mit diesen Ergebnissen hat man das Bild der magnetischen Feldlinien der Erde zeichnen können (Abb. 4). Es ist eine Ähnlichkeit mit dem Feldlinienbild eines Stabmagneten erkennbar.
Neuere Messungen durch Satelliten ergaben, daß das Magnetfeld der Erde allerdings nur recht grob den Aufbau wie in Abb. 4 hat. In größeren Höhen (etwa ab 6 Erdradien) verlaufen die Feldlinien in sehr komplizierter Weise.

> Die **Inklination** gibt den Winkel *i* an, um den sich eine Magnetnadel aus der Horizontalebene herausdreht, wenn sie sich in einer vertikalen Ebene in magnetischer Nord-Süd-Richtung drehen kann.

Aufgaben   1 Wie müßte eine Magnetnadel gelagert sein, damit sie die Richtung der Feldlinien des Erdmagnetfeldes angibt?
2 Woran erkennt man, daß die Erdanziehungskraft nicht vom Magnetfeld der Erde herrührt?
3 Wo liegen ungefähr die Orte auf der Erde mit der Inklination 0°?
4 Warum darf ein Kompaßgehäuse kein Eisen enthalten?
5 Kann man in Gebäuden den Verlauf des Erdmagnetfeldes fehlerfrei ermitteln? Begründung!
6 Bei der Durchführung von V 1 S. 40 stört das Erdmagnetfeld. Warum? Bei welchen Magnetnadeln ist die Störung besonders stark?

8 Wirkungen des elektrischen Stromes

8.5

Das Drehspulinstrument

Ein Anzeigegerät für den elektrischen Strom

Die magnetische Wirkung des elektrischen Stromes wird beim Drehspulinstrument ausgenutzt (Abb. 1), um elektrische Ströme nachzuweisen, zu vergleichen und zu messen.

❶ Wir hängen eine Spule aus mehreren Windungen an leicht gespannte Metallbänder senkrecht so zwischen die Pole eines Hufeisenmagneten, daß die Spulenachse senkrecht zur Verbindungslinie der beiden Magnetpole steht. Wir schalten die Spule in einen Gleichstromkreis mit Glühlampe und verändern Stärke und Richtung des Stromes (Abb. 2).

Bei Stromfluß wird die Spule aus ihrer Ruhelage gedreht, in die sie bei Stromunterbrechung wegen der Verdrillung des Metallbandes wieder zurückkehrt. Je heller die Glühlampe leuchtet – wir sagen je stärker der Strom ist –, um so größer ist die Drehung der Spule.

Die Pole dieses **Elektromagneten** werden von den ungleichnamigen Polen des Hufeisenmagneten angezogen und dadurch so weit gedreht, bis zwischen der magnetischen Kraft und der Verdrillung des Metallbandes Gleichgewicht besteht. Je stärker der Spulenstrom ist, um so größer werden die magnetischen Wirkungen und um so größer wird die Drehung.

Verändern wir die Stromrichtung, dann wird die Spule magnetisch umgepolt, und sie dreht sich in entgegengesetzter Richtung.

Den schnellen Richtungsänderungen eines **Wechselstromes** kann die Spule eines Drehspulinstrumentes nicht folgen. Um auch Wechselströme anzuzeigen, besitzen die Geräte besondere Vorrichtungen.

Schwache Ströme lassen sich nachweisen, wenn die **Empfindlichkeit** des Instrumentes erhöht wird. Man versieht dazu die Spule mit einem Eisenkern und den Hufeisenmagneten mit Polschuhen (Abb. 3). Außerdem setzen dünne Aufhängedrähte den Widerstand gegen die Spulendrehung herab. Ohne diese **Rückstellkraft** würde die Spule schon bei kleinsten Strömen sehr weit ausschlagen. Schließlich kann der Zeiger noch durch einen Spiegel ersetzt werden, an dem ein Lichtstrahl reflektiert wird (Abb. 4).

Abb. 1: Drehspulinstrument

Abb. 2: Modell eines Drehspulinstrumentes (V 1)

Abb. 3: Blick in ein Drehspulinstrument

Abb. 4: Spiegelgalvanometer zum Anzeigen kleiner Ströme

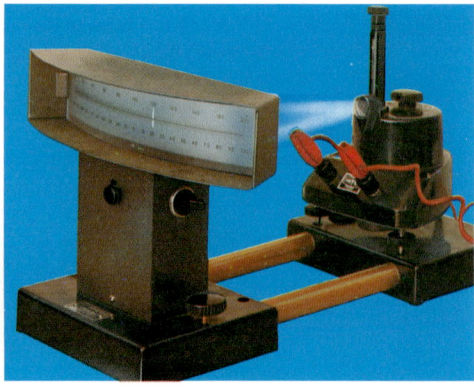

Abb. 1: Meßplatz in einer Rundfunk- und Fernsehwerkstatt

Grundgesetze des elektrischen Stromes 9

Messen – Physikalische Größen 9.0

Wir haben bisher die Eigenschaften der elektrischen Ladung und die Wirkungen des elektrischen Stromes untersucht. Durch Modellvorstellungen deuteten wir die Erscheinungen und ihre Ursachen, während wir auf das Messen und die Beschreibung mit mathematischen Hilfsmitteln verzichteten: **Qualitative Untersuchung.**
Um *Gesetze* der *Elektrik* auszusprechen und um damit z.B. das Zusammenwirken der elektrischen Bauelemente in einem Fernsehgerät zu erfassen (Abb. 1), müssen wir in eindeutiger Weise physikalische Größen definieren und die Gesetzmäßigkeiten zwischen diesen Größen auffinden: **Quantitative Untersuchungen.**
Die physikalischen Größen mit ihren Formelzeichen und Einheiten, die Du bisher kennengelernt hast, sind in Tab. 1 zusammengefaßt.
Die **Stärke** eines elektrischen Stromes haben wir bisher nur ungefähr durch seine Wirkungen beurteilen können. Wir sagten, daß eine Steigerung dieser Wirkungen durch einen stärkeren Strom verursacht wird. Um die Stärke eines Stromes genau erfassen zu können, wollen wir in der *Elektrik* eine weitere **Grundgröße** definieren, die man **Stromstärke I**[1] nennt.

> Die Grundgröße der Elektrik ist die elektrische Stromstärke I.

Zur Festlegung der elektrischen Stromstärke müssen wir wie bei allen Grundgrößen ein **Meßverfahren** entwickeln. Man könnte dazu von jeder der drei Wirkungen (thermische, chemische, magnetische) ausgehen. Wir wollen zunächst von der chemischen Wirkung Gebrauch machen.

Tab. 1: Grundgrößen

Grund-größe	Formel-zeichen	Einheit
Länge	l, s	1 m
Zeit	t	1 s
Masse	m	1 kg
Temperatur	T	1 K
Lichtstärke	I	1 cd

[1] I von Intensität

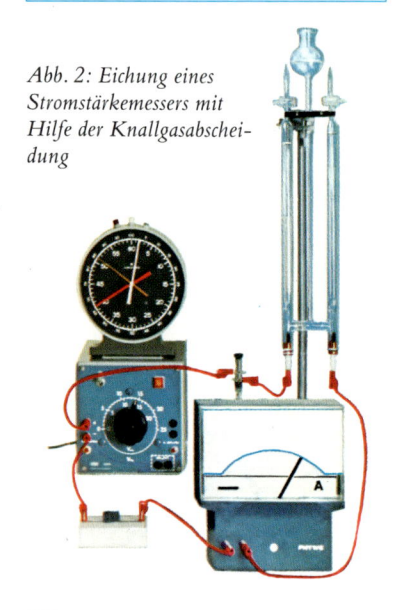

9.1 Elektrische Stromstärke, Ladung und Spannung

9.1.1 Messung der elektrischen Stromstärke

Abb. 1: Das in einer bestimmten Zeit erzeugte Knallgasvolumen ist ein Maß für die Stromstärke

Tab. 1: Beispiele für die Stromstärken

Glimmlampe	ca.	2 mA
Kl. Glühlampe	ca.	70 mA
Gr. Glühlampe	ca.	500 mA
Elektr. Kochplatte	ca.	5 A
E-Lok	ca.	2 000 A
Aluminium- herstellung	ca.	10 000 A

Abb. 2: Eichung eines Stromstärkemessers mit Hilfe der Knallgasabscheidung

Die Einheit der elektrischen Stromstärke. Bei unseren Untersuchungen der chemischen Wirkung des elektrischen Stromes beobachteten wir, daß sich im Hofmannschen Apparat bei der Wasserzersetzung an den Elektroden Wasserstoff bzw. Sauerstoff bildet, wenn ein elektrischer Strom durch die verdünnte Schwefelsäure fließt. Eine Mischung beider Gase nennt man Knallgas.

① In einen Stromkreis mit regelbarer Stromquelle sind eine Glühlampe und ein Hofmannscher Apparat geschaltet. Wir stellen verschiedene Leuchtstärken der Glühlampe ein und messen jeweils die in 100 s erzeugten Gasvolumina (Abb. 1).

Wir sagen, daß ein stärkerer Strom fließt, wenn die Glühlampe heller leuchtet. Zahlenmäßig können wir die Ströme noch nicht vergleichen. Wir können uns aber entschließen, die jeweils in 100 s erzeugten Knallgasvolumina als Maß zu verwenden, denn diese Volumina wachsen mit der Leuchtstärke der Glühlampe und sind leicht zu messen.

Wir wollen zwei elektrische Stromstärken I_1 und I_2 *gleich* nennen, wenn die zugehörigen Ströme bei der Elektrolyse von verdünnter Schwefelsäure in jeweils 100 s *gleiche Volumina Knallgas* erzeugen. Wir nennen eine Stromstärke I_1 *doppelt, halb* bzw. allgemein x-mal (x positive Zahl) so groß wie eine andere Stromstärke I_2, wenn bei I_1 in jeweils 100 s das *doppelte, halbe* bzw. x-fache *Volumen Knallgas* entsteht wie bei I_2. Diese Festlegungen lassen sich nicht etwa durch Experimente nachweisen, sondern wir werden sehen, daß sie *sinnvolle Definitionen* sind. Nach dieser Übereinkunft legen wir nun die Einheit der Stromstärke fest:

> Ein sich zeitlich nicht verändernder elektrischer Strom hat die Stärke $I = $ **1 Ampere = 1 A**, wenn er bei 20 °C und Normalluftdruck[1] in 100 s bei der Elektrolyse verdünnter Schwefelsäure 18,6 cm³ Knallgas erzeugt. In der Elektrik hat man festgelegt: das **Ampere**[2] ist die elektrische **Grundeinheit**.

Ein elektrischer Strom hat also die Stromstärke x A, wenn er im Hofmannschen Apparat $x \cdot 18{,}6$ cm³ Knallgas in 100 s erzeugt.
Von der Einheit 1 A bildet man u.a. folgende Teile:
1 Milliampere (1 mA) = 0,001 A; 1 Mikroampere (1 μA) = 0,000001 A.
Ein Strom von $I = 25$ mA, der den menschlichen Körper durchfließt, kann bereits tödlich wirken. Stromstärkewerte der Praxis nennt Tab. 1.

Eichung eines Stromstärkemessers. Für die Praxis ist die Stromstärkemessung mit dem in V 1 benutzten Apparat zu umständlich. Stromstärkemesser (Amperemeter), die die magnetische Wirkung des Stromes nutzen, z.B. das Drehspul- oder das Weicheiseninstrument, sind praktischer. Bevor wir ein solches Gerät als Meßinstrument verwenden können, müssen wir es mit dem Hofmannschen Apparat *eichen* (Abb. 2).

---

[1] 1 014 mbar. [2] André Marie Ampère (1775–1836), franz. Physiker.

❷ Wir schalten in einen Stromkreis einen Hofmannschen Apparat und ein Drehspulinstrument mit zugeklebter Skala hintereinander (Abb. 2). Wir stellen die Stromquelle beliebig ein und messen das in 100 s erzeugte Knallgasvolumen. Diesen Wert schreiben wir an die durch den Zeigerausschlag des Drehspulinstruments bestimmte Stelle. Wir verändern die Stromstärke und wiederholen die Messungen.

Ergab eine Messung z. B. 1,36 cm³ Knallgas, so gilt für die entsprechende Stromstärke I: $\frac{I}{1\,\text{A}} = \frac{1{,}36\,\text{cm}^3}{17{,}4\,\text{cm}^3}$ und $I = \frac{1{,}36\,\text{cm}^3}{17{,}4\,\text{cm}^3} \cdot 1\,\text{A} \approx 0{,}078\,\text{A}$.

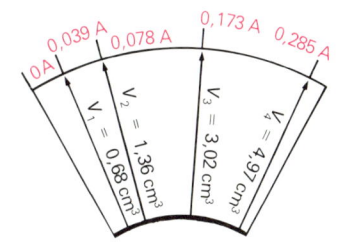

Abb. 3 zeigt das Ergebnis unserer Messungen und Berechnungen. Tragen wir die Stromstärkewerte und zugehörigen Winkel der entsprechenden Zeigerstellungen in ein Diagramm (Abb. 4) ein, so zeigt sich, daß die *Stromstärke I* und der *Zeigerausschlag* des Drehspulinstrumentes *direkt proportional* zueinander sind. Wir können nun die Meßmarken für die Stromstärken 0,1 A, 0,2 A, ... eintragen und sind berechtigt, zwischen den aus den Messungen gewonnenen Meßmarken weitere Teilstriche einzuzeichnen: Zwischen die Marken 0,1 A und 0,2 A können wir also neun Striche für 0,11 A; 0,12 A; ... eintragen. Mit dieser Meßskala ist unser Instrument als Stromstärkemesser geeicht.

Abb. 3: Geeichte Skala eines Stromstärkemessers

Abb. 4: Die Abhängigkeit von Zeigerausschlag und Stromstärke bei einem Drehspulinstrument

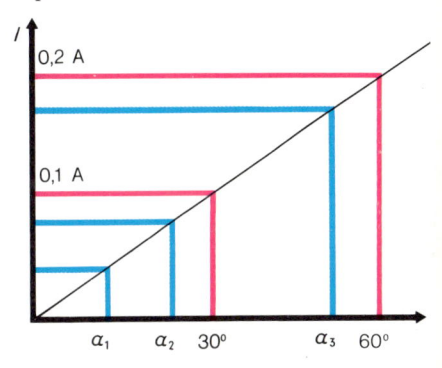

> Bei einem Drehspulinstrument sind Stromstärke und Zeigerausschlag zueinander proportional.

Gesetzmäßigkeiten der Stromstärke. Schaltet man mehrere Stromstärkemesser in einen einfachen Stromkreis, so erwartet man, daß sie dieselbe Stromstärke anzeigen.

❸ In einem Stromkreis mit Stromquelle und zwei verschiedenen Glühlampen befinden sich mehrere Stromstärkemesser (Abb. 5 a).

Alle Stromstärkemesser zeigen gleiche Stromstärke an.
Wir folgern daraus, daß an keiner Stelle des unverzweigten Stromkreises Elektronen verloren gehen oder sich stauen, den **Erhaltungssatz für Ladungen.** – Wir prüfen diesen Satz im verzweigten Stromkreis:

❹ Wir messen an verschiedenen Stellen eines verzweigten Stromkreises mit Drehspulinstrumenten die Stromstärken (Abb. 5 b).

Die Summe der Stromstärken in den beiden Zweigleitungen ist gleich der Stromstärke in den Hauptleitungen: $I = I_1 + I_2$.
Dieses **1. Kirchhoffsche**[1]) **Gesetz** ist unmittelbar einleuchtend, wenn wir an die Erhaltung der Ladung denken. Der Ladungserhaltungssatz gilt also auch für Verzweigungsstellen.

Abb. 5: Stromstärkemessung in einem a) unverzweigten, b) verzweigten Stromkreis

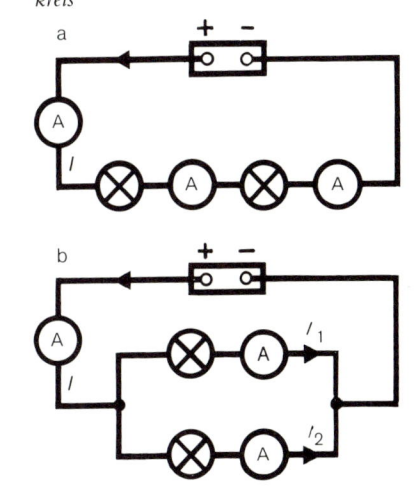

> Im unverzweigten Stromkreis ist die Stromstärke überall gleich. Bei einfachen Verzweigungsstellen gilt das **1. Kirchhoffsche Gesetz**: Die Gesamtstromstärke ist gleich der Summe der Teilstromstärken.

---

[1] *Gustav R. Kirchhoff* (1824–1887), dtsch. Physiker.

9 Grundgesetze des elektrischen Stromes

9.1.2 Definition der elektrischen Ladung

Strom und Ladung. In unserer Modellvorstellung haben wir den elektrischen Strom als Bewegung von elektrischen Ladungen aufgefaßt (Elektronen und Ionen). Nach der Einführung der Grundgröße „Stromstärke I" und deren Einheit 1 A wollen wir nun die Größe **„Ladungsmenge Q"** definieren. Der Versuch mit der Elektrolyse ermöglicht dies auf einfache Weise. Nach unseren Vorstellungen über die Leitung in Elektrolyten transportieren gleich viele, gleichartige Ionen jeweils die gleiche Ladungsmenge und bewirken z. B. jeweils die Entstehung gleicher Gasvolumina. Reagiert nun die n-fache Menge gleichartiger Ionen an den Elektroden, dann ist eine n-fache Ladungsmenge transportiert worden, und an den Elektroden hat sich das n-fache Gasvolumen gebildet. Die transportierte Ladungsmenge Q ist also dem vom Strom erzeugten Knallgasvolumen proportional: $Q \sim V$.

Definition der Ladungsmenge. Wir untersuchen nun, wovon die transportierte Ladungsmenge Q bzw. das erzeugte Knallgasvolumen V abhängt. Aus der Definition der Vielfachheit von Stromstärken folgt direkt, daß das erzeugte Knallgasvolumen zur Stromstärke proportional ist: $V \sim I$, wobei die Zeit t konstant ist. Diese Proportionalität läßt sich mit der Proportionalität $Q \sim V$ zusammenfassen; aus $Q \sim V$ und $V \sim I$ folgt:

$$Q \sim I \quad (t \text{ ist konstant}) \quad (1)$$

❶ Wir stellen mit dem Hofmannschen Apparat eine beliebige Stromstärke ein und messen nach 100 s, 200 s, ... die Knallgasvolumina.

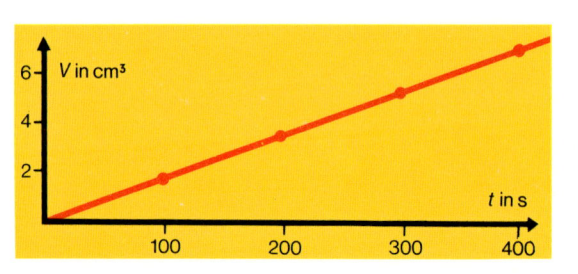

Abb. 1: Grafische Darstellung der Abhängigkeit von Knallgasvolumen und Zeit bei konstanter Stromstärke

Der Versuch zeigt, daß bei konstanter Stromstärke I das erzeugte Knallgasvolumen V proportional zur Zeit t des Stromflusses ist (Abb. 1). Also gilt: aus $V \sim t$ und $V \sim Q$ folgt: **$Q \sim t$** (für konstante Stromstärke I) (2)

Die Gesetze (1) und (2) $\quad Q \sim I \quad (1)$
können wir zusammenfassen: $\quad Q \sim t \quad (2)$
$\quad\quad\quad\quad\quad\quad\quad\quad\quad\quad Q \sim I \cdot t \text{ bzw. } Q = k \cdot I \cdot t \quad (3)$

Nach (3) ist für die Ladungsmenge Q folgende Einheit zweckmäßig: Die Einheit der Ladungsmenge Q ist 1 As, z. B. die Ladung, die bei einem elektrischen Strom der Stromstärke $I = 1$ A in der Zeit $t = 1$ s durch den Leiterquerschnitt fließt.
Mit dieser Definition folgt aus (3): $1 \text{ As} = k \cdot 1 \text{ A} \cdot 1 \text{ s}$.
Der Proportionalitätsfaktor k ergibt sich damit zu $k = 1$ und wir erhalten:

$$Q = I \cdot t.$$

Die Einheit 1 As heißt auch 1 Coulomb = 1 C (*Charles-Augustin de Coulomb*, franz. Physiker, 1736–1808).

> Ladungsmenge = Stromstärke · Zeit; $Q = I \cdot t$.
> Einheit der Ladungsmenge: 1 As = 1 C (1 Amperesekunde = 1 Coulomb).

Wie Versuche der Atomphysik zeigen, besitzt ein Elektron die kleinste elektrische Ladung (Elementarladung). Ihr Wert beträgt $e = 1{,}6 \cdot \frac{1}{10^{19}}$ C. Fließt in einem metallischen Leiter ein Strom der Stärke 1 A, dann passieren je 1 Sekunde 6 250 000 000 000 000 000 Elektronen den Leiterquerschnitt. Denkt man sich diese Elektronen gleichmäßig auf der gesamten Erdoberfläche verteilt, dann kommt auf jeden cm² unserer Erde ungefähr noch ein Elektron!

Die Ladungsmenge Q erweist sich aufgrund unserer Definition als **abgeleitete** physikalische **Größe,** ihre Einheit 1 As = 1 C als **abgeleitete Einheit.** Wenn wir bewegte Ladungsmengen in einem Stromkreis messen wollen, müssen wir also eine Stromstärke- und eine Zeitmessung ausführen.

Beispiel   In welcher Zeit fließt eine Ladung $Q = 8$ As durch den Querschnitt eines Leiters bei einem zeitlich nicht veränderlichen Strom von $I = 4$ A?
Aus $Q = I \cdot t$ folgt $t = \frac{Q}{I} = \frac{8 \text{ As}}{4 \text{ A}} = 2 \frac{\text{As}}{\text{A}} = 2$ s.

Das Wasserstrombild. Im Wasserstrombild können wir den Zusammenhang zwischen elektrischer Stromstärke I und elektrischer Ladung Q in der Formel $Q = I \cdot t$ durch die Wasserstromstärke I_w und die Wassermenge Q_w veranschaulichen.

❷   Wir öffnen den Wasserhahn einer Leitung geringfügig (1), erzeugen damit einen Wasserstrom von unveränderlicher Stärke und fangen mit einem Meßbecher das Wasser auf. Nach jeweils 5 s, 10 s, 15 s usw. wird die Menge des ausgeflossenen Wassers Q_w genau bestimmt (Tab. 1). Wir wiederholen die Messungen bei weiter aufgedrehtem Hahn (2).

Bildet man die Quotienten aus Wassermengen und Zeit, so ergibt sich für eine Meßreihe jeweils der gleiche Zahlenwert. Bezeichnen wir ihn mit I_w (Wasserstromstärke), so gilt $\frac{Q_w}{t} = I_w$ bzw. $Q_w = I_w \cdot t$. Der Vergleich von $Q = I \cdot t$ und $Q_w = I_w \cdot t$ zeigt, daß die Verhältnisse im elektrischen Stromkreis und die Vorgänge im Wasserstromkreis auch quantitativ vergleichbar sind.

Aufgaben   **1** Eine Autobatterie (Bleiakkumulator) trägt die Aufschrift 40 Ah. Was bedeutet dies? Welche Ladung kann ihr entnommen werden?
2 Welche Ladungsmenge hat in einer halben Stunde den Querschnitt eines Leiters passiert, wenn die Stromstärke $I = 1$ A beträgt (1 800 C)
3 Wieviel Knallgas wird in einem Hofmannschen Apparat erzeugt, wenn eine Ladung von $Q = 20$ C durch den Elektrolyten geht? (3,48 cm³)
4 Ein Akkumulator wird 12 Stunden mit einer Stromstärke $I = 1{,}5$ A geladen. Welche Ladung hat er dabei aufgenommen? ($Q = 18$ A h)

Tab. 1: *Meßwerte zur Bestimmung der Wasserstromstärke* I_w

t in s	Q_w in cm³	
	(1)	(2)
5	100	150
10	200	300
15	300	450
20	400	600
25	500	750
30	600	900
$I_w = \frac{Q_w}{t}$	$20 \frac{\text{cm}^3}{\text{s}}$	$30 \frac{\text{cm}^3}{\text{s}}$

9.1.3 Definition der elektrischen Spannung

Nicht alle Stromquellen sind gleichwertig. Zwischen den Polen einer Steckdose im Zimmer liegt eine „Spannung von 220 Volt"; auf unserem Akku findet man dagegen die Angabe 6,4 Volt.

① Wir schließen eine Glühlampe (Aufschrift 220 Volt) an einen Akku und dann an eine Steckdose an (Abb. 1).

Am Akku leuchtet die Lampe nicht, an der Steckdose leuchtet sie.
Das Glühen bzw. die Erwärmung einer Glühwendel deuten wir als Zunahme der Energie der um ihre Ruhelage schwingenden Atome. Unsere Vorstellungen über die Elektronenleitung in Metallen ergaben, daß die freien Elektronen im Leiter unter dem Einfluß des elektrischen Feldes zwischen den Polen einer Stromquelle beschleunigt werden. Beim Stoß auf die Atome des Metalls wird die Bewegungsenergie der Elektronen an die Atome abgegeben, die dadurch heftiger schwingen. Auch im Stromkreis mit dem Akku fließt ein Strom, nur kann der Akku auf die *Elektronen* nicht soviel *Energie übertragen,* daß diese die zum starken Erhitzen des Glühfadens erforderliche Bewegungsenergie bereitstellen können. Steckdose und Akku unterscheiden sich also in der Fähigkeit, auf Elektronen bzw. allgemein auf *Ladungen Energie* zu übertragen.

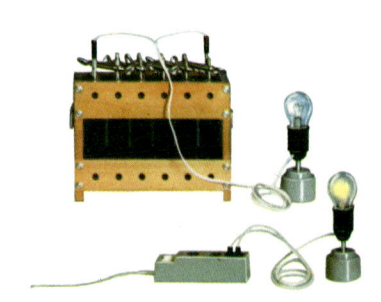

Abb. 1: Nicht alle Elektrizitätsquellen sind gleichwertig

Die elektrische Spannung. Um die unterschiedliche Wirksamkeit von Stromquellen zu kennzeichnen, ermitteln wir die von der Stromquelle auf eine Ladungsmenge übertragene Energie. Diese wird besonders einfach durch die Wärmewirkung des elektrischen Stromes bestimmt.

② Wir verbinden einen Akku über einen Stromstärkemesser mit einem Heizdraht. Mit diesem wird in einem Kalorimetergefäß eine bestimmte Masse Wasser m verschieden lang erwärmt, nachdem dessen Anfangstemperatur gemessen wurde. Dabei lesen wir die Stromstärke I ab, ermitteln die Endtemperatur und bestimmen die Temperaturdifferenz $\Delta\vartheta$ (Abb. 2).

Je länger der Versuch dauert, um so größer ist die jeweils transportierte Ladungsmenge Q und die dem Wasser zugeführte Energie W_w.

Tab. 1: Meßwerte zur Bestimmung der Spannung eines Akku mit $m = 0,23$ kg und $I = 3,0$ A

t in s	$\Delta\vartheta$ in K	W_w in kJ	Q in As	$\dfrac{W_w}{Q}$
100	2,0	1,93	300	
200	4,0	3,86	600	$6,4\,\dfrac{\text{J}}{\text{As}}$
300	6,0	5,79	900	
400	8,0	7,72	1200	

Abb. 2: Die Spannung eines Akkus kann durch die auf eine Ladung Q übertragene Energie W bestimmt werden

Abb. 3: W_w-Q-Diagramme verschiedener Stromquellen

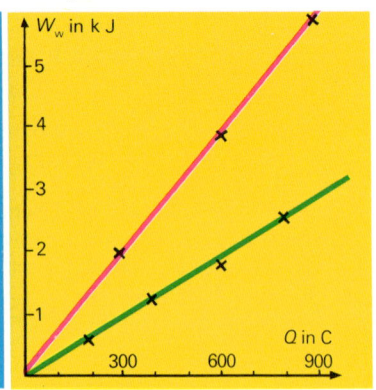

54 9.1 Elektrische Stromstärke, Ladung und Spannung

Geht man von $m = 0{,}23$ kg Wasser mit $c_{H_2O} = 4{,}19$ kJ/kg·K und einer konstanten Stromstärke von $I = 3{,}0$ A aus, so folgt für die in $t = 100$ s dem Wasser zugeführte Energie (Tab. 1):
$W_w = c_{H_2O} \cdot m \cdot \Delta\vartheta$; $W_w = 4{,}19$ kJ/kg·K · 0,23 kg · 2,0 K = 1,93 kJ[1].
Für die dabei transportierte Ladung Q ergibt sich: $Q = I \cdot t = 3{,}0$ A · 100 s; $Q = 300$ As. Für $t = 200$ s folgt: $W_w = 3{,}86$ kJ und $Q = 600$ As usw. Trägt man die Meßpunkte in ein W_w-Q-Diagramm ein (Abb. 3), so ordnen sie sich längs einer Nullpunktgeraden (rot) an. Dies zeigt, daß W_w direkt proportional zu Q ist ($W_w \sim Q$), d.h. die Quotientenwerte $\frac{W_w}{Q}$ sind konstant. Da es für die Weitergabe von Energie durch den Akku darauf ankommt, welchen Energieanteil *jedes einzelne* Leitungselektron mit sich trägt, ist nicht die Gesamtenergie W_w entscheidend, sondern die auf die Ladungseinheit bezogene Energie, also der Quotient $\frac{W_w}{Q}$.

In V 2 haben wir die Zeit t variiert. Die Quotienten $\frac{W_w}{Q}$ ergaben aber für den Akku stets die gleichen Werte $\frac{W_w}{Q} = 6{,}4 \, \frac{J}{As}$. Wir können V 2 auch mit anderen Flüssigkeiten, mit verschiedenen Massen m der Flüssigkeiten oder mit verschiedenen Heizdrähten durchführen. In jedem Fall ergibt sich: $\frac{W_w}{Q} = 6{,}4 \, \frac{J}{As}$. Dieser *Quotient* ist also *unabhängig* davon, in welcher Weise, die von der Stromquelle zur Verfügung gestellte Energie entnommen wird, er *kennzeichnet* folglich die elektrischen Eigenschaften des *Akkus selbst*.

❸ Wir wiederholen V 2 mit einem Netzgerät.

Es ergibt sich der gleiche Zusammenhang wie in V 2, aber mit anderen Werten für die Quotienten $\frac{W_w}{Q}$ (grüne Gerade in Abb. 3).

Wir vergleichen nun die Erwärmung, die durch die beiden Stromquellen bewirkt wurde: Zu gleichen Ladungen Q gehören bei der grünen Geraden jeweils kleinere W_w-Werte als bei der roten. Das bedeutet, daß das Netzgerät (bei der in V 3 gewählten Einstellung) auf die gleiche Ladungsmenge weniger Energie als der Akku übertragen hat. Der Quotient $\frac{W_w}{Q}$ kennzeichnet also die Fähigkeit einer Stromquelle, auf Ladungen Energie zu übertragen, man nennt ihn **elektrische Spannung U**:

$$\text{Elektrische Spannung} = \frac{\text{Energie}}{\text{Ladung}}; \quad U = \frac{W_w}{Q}.$$

Nach dieser Definition ist die Spannung eine abgeleitete Größe. Ihre Einheit folgt aus $U = \frac{W}{Q}$ zu $\frac{1 \, J}{1 \, As} = 1 \, \frac{J}{As} = 1$ Volt (1 V)[2].

---

[1] ohne Berücksichtigung der Wärmekapazität des Kalorimetergefäßes.
[2] zu Ehren von Allessandro Volta (1745–1827), ital. Physiker.

Tab. 2: Im täglichen Leben vorkommende elektrische Spannungen

Spannungs-quellen	Spannung
Taschenlampen-batterie	z.B. 4,5 V
Akku im Pkw	z.B. 12 V
Steckdose	220 V[1]
Hochspannungs-netzgerät	bis 6 kV
Überlandleitung	bis 380 kV
Gewitter	bis 100 MV

[1] Spannungsquellen mit der Bezeichnung $U_\sim = 220$ V $\sim$ verrichten an der Ladung Q die gleiche Arbeit wie eine mit $U_- = 220$ V$_-$.

Kann eine Elektrizitätsquelle auf die Ladung Q die Energie W übertragen, dann besitzt sie die elektrische Spannung U.

$\text{Spannung} = \frac{\text{Energie}}{\text{Ladung}}; \, U = \frac{W}{Q}$.

Die Einheit der Spannung ist
$1 \text{ Volt} = 1 \, V = \frac{J}{1 \, As} = \frac{Nm}{1 \, As}$.

Anmerkung. Alle Geräte, in denen Ladungen getrennt werden – in denen also elektrische Spannung erzeugt wird – nennt man zur Betonung dieser *Ladungstrennung* oft **Spannungsquellen**. Bei unseren Stromkreisen haben wir bis jetzt von **Stromquellen** gesprochen und damit eigentlich die *Nutzung* der Spannung zwischen den Polen zur Erzeugung eines elektrischen Stromes betont. Die Bezeichnung Stromquelle für eine noch verpackte Batterie, also außerhalb eines Stromkreises, ist danach nur dann gerechtfertigt, wenn man an die spätere *mögliche* Verursachung des Stromes im Stromkreis denkt. Unter diesen Voraussetzungen wollen wir weiterhin von Stromquellen sprechen.

9.1.4 Spannungsmessung – Schaltung von Spannungsquellen

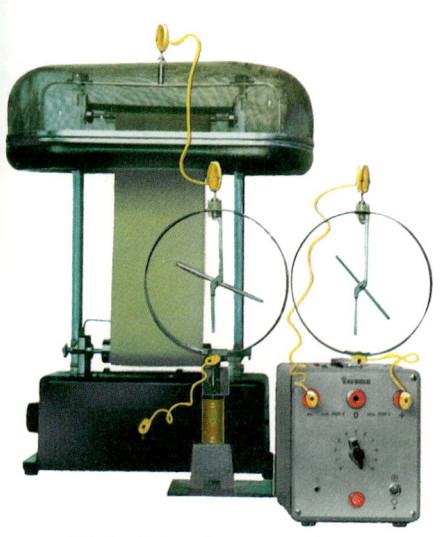

Abb. 1: Elektroskope zeigen Spannungen an

Abb. 2: Elektrometer für $U > 50\,V$

Abb. 3: Warnschild vor Hochspannung

Das Elektroskop als Spannungsmesser. Die Bestimmung der Spannung über die in einem Heizdraht thermisch umgesetzte Energie macht uns anschaulich die Definition der elektrischen Spannung deutlich. Als praktisches Meßverfahren ist sie weniger geeignet, da für eine solche Spannungsmessung relativ große Ladungen bewegt und große Energiebeträge umgesetzt werden. Wir brauchen einen Spannungsmesser, der eine schnelle und deutliche Anzeige ermöglicht, ohne dem Meßobjekt viel Energie zu entziehen. Ein solches Meßinstrument ist z. B. das Elektroskop für Spannungen über 50 V.

❶ Wir verbinden den Zeiger bzw. das gegen Erde isolierte Gehäuse eines Elektrokops mit den Polen eines Hochspannungsnetzgerätes ($U = 6000\,V$) bzw. mit denen eines laufenden Bandgenerators (Abb. 1).

Beim Bandgenerator schlägt der Zeiger weiter aus als beim Hochspannungsnetzgerät.

Wir wollen überlegen, warum der Zeigerausschlag ein Maß für die Spannung U der jeweiligen Elektrizitätsquelle ist: Bei der Spannungsmessung am Akku hatten wir die von einer fließenden Ladung Q übertragene thermische Energie W_w bestimmt ($U = \frac{W_w}{Q}$). In V 1 fließt vom Bandgenerator bzw. vom Hochspannungsnetzgerät auch eine Ladung Q auf das Elektroskop. Dabei muß gegen die Gewichtskraft des Zeigers Arbeit W verrichtet werden: Der Zeiger besitzt nun Lageenergie W. Er stellt sich stets so ein, daß das *Verhältnis* zwischen dieser **Lageenergie** W und der **Ladung** Q der zu messenden Spannung entspricht. Das Elektroskop läßt sich daher als Spannungsmesser (Elektrometer) *eichen* (Abb. 2).

> Ein Elektroskop kann als statischer Spannungsmesser geeicht werden.

Bei einer Spannungsmessung mit dem Elektrometer ist stets darauf zu achten, daß die beiden Elektrometeranschlüsse mit *den* Punkten verbunden sind, zwischen denen die Spannung gemessen werden soll. Beim Elektrometer sind Zeiger und Gehäuse voneinander isoliert. Da die Spannungsmessung ohne dauernd fließende Ladung erfolgt, spricht man von **statischer Spannungsmessung.** Neben den statischen Spannungsmessern verwendet man in Wissenschaft und Technik stromdurchflossene Spannungsmesser, die auch Spannungen unter 50 V anzeigen.

Gefährliche Spannungen und Stromstärken. Taschenlampenbatterien mit ihren geringen Spannungen sind für den Menschen ungefährlich. Dagegen sind alle Stromquellen für uns lebensgefährlich, die Spannungen von mehr als etwa 24 V besitzen. Dadurch kann nämlich in unserem Körper ein Strom mit einer Stärke von mehr als 20 mA verursacht werden. Sie können unter starken Verbrennungen, Schock- und Lähmungserscheinungen zum Tode führen (Abb. 3).

> Bei Stromquellen mit mehr als 24 V Spannung besteht Lebensgefahr!

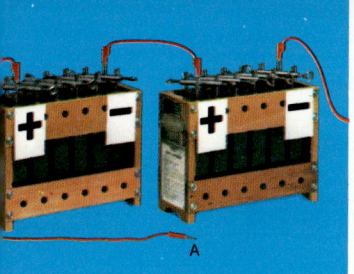

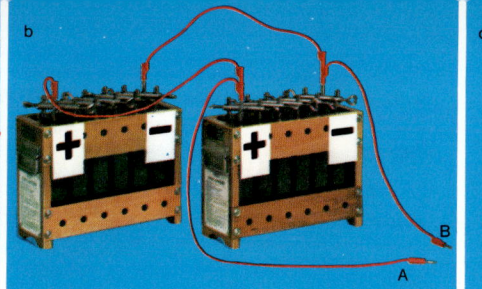

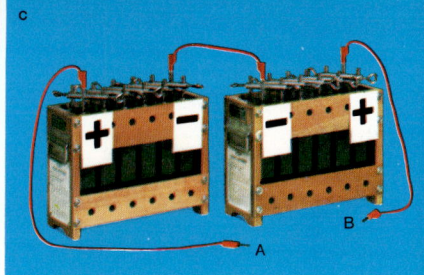

Abb. 4: Schaltung von Akkumulatoren: a) Reihen-, b) Parallel-, c) Gegeneinanderschaltung

Schaltung von Spannungsquellen. Wenn Du einen von uns bisher benutzten Akku genauer betrachtest, wirst Du feststellen, daß er eigentlich aus 6 Einzelzellen besteht, die in ganz bestimmter Weise zusammengeschaltet sind, nämlich der „+"-Pol der einen mit dem „−"-Pol der anderen. Diese Art der Schaltung nennt man **Reihen-** oder **Hintereinanderschaltung** (Abb. 4a). Würden wir die Spannungen von 1, 2, 3, ... 6 Zellen wie im Kalorimeterversuch (V 2 in 9.1.3) messen, ergäben sich die ungefähren Werte 1,3 V; 2,6 V; 3,9 V; ...; 7,8 V, d.h. die Einzelspannungen addieren sich zur Gesamtspannung. Damit haben wir eine Möglichkeit erkannt, höhere Spannungen herzustellen.
Bei der sog. **Parallelschaltung** werden die beiden gleichnamigen Pole miteinander verbunden (Abb. 4b). Eine Messung der Gesamtspannung von zwei 7,8 V-Akkus ergäbe wieder nur 7,8 V. Bei der **Gegeneinanderschaltung** wird der „−"-Pol des einen Akku mit dem „−"-Pol des anderen (oder auch „+"-Pol mit „+"-Pol) verbunden. Bei einer Messung der Gesamtspannung würde kein Strom fließen, sie wäre 0 V.

Schaltet man Spannungsquellen verschiedener Spannungen parallel, so ergeben sich besondere Verhältnisse, auf die hier nicht eingegangen werden kann.

Vergleich von Spannungsquellen mit Wasserpumpen. Eine Spannungsquelle kann auf eine bestimmte Ladung Q die Energie W übertragen. Auch Wasserpumpen übertragen Energie, wenn sie eine Wassermenge Q_W auf eine bestimmte Höhe transportieren. Damit läßt sich die elektrische Spannung U einer Spannungsquelle gut mit der Höhe vergleichen, auf die eine Wasserpumpe das Wasser fördern kann. Dieser Vergleich ist hilfreich für das Verständnis der Gesetze bei den Schaltungen von Spannungsquellen.
Bei der „Hintereinanderschaltung" von Wasserpumpen (Abb. 5a) addieren sich die Einzelhöhen zur Gesamthöhe, denn es addieren sich die an einer Wassermenge übertragenen Einzelenergien zur Gesamtenergie. Zwei gleiche Pumpen in „Parallelschaltung" übertragen an jeder Wassermenge die gleiche Energie wie eine einzelne (Abb. 5b).

> Spannungsquellen hintereinandergeschaltet ergeben als Gesamtspannung die Summe der Einzelspannungen. Bei Parallelschaltung von Spannungsquellen gleicher Spannung ist die Gesamtspannung gleich der Einzelspannung. Schaltet man Spannungsquellen mit beliebigen Spannungen gegeneinander, so ist die Gesamtspannung die Differenz der Einzelspannungen.

Abb. 5 a) „Hintereinander"- und b) „Parallelschaltung" von Wasserpumpen

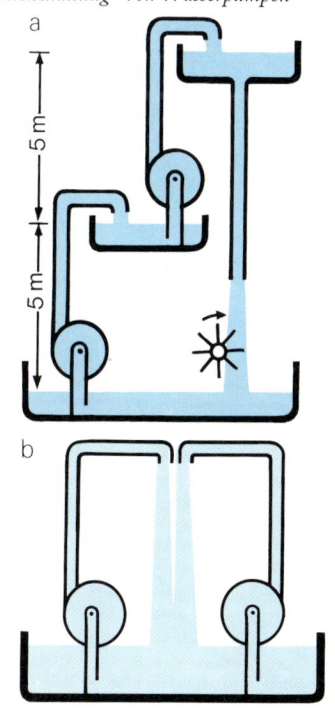

Aufgaben
1 Du sollst zwei Batterien prüfen, ob sie gleiche Spannung haben. Beschreibe einen Versuch dazu, bei dem nur eine Messung nötig ist!
2 Ein Transistorradio benötigt eine Betriebsspannung von 9 V, die durch Reihenschaltung von sechs Zellen mit einer Spannung von je 1,5 V herstellbar ist. Jemand hat eine der Zellen in der falschen Richtung eingebaut. Welche Spannung ergibt sich?

9.2

9.2.1
Spannung und Stromstärke – Elektrischer Widerstand R

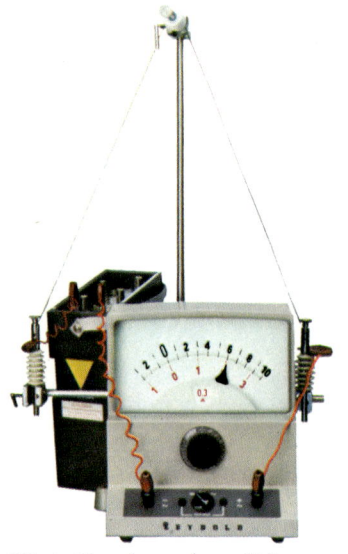

Abb. 1: Versuchsanordnung V 1

Tab. 1: Meßwerte zu V 1

$\dfrac{U}{V}$	$\dfrac{I_A}{A}$	$\dfrac{I_B}{A}$	$\dfrac{I_C}{A}$
1,2	0,15	0,10	0,20
2,4	0,31	0,19	0,29
3,6	0,47	0,30	0,36
4,8	0,60	0,41	0,42
6,0	0,74	0,52	0,49
7,2	0,91	0,60	0,53

Abb. 2: Kennlinien zu V 1

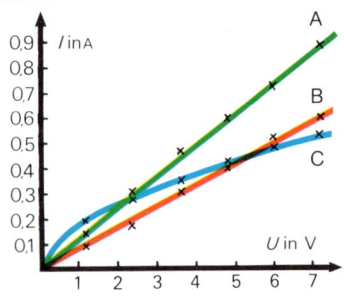

Elektrischer Widerstand – Ohmsches Gesetz

Die Kennlinien von Leitern. Eine Glühlampe leuchtet um so *heller,* je größer die *Stromstärke I* ist. Das Leuchten ist nur dann möglich, wenn die angeschlossene Stromquelle auf die Ladungen hinreichend viel Energie überträgt. Wie wir gesehen haben, leuchtet die Lampe dann heller, wenn mehr Energie *W* auf die Ladung *Q* übertragen wird, d. h. wenn die *Spannung U* der Elektrizitätsquelle *größer* wird. Daher ist zu vermuten, daß die an einem Leiter anliegende Spannung einen Einfluß auf die sich einstellende Stromstärke hat. Wir untersuchen diesen *Zusammenhang:*

❶ Wir spannen zwischen zwei Klemmen einen Konstantandraht (A) und verbinden ihn über einen Stromstärkemesser mit einer Akkuzelle (Abb. 1). Durch Hintereinanderschalten mehrerer Zellen erhöhen wir die Spannung und messen die Stromstärken. Wir wiederholen die Meßreihe mit einem längeren Konstantandraht (B) gleicher Dicke sowie mit einer Metallfadenlampe (C). Die Ergebnisse tragen wir in eine Tabelle ein (Tab. 1) und zeichnen *U-I-Diagramme* (Abb. 2).

Wir erkennen, daß sich die Stromstärke in jedem Leiter mit der Spannung erhöht. Bei den Konstantandrähten zeigt sich, daß die Spannung *U* und die Stromstärke *I* zueinander direkt proportional sind *(U~I),* denn die Werte der Quotienten $\dfrac{U}{I}$ sind im Rahmen der Meßgenauigkeit konstant und die Meßpunkte ordnen sich entlang einer Ursprungsgeraden an. Bei der Metallfadenlampe dagegen besteht zwischen *U* und *I* kein proportionaler Zusammenhang.

Ein Diagramm, das den Zusammenhang zwischen *U* und *I* wiedergibt, heißt **Kennlinie.** Eine Kennlinie gibt danach Aufschluß über die Stromstärke in einem Leiter bei sich ändernder Spannung. So ermöglicht sie u. a. das Ablesen von Zwischenwerten, die durch Messungen selber nicht erfaßt wurden.

> Die grafische Darstellung des Zusammenhanges zwischen Stromstärke und Spannung für einen Leiter nennt man seine **Kennlinie.** Sie ist charakteristisch für jeden Leiter und heißt daher auch Leitercharakteristik.

Der elektrische Widerstand R. Die Meßwerte von V 1 zeigen, daß in den drei Leitern trotz gleicher Spannungen die Stromstärken verschieden sind. Bei $U = 3,6$ V fließt z.B. durch den Leiter A ein Strom von $I = 0,47$ A, während durch Leiter B nur ein Strom von $I = 0,30$ A fließt. Nach unserer Modellvorstellung vom elektrischen Strom behindert Leiter B den Ladungsfluß offensichtlich stärker als Leiter A, er setzt dem elektrischen Strom gleichsam einen größeren *Widerstand* entgegen (Abb. 3). Zur exakten Erfassung dieses Sachverhaltes wollen wir eine neue physikalische Größe einführen. Dazu vergleichen wir die aus der Spannung *U* und der Stromstärke *I* gebildeten Quotienten miteinander. Dabei zeigt sich, daß der Quotient $\dfrac{U}{I}$ für denjenigen Leiter am größten ist, der dem elektrischen Strom den größten Widerstand entgegensetzt.

Daher ist es sinnvoll, den Quotienten $\frac{U}{I}$ auch als Maß für das Widerstandsverhalten zu wählen. Man bezeichnet ihn als den **elektrischen Widerstand R** des Leiters (R von resistere, lat. widerstehen). **Die Einheit** für den **elektrischen Widerstand** ergibt sich aus der Definitionsgleichung $R = \frac{U}{I}$ zu $\frac{1\,V}{1\,A} = 1\,\frac{V}{A}$. Diese Einheit erhält den Namen 1 Ohm[1], abgekürzt 1 Ω[2]. Ein Leiter hat demnach den Widerstand 1 Ω, wenn bei der Spannung von $U = 1\,V$ ein Strom von $I = 1\,A$ fließt.

Der elektrische Widerstand R eines Leiters ist der Quotient aus der Spannung U an den Enden des Leiters und der im Leiter auftretenden Stromstärke I.	$R = \frac{U}{I}$; Einheit: $1\,\Omega = 1\,\frac{V}{A}$ Widerstand = $\frac{\text{Spannung}}{\text{Stromstärke}}$

1 Kiloohm (1 kΩ) = 1 000 Ω; 1 Megaohm (1 MΩ) = 1 000 000 Ω.

Der zu R umgekehrte Quotient heißt Leitfähigkeit oder Leitwert G: $G = \frac{1}{R}$. Für die Einheit des Leitwertes folgt entsprechend $\frac{1\,A}{1\,V} = 1\,\frac{A}{V}$; dafür sagt man zu Ehren *Werner von Siemens* (1816–1892) auch 1 Siemens, abgekürzt 1 S.

Aus Tab. 1 erkennen wir, daß die Widerstände der Konstantandrähte jeweils konstant sind, während der Widerstand der Metallfadenlampe mit der Stromstärke steigt. Bei der Metallfadenlampe ist es also nicht sinnvoll, von ihrem Widerstand zu sprechen. Man muß in diesem Fall stets angeben, bei welcher Stromstärke (oder auch Spannung) der Widerstand gemessen wird.

Technische „Widerstände". Das Wort „Widerstand" wird in doppelter Bedeutung verwendet. Einmal versteht man darunter die Meßgröße elektrischer Widerstand R; andererseits wird auch der Leiter selbst als Widerstand bezeichnet. Abb. 4 zeigt einige technische Widerstände. Bei einem **Schichtwiderstand** ist eine leitende, dünne Kohle- oder Metallschicht auf ein Porzellanrohr aufgebracht, die zum Schutz noch mit einem Lacküberzug versehen ist. Die Widerstandswerte sind häufig mit einem Farbcode aus vier farbigen Ringen angegeben (Tab. 2). Die ersten beiden Ringe geben die ersten beiden Ziffern, der dritte Ring die Anzahl der anzuhängenden Nullen des Zahlenwertes für den Widerstand an. Ring 4 zeigt die mögliche Abweichung vom angegebenen Wert.

Aufgaben
1 Ermittle aus Abb. 2 für $U = 3\,V$ den Widerstand R der Metallfadenlampe!
2 Welche Bedeutung kommt dem Schnittpunkt der Kennlinie A und der Kennlinie der Metallfadenlampe zu (Abb. 2)?
3 In V 1 haben nicht nur der Konstantandraht, sondern auch die Kupferzuleitungen und der Stromstärkemesser Widerstände, die im Vergleich zu dem Widerstand des Konstantandrahtes sehr gering sind. Ist der Gesamtwiderstand größer oder kleiner, als unsere Messungen ergeben?

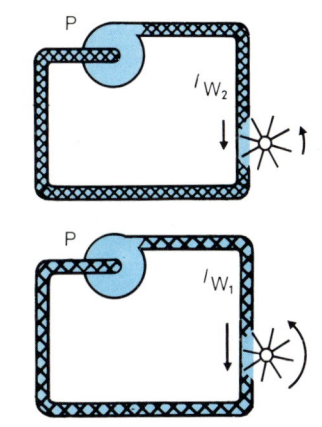

Abb. 3: Veranschaulichung des elektrischen Widerstandes durch verschieden dichte Drahtnetze

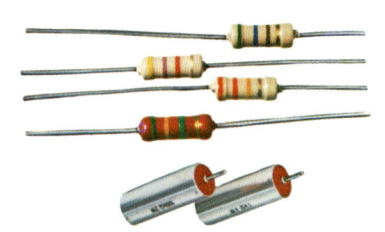

Abb. 4: Technische Widerstände

Tab. 2: Farbcode für Widerstände

Farbe	1. und 2. Ring Ziffer	3. Ring Faktor	4. Ring Fehler
schwarz	0	1	
braun	1	10	± 1%
rot	2	10^2	± 2%
orange	3	10^3	
gelb	4	10^4	
grün	5	10^5	ohne 4. Ring ± 20%
blau	6	10^6	
violett	7	10^7	
grau	8	10^8	
weiß	9	10^9	
gold	–	10^{-1}	± 5%
silber	–	10^{-2}	± 10%

---

[1] Nach *Georg Simon Ohm* (1798–1854).   [2] Ω griech. Buchstabe Omega.

9 Grundgesetze des elektrischen Stromes

9.2.2 Ohmsches Gesetz – Anwendungen

Das Ohmsche Gesetz. Die Untersuchungen der Kennlinien von verschiedenen Leitern haben ergeben, daß die Kennlinien von Konstantandrähten besonders einfach sind: Die Meßpunkte liegen jeweils auf einer Ursprungsgeraden, da die Widerstände $R = \frac{U}{I}$ konstant, d.h. unabhängig von der jeweiligen Spannung bzw. Stromstärke sind. Dieser besondere gesetzmäßige Zusammenhang zwischen Spannung und Stromstärke wurde 1826 von *Georg Simon Ohm* (1789–1854) entdeckt (Abb. 1). Er untersuchte viele Leiter und fand, daß bei *konstanter Temperatur* für alle *metallischen Leiter* die *Stromstärke* der angelegten *Spannung proportional* ist. Diesen Sachverhalt bezeichnet man daher als das **Ohmsche Gesetz.**

Das Ohmsche Gesetz läßt sich auch in der folgenden Form aussprechen: Bei gleichbleibender Temperatur ist der durch $R = \frac{U}{I}$ definierte Widerstand metallischer Leiter konstant, also $R = \frac{U}{I}$ ist konstant. Für viele Leiter – auch für einige nichtmetallische – ist der Widerstand in großen Temperaturbereichen von der Temperatur unabhängig.

Abb. 1: Georg Simon Ohm

> **Ohmsches Gesetz:** Bei konstanter Temperatur ist für metallische Leiter die Stromstärke proportional der angelegten Spannung: $\frac{U}{I}$ ist konstant.

Zur Würdigung der Entdeckung Ohms muß bemerkt werden, daß er nur mit sehr primitivem Meßgerät und vor allem mit Stromquellen gearbeitet hat, deren Spannung während der Versuche nur unzureichend konstant war.

Die gekrümmte Kennlinie einer Metallfadenlampe ist unter Beachtung des Ohmschen Gesetzes nur so zu deuten, daß die Erhitzung der Glühwendel die Ursache für die Abweichung von der Proportionalität ist.

Die Beziehungen $R = \frac{U}{I}$ und $\frac{U}{I}$ ist konstant muß man stets auseinanderhalten: $R = \frac{U}{I}$ ist die **Definitionsgleichung** für den Widerstand (die immer gilt), während $\frac{U}{I}$ ist konstant ein **Naturgesetz** mit bestimmtem Gültigkeitsbereich ist. – Im folgenden gehen wir nur von Widerständen aus, die dem Ohmschen Gesetz genügen.

Abb. 2: Wirkungsweise eines stromdurchflossenen Spannungsmessers

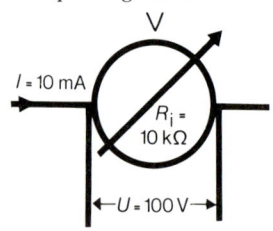

$I = 10$ mA; $R_i = 10$ kΩ; $U = 100$ V

Anwendung des Ohmschen Gesetzes. Mit dem Ohmschen Gesetz können wir nun die Wirkungsweise von einfachen *stromdurchflossenen Spannungsmessern* erklären. Als Spannungsmeßgerät hatten wir bisher das Elektrometer zur Verfügung, das nur für hohe Spannungen ($U > 50$ V) geeignet ist. Um geringere Spannungen zu messen, benutzen wir die uns bereits bekannten Stromstärkemesser, indem wir sie durch folgenden Kunstgriff „umfunktionieren" (Abb. 2): Die Drehspule mit ihren Zuleitungen besitzt einen konstanten elektrischen Widerstand, den **Innenwiderstand** R_i. Nach dem Ohmschen Gesetz können wir die Spannung U berechnen, die an den Anschlußbuchsen liegen muß, damit der Strom I

fließt: $U = R_i \cdot I$. Ist R_i bekannt, z.B. $R_i = 10\,\text{k}\Omega$ und zeigt das Instrument für z.B. $I = 10\,\text{mA}$ Vollausschlag an, so muß die Spannung $U = 10\,\text{k}\Omega \cdot 10\,\text{mA} = 100\,\text{V}$ am Gerät liegen. Statt der Aufschrift 10 mA bei dieser Zeigerstellung schreibt man also 100 V. Entsprechend folgt für die Zeigerstellung bei $I = 5\,\text{mA}$ die Spannung $U = 10\,\text{k}\Omega \cdot 5\,\text{mA} = 50\,\text{V}$. Der Ausschlag ist gerade halb so groß, usw.

> Stromführende Spannungsmesser sind Stromstärkemesser, die nach der Beziehung $R_i = \dfrac{U}{I}$ ($R_i = $ konst.) auf Spannung umgeeicht wurden (Ⓥ).

Die Schaltung von Stromstärke- und Spannungsmessern. Um Spannungen mit dem stromdurchflossenen Spannungsmesser zu messen, muß man die beiden Anschlüsse des Spannungsmessers wie die eines Elektrometers an die beiden Punkte legen, zwischen denen die Spannung besteht. Ein eventuell schon vorhandener Stromkreis darf dadurch nicht unterbrochen werden.

❶ Wir prüfen mit einem Spannungsmesser die Spannung des Akkus (Abb. 3).

Der Zeiger steht wie erwartet bei etwa $U = 7{,}8\,\text{V}$.
Im folgenden Versuch sind Stromstärke- und Spannungsdurchmesser ihrer Funktion entsprechend geschaltet.

❷ Wir bilden einen Stromkreis mit Steckdose, Glühlampe (Aufschrift 220 V) und Stromstärkemesser. Ein Spannungsmesser mißt die Spannung der Elektrizitätsquelle (Abb. 4).

Der Spannungsmesser zeigt die schon bekannte Spannung der Steckdose: $U = 220\,\text{V}$. Der Zeiger des Stromstärkemessers steht bei $I = 170\,\text{mA}$.

> Stromstärkemesser werden in den Stromkreis geschaltet, Spannungsmesser werden an die beiden Punkte angeschlossen, zwischen denen die Spannung gemessen werden soll.

Abb. 3: Messung der Spannung am Akku

Abb. 4: Schaltung von Strom- und Spannungsmessern: a) Versuchsaufbau, b) Schaltskizze

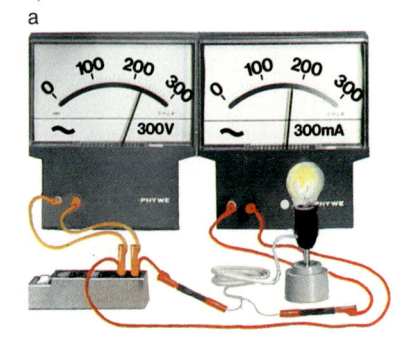

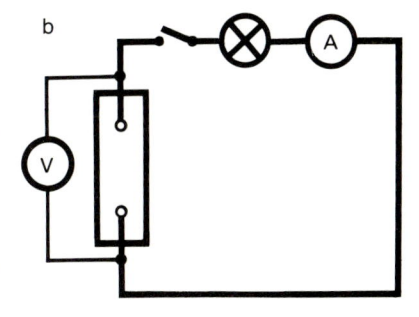

Aufgaben **1** Ermittle aus Tab. 1 die dritte Größe!

Tab. 1: Zu Aufgabe 1

U in V		36	220	1,28	3,84	7,68
I in A	0,8		0,4		0,30	0,05
R in Ω	40	12		67		

2 Bestimme den Widerstand R der Glühlampe bei Anschluß an die Steckdose in V 2! Warum ist der Zusatz „bei Anschluß an die Steckdose" in diesem Satz wichtig?
3 Wie groß müßte man den Innenwiderstand eines Weicheiseninstruments wählen, das bei einer Stromstärke von $I = 1\,\text{mA}$ Vollausschlag hat, wenn man es als Spannungsmesser mit einem Meßbereich von 0 ... 50 V verwenden will?
4 Die Pole einer Spannungsquelle mit $U = 500\,\text{V}$ werden sowohl mit den Anschlüssen eines als Spannungsmesser verwendeten Drehspulinstruments als auch mit den Anschlüssen eines Elektrometers verbunden. Welches Gerät würde sich geringfügig erwärmen und warum?

9.2 Grundgesetze des elektrischen Stromes

9.2.3
*Abhängigkeit des Widerstandes metallischer Leiter

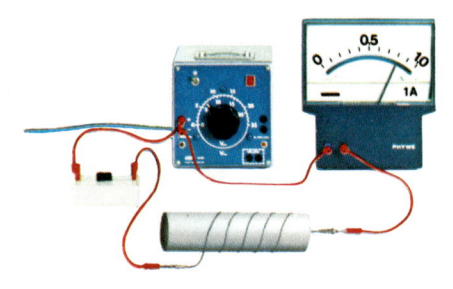

Abb. 1: Bestimmung des Widerstandes gekrümmter Leiter

Abb. 2: Bestimmung des Widerstandes von Leitern verschiedener Länge

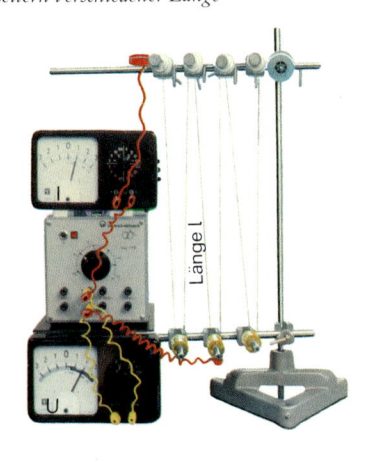

Tab. 1: Meßwerte zur Bestimmung des Widerstandes eines Drahtes in Abhängigkeit von seiner Länge l

Länge / $U = 4{,}0$ V	I in A	R in Ω
l	1,50	2,7
$2l$	0,75	5,3
$3l$	0,50	8,0
$4l$	0,40	10
$5l$	0,30	13
$6l$	0,25	16

Vergleichen wir den Wasserstromkreis mit dem elektrischen Stromkreis, dann entsprechen Wasserrohre und elektrische Leiter einander. Wir vermuten deshalb, daß der elektrische Strom in Leitern ebenso wie der Wasserfluß in Rohren von *Krümmungen, Länge* und *Querschnittsfläche* der Leiter bzw. der Rohre beeinflußt wird. Nach den Erfahrungen bei der Aufnahme von Kennlinien beeinflußt auch das *Material* und die *Temperatur* des Leiters seinen Widerstand.

Um bei der Überprüfung unserer Vermutungen eindeutige Ergebnisse zu erhalten, müssen wir stets den folgenden Grundsatz beachten:

> Soll eine Eigenschaft des Leiters gezielt untersucht werden, dann müssen seine anderen Eigenschaften konstant bleiben.

Abhängigkeit des Widerstandes von den Leiterabmessungen. Zunächst prüfen wir den Einfluß der *Leiterkrümmung* auf den Widerstand:

❶ Wir bestimmen bei $U = 5$ V die Stromstärke a) bei einem 2 m langen Konstantandraht, b) bei demselben Draht, nachdem wir ihn um eine Papprolle so gewickelt haben, daß die Windungen einander nicht berühren (Abb. 1).

In beiden Fällen ist die Stromstärke gleich.
Da die Spannung konstant gehalten wurde, hat sich auch der Widerstand des Leiters nicht geändert. Während gekrümmte Wasserrohre den Wasserfluß erheblich behindern, beeinflussen Leiterkrümmungen den Elektronenfluß nicht. *Nicht alle* Erscheinungen des Wasserstromkreises lassen sich also auf den elektrischen Stromkreis übertragen: **das Wasserstrommodell hat nur begrenzte Gültigkeit.**
Die Abhängigkeit des Widerstandes von der *Länge des Leiters* ermitteln wir mit dem Versuchsaufbau nach Abb. 2.

❷ Nach Abb. 2 spannen wir zwischen einigen Isolatoren einen Konstantandraht mehrere Male so hin und her, daß wir den Widerstand verschiedener Leiterlängen l, $2l$, $3l$, usw. durch Stromstärken- und Spannungsmessung ($U = 4{,}0$ V) bestimmen können (Tab. 1).

Wir entnehmen den Messungen und den Berechnungen, daß die Länge des Leiters seinen Widerstand entscheidend beeinflußt.
Die Abhängigkeit des Widerstandes von der *Querschnittsfläche eines Leiters* bestimmen wir in dem folgenden Versuch:

❸ Zwischen *zwei* Isolatoren spannen wir einen Konstantandraht einmal, zweimal, dreimal, ... hin und her und bestimmen bei $U = 2{,}0$ V die Stromstärke I der jeweiligen Leiterkombinationen (Tab. 2).

Die Messungen und Berechnungen zeigen, daß der Widerstand der Leiterkombination um so kleiner wird, je mehr Drähte parallel geschaltet werden. – Sind 1, 2, 3, ..., n Drähte parallel geschaltet, so stellen wir den Elektronen die 1, 2, 3, ..., n-fache Leiterquerschnittsfläche zur Verfügung.

Weitere Versuche zeigen, daß nur die Größe, nicht aber die *Form* der Querschnittsflächen den Widerstand des Leiters beeinflussen.

> Der Widerstand eines Leiters ist von seiner Krümmung unabhängig. Je länger ein Leiter ist, desto größer ist sein Widerstand, je größer seine Querschnittsfläche ist, desto kleiner ist sein Widerstand.

Abhängigkeit des Widerstandes von Material und Temperatur. Die Abhängigkeit des Widerstandes vom *Material des Leiters* zeigt folgender Versuch:

④ Wir verbinden nacheinander zwei Isolatoren mit gleich langen (z.B. $l = 1$ m) und gleich dicken (kreisförmige Querschnittsfläche mit Durchmesser z.B. $d = 0{,}5$ mm) Drähten aus Kupfer, Aluminium, Eisen, Messing und Konstantan. Bei $U = 3{,}0$ V bestimmen wir die Stromstärke in den Leitern und berechnen ihren Widerstand (Tab. 3).

Unsere allerersten Erfahrungen aus den Versuchen zur Untersuchung der Leitfähigkeit werden bestätigt; das Material des Leiters beeinflußt seinen Widerstand. Es zeigt sich, daß Kupfer einen geringen Widerstand, d.h. eine gute Leitfähigkeit besitzt.
Aus diesem Grunde bestehen die Verbindungskabel und die elektrischen Leiter im Haushalt meistens aus Kupfer.
Bei der Aufnahme der Kennlinie von Lampen erkannten wir, welchen Einfluß die *Temperaturerhöhung* der Lampenwendel auf ihren Widerstand hat. Wir erhöhen jetzt die Temperatur eines Leiters von „außen":

⑤ Wir schalten eine a) Eisenspirale, b) leitende Flüssigkeit (z. B. verd. Schwefelsäure) in einen Stromkreis mit Strommesser und Stromquelle (Abb.3). Wir wählen eine kleine Spannung von ca. $U = 2$ V und bestimmen die Stromstärke. Dann erhitzen wir den festen und den flüssigen Leiter bei konstanter Spannung mit einer Propangasflamme.

Wir erkennen deutlich, wie beim festen Leiter beim Erhitzen die Stromstärke sinkt, d.h. sein Widerstand steigt mit wachsender Temperatur. Dagegen erhöht sich beim flüssigen Leiter die Stromstärke bei Erwärmung, d.h. sein Widerstand sinkt mit wachsender Temperatur.

> Der Widerstand eines Leiters hängt sowohl vom Material als auch von seiner Temperatur ab.

Aufgaben 1 Fertige zu den Versuchsergebnissen von V 2 ein *l-R-Diagramm* an! Bestimme daraus den Widerstand des Leiters mit der Länge $3{,}5\ l$ bzw. $5{,}2\ l$!
2 Fertige zu den Versuchsergebnissen von V 3 ein *A-R-Diagramm* an! Die Querschnittsfläche eines Drahtes sei $A = 0{,}2$ mm².
3 Warum benutzt man für die elektrischen Überlandfreileitungen verstärkte Kupfer- oder Aluminiumdrähte anstatt wesentlich billigere Eisendrähte zu verwenden?

$U = 2{,}0$ V / Anzahl	1	2	3	4
I in A	0,9	1,8	2,7	3,4
R in Ω	2,2	1,1	0,7	0,6

Tab. 2: Meßwerte zur Bestimmung des Widerstandes parallelgeschalteter Drähte

Tab. 3: Material und Widerstand (Drähte gleicher Länge und gleicher Querschnittsfläche)

$U = 3{,}0$ V / Material	I in A	R in Ω
Chromnickel	0,5	6,0
Konstantan	1,0	2,7
Eisen	2,6	1,2
Messing	5,0	0,6
Kupfer	12,0	0,25

Abb. 3: Temperaturabhängigkeit des elektrischen Widerstandes

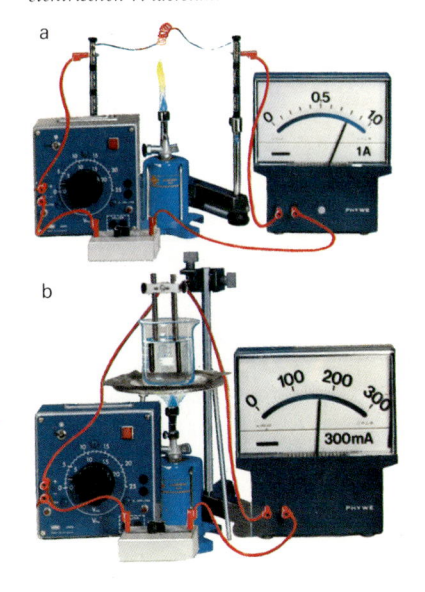

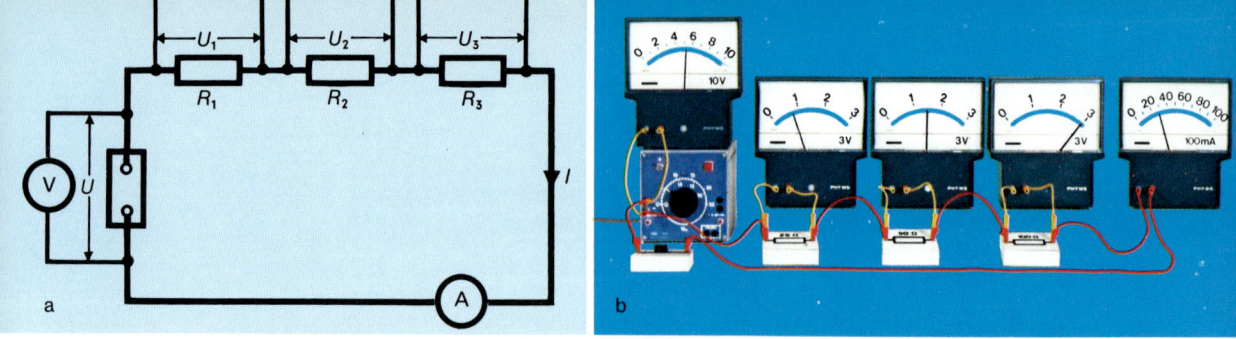

Abb. 2: Spannungsabfall längs hintereinandergeschalteter Widerstände

9.3 Widerstände im Stromkreis – Elektrische Energie

9.3.1
✱Reihenschaltung von Widerständen – Potentiometer

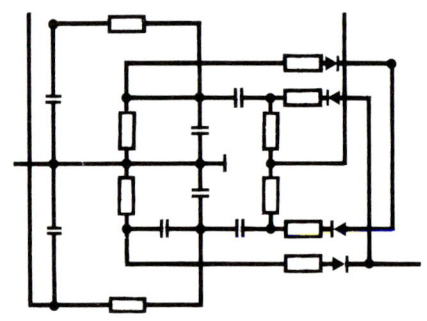

Abb. 1: Widerstände in technischen Schaltplänen

Schaltpläne. In der Elektrotechnik und Elektronik kommen häufig Schaltungen vor, die elektrische Widerstände in den verschiedensten Kombinationen enthalten. Auf den ersten Blick erscheinen die Schaltpläne kompliziert (Abb. 1). Sie lassen sich jedoch mit Kenntnis weniger Stromkreisgesetze leichter verstehen. Wir untersuchen zunächst die Gesetzmäßigkeiten *hintereinander* (*in Reihe* oder *in Serie*) geschalteter Widerstände (Abb. 2).

Der Spannungsabfall längs eines Widerstandes. Fließt durch die in Reihe geschalteten Widerstände R_1, R_2 und R_3 ein Strom mit der überall gleichen Stromstärke I, so ist nach der Definition des Widerstandes zu erwarten, daß zwischen den Enden der Widerstände die **Teilspannungen** $U_1 = R_1 \cdot I$, $U_2 = R_2 \cdot I$, $U_3 = R_3 \cdot I$ entstehen.

❶ Wir schalten 3 Leiter ($R_1 = 25\,\Omega$, $R_2 = 50\,\Omega$, $R_3 = 100\,\Omega$) hintereinander, legen $U = 5{,}25$ V an und messen die Teilspannungen.

Es fließt ein Strom von 0,03 A, und die Spannungsmesser zeigen die Teilspannungen $U_1 = 25\,\Omega \cdot 0{,}003\,\text{A} = 0{,}75$ V, $U_2 = 50\,\Omega \cdot 0{,}03\,\text{A} = 1{,}5$ V und $U_3 = 100\,\Omega \cdot 0{,}03\,\text{A} = 3$ V an.
Die Summe dieser Spannungen ergibt die Gesamtspannung $U = 5{,}25$ V (additive Beziehung zwischen Spannungen). Die Gesamtspannung hat sich also im geschlossenen Stromkreis (und nur dann!) auf die einzelnen Widerstände *verteilt* und zwar so, daß am *größten Widerstand* auch die *größte Teilspannung* abfällt. Die Größe eines Spannungsabfalls wird also jeweils durch den betreffenden Widerstand bestimmt. Aus $U_1 = R_1 \cdot I$ und $U_2 = R_2 \cdot I$ folgt durch Division:

$$\frac{U_1}{U_2} = \frac{R_1 \cdot I}{R_2 \cdot I} \quad \text{oder} \quad \frac{U_1}{U_2} = \frac{R_1}{R_2}.$$

Der *Gesamtwiderstand* R der Widerstandskombination in Abb. 2 läßt sich mit Hilfe der Definition des Widerstandes auch *theoretisch* ableiten: Für die Spannungen in der Gleichung $U = U_1 + U_2 + U_3$ schreiben wir:
$U = R \cdot I$; $U_1 = R_1 \cdot I$; $U_2 = R_2 \cdot I$; $U_3 = R_3 \cdot I$. – Also gilt:
$R \cdot I = R_1 \cdot I + R_2 \cdot I + R_3 \cdot I$ bzw. $R \cdot I = I \cdot (R_1 + R_2 + R_3)$ und somit $R = R_1 + R_2 + R_3$. Wir überprüfen dieses Ergebnis unserer theoretischen Her-

> Schaltet man mehrere Leiter mit den Widerständen $R_1, R_2, \ldots R_n$ in einem Stromkreis hintereinander, so tritt an jedem ein Spannungsabfall $U_1, U_2, \ldots U_n$ auf. Die Spannungsabfälle verhalten sich wie die entsprechenden Widerstände:
> $U_1 : U_2 \ldots : U_n = R_1 : R_2 \ldots : R_n$

leitung durch das Experiment: In V 1 floß bei einer angelegten Gesamtspannung von $U = 5,25$ V ein Strom mit der Stromstärke $I = 0,03$ A. Also gilt für den Gesamtwiderstand: $R = \dfrac{U}{I} = \dfrac{5,25 \text{ V}}{0,03 \text{ A}} = 175\ \Omega$.

Die Einzelwiderstände $R_1 = 25\ \Omega$, $R_2 = 50\ \Omega$ und $R_3 = 100\ \Omega$ addieren sich demnach zum Gesamtwiderstand $R = 175\ \Omega$.

> Werden mehrere Widerstände hintereinander geschaltet, so ist der Gesamtwiderstand gleich der Summe der Einzelwiderstände:
> $R = R_1 + R_2 + \ldots + R_n$.

Ein Beispiel für die *Reihenschaltung* von Widerständen ist dieser Versuch:

❷ Wir schalten eine Glühlampe (6 V/0,8 A) und eine Haushaltsglühlampe (220 V/0,16 A) in Reihe an die Steckdose mit $U = 220$ V.

Ein Laie vermutet zunächst, daß die kleine Lampe sofort durchbrennt und die große daher auch nicht leuchtet. Die Probe überrascht: Die kleine Lampe leuchtet nicht, die große leuchtet dagegen hell.
Die große Lampe besitzt gegenüber der kleinen einen sehr großen Widerstand. Sind die Lampen einzeln in Betrieb, so gilt:

$R_1 = \dfrac{U_1}{I_1} = \dfrac{220 \text{ V}}{0,16 \text{ A}} = 1375\ \Omega$, $\quad R_2 = \dfrac{U_2}{I_2} = \dfrac{6 \text{ V}}{0,8 \text{ A}} = 7,5\ \Omega$.

Der Widerstand der kleinen Lampe beträgt bei 0,8 A somit 7,5 Ω. Da sie in diesem Versuch kalt bleibt, ist er hier sogar geringer. Es fallen an der großen Lampe von den zur Verfügung stehenden 220 V etwa 219 V ab. Die für die kleine Lampe noch verbleibende Spannung von 1 V reicht aber nicht aus, um sie zum Leuchten zu bringen.

Potentiometerschaltung. Wir können uns einen Draht aus vielen kleinen hintereinander geschalteten Drahtstücken zusammengesetzt denken:

❸ Wir spannen einen 1 m langen Konstantandraht zwischen zwei Klemmen und verbinden diese mit den Polen eines Akkus. Einen Anschluß eines Spannungsmessers verbinden wir mit einem Pol des Akkumulators und den anderen über eine Gleitklemme mit der linken Klemme (Abb. 3). Dann führen wir die Gleitklemme längs des Drahtes zur rechten Klemme.

Der Spannungsmesser zeigt zunächst die gesamte Spannung $U = 7,8$ V an. Mit abnehmender Entfernung zwischen Gleitklemme und fester Klemme wird die gemessene Spannung gleichmäßig geringer und erreicht schließlich den Wert 0V.
Man kann so jede gewünschte **Teilspannung** von einer bestimmten Spannung stufenlos „abgreifen". Diese Schaltung nennt man **Spannungsteiler-** oder **Potentiometerschaltung**.

Aufgaben Schaltet man einen regelbaren Widerstand (Vorwiderstand) in Reihe vor eine Glühlampe (Betriebsspannung 6 V), so läßt sich die Helligkeit der Lampe durch Veränderung des Widerstandes regeln. a) Fertige eine Schaltskizze an! b) Begründe die Aussage anhand genauer Überlegungen über die Spannung an der Lampe!

Abb. 3: Potentiometerschaltung: a) Versuchsaufbau, b) Schaltskizze

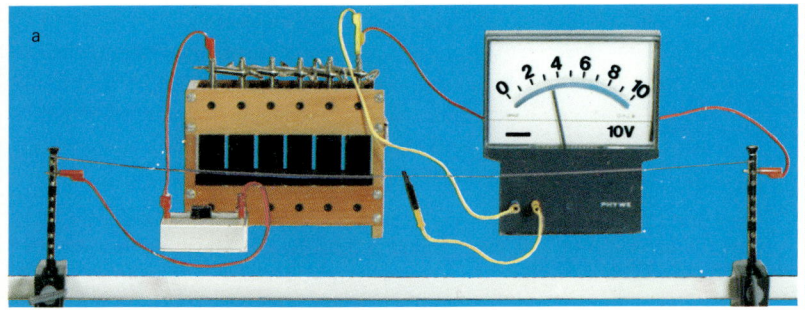

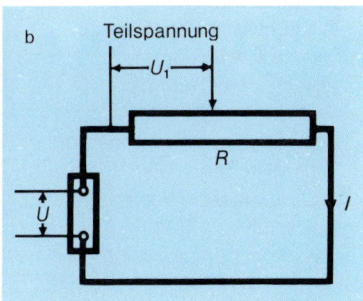

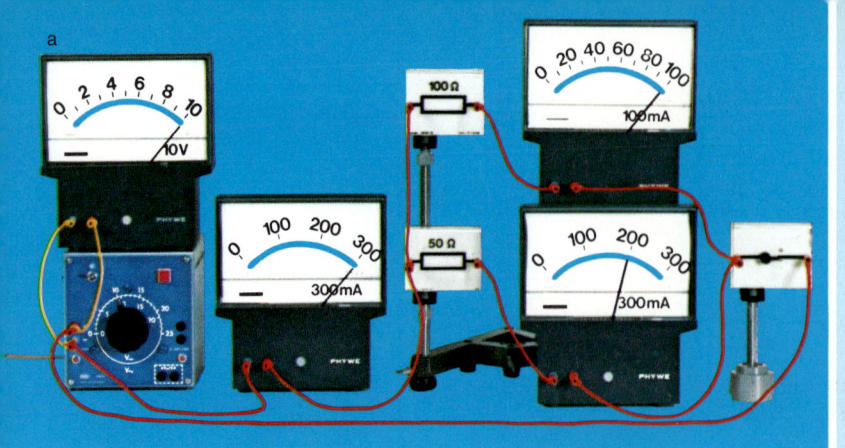

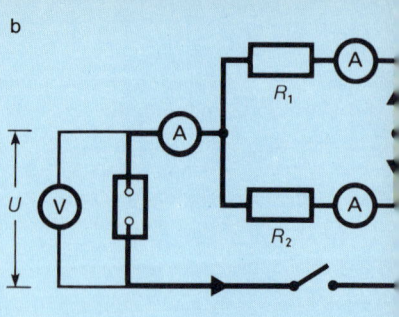

*Abb. 1: Parallelschaltung von Widerständen:
a) Versuchsaufbau, b) Schaltskizze*

9.3.2
Parallelschaltung von Widerständen – Wheatstonesche Brücke

Parallelschaltung. Der Stromkreis im Haushalt enthält mehrere Lampen und Elektrogeräte. Wir überlegen uns, ob der Elektriker sie in Reihe geschaltet haben kann: Bei Reihenschaltung wäre der Stromkreis immer dann schon unterbrochen, wenn man mindestens eine Lampe nicht einschaltet. Im Haushalt läßt sich jedoch jede Lampe einzeln einschalten. Die Lampen sind also auf eine andere Art geschaltet.

In Abb. 1 sind elektrische Widerstände nebeneinander, d. h. **parallel** geschaltet. Es entsteht die Frage, wie sich der elektrische Strom bei einer solchen Verzweigung verteilt. Ein Vergleich mit einem entsprechenden Strömungsmodell läßt vermuten, daß die Summe der Teilstromstärken in den Zweigleitungen gleich ist der Gesamtstromstärke in der Hauptleitung und daß die Stromstärke in derjenigen Zweigleitung am größten ist, in der der Widerstand am kleinsten ist.

Die Kirchhoffschen Gesetze. Wir überprüfen unsere Vermutung:

❶ Wir schalten zwei Widerstände $R_1 = 100\,\Omega$ und $R_2 = 50\,\Omega$ parallel, legen eine Spannung $U = 10\,V$ an und messen $I_{\text{ges.}}$ sowie I_1 und I_2 (Abb. 1).

Wir erhalten: $I_1 = 100\,\text{mA}$, $I_2 = 200\,\text{mA}$, $I_{\text{ges.}} = 300\,\text{mA}$. In Übereinstimmung mit unserer Vermutung ist $I_{\text{ges.}} = I_1 + I_2$, und es fließt in demjenigen Zweig der größere Strom, der den kleineren Widerstand besitzt: $\dfrac{I_1}{I_2} = \dfrac{1}{2}$ und $\dfrac{R_2}{R_1} = \dfrac{1}{2} \Rightarrow \dfrac{I_1}{I_2} = \dfrac{R_2}{R_1}$ oder $I_1 : I_2 = R_2 : R_1$. (Gl. 1)

Die Beziehung $I_{\text{ges.}} = I_1 + I_2$ hat *Gustav Kirchhoff* (1824–1887) gefunden. Sie wird als 1. Kirchhoffsches Gesetz bezeichnet.

Wir haben bei unserem Vorgehen soeben die **induktive Methode** gewählt: Nach unserer Vermutung aus dem Wasserstrommodell und aus einzelnen Meßergebnissen eines Versuches haben wir eine allgemeine Gesetzmäßigkeit gefolgert und diese durch eine Formel ausgedrückt. Viele physikalische Gesetze lassen sich nur auf diese Weise aufstellen.

Das Gesetz (Gl. 1) können wir jedoch auch **deduktiv** herleiten: Zwischen zwei Punkten kann immer nur eine Spannung herrschen, d. h. daß bei der Parallelschaltung an jedem Widerstand dieselbe Spannung anliegt. Daraus folgt:
$I_1 \cdot R_1 = U$ und $I_2 \cdot R_2 = U$ und somit $I_1 \cdot R_1 = I_2 \cdot R_2$ oder $I_1 : I_2 = R_2 : R_1$.

Bei Stromverzweigungen gelten die **Kirchhoffschen Gesetze:**
1. Die Gesamtstromstärke ist gleich der Summe der Teilstromstärken: $I = I_1 + I_2$.
2. Zwischen zwei Punkten kann nur eine Spannung herrschen, d. h. an jedem Widerstand liegt dieselbe Spannung an: $U =$ konst. Daraus folgt:
$I_1 : I_2 = R_2 : R_1$.

Beispiel An den parallel geschalteten Widerständen $R_1 = 100\,\Omega$, $R_2 = 50\,\Omega$, $R_3 = 10\,\Omega$ liegt die Spannung $U = 20\,V$. Welche Teilstromstärken treten auf?
Mit $U = R_1 \cdot I_1$ gilt: $I_1 = \dfrac{U}{R_1} = \dfrac{20\,V}{100\,\Omega} = 0{,}2\,A$. Da $R_2 = \dfrac{1}{2} R_1$, folgt:
$I_2 = 2 \cdot 0{,}2\,A = 0{,}4\,A$; da $R_3 = 0{,}1\,R_1$, folgt: $I_3 = 10 \cdot 0{,}2\,A = 2\,A$.

> Bei Parallelschaltung von Widerständen $R_1, R_2, \ldots R_n$ gilt für den Gesamtwiderstand R:
> $$\frac{1}{R} = \frac{1}{R_1} + \frac{1}{R_2} + \ldots + \frac{1}{R_n}$$

Der Ersatzwiderstand. Bei parallel geschalteten Widerständen interessiert auch der Gesamtwiderstand R, der als **Ersatzwiderstand** für die Einzelwiderstände zu denken ist. Nach dem 1. Kirchhoffschen Gesetz gilt für die Stromverzweigung: $I = I_1 + I_2$; mit $I = \dfrac{U}{R}$, $I_1 = \dfrac{U}{R_1}$ und $I_2 = \dfrac{U}{R_2}$ ergibt sich: $\dfrac{U}{R} = \dfrac{U}{R_1} + \dfrac{U}{R_2} = U\left(\dfrac{1}{R_1} + \dfrac{1}{R_2}\right)$. Nach Division der Gleichung durch U folgt: $\dfrac{1}{R} = \dfrac{1}{R_1} + \dfrac{1}{R_2}$. – Die Messungen von V 1 bestätigen unser Ergebnis, denn $\dfrac{1}{100\,\Omega} + \dfrac{1}{50\,\Omega} = \dfrac{3}{100\,\Omega}$, und das ist gerade $\dfrac{1}{R} = \dfrac{I}{U} = \dfrac{0{,}3\,A}{10\,V} = \dfrac{3}{100\,\Omega}$. Damit ist $R = \dfrac{100\,\Omega}{3}$.

Wir können feststellen, daß durch jeden Widerstand, der in einer Parallelschaltung zu den schon vorhandenen hinzukommt, der Ersatzwiderstand herabgesetzt wird. Durch das Hinzuschalten eines weiteren Leiters vergrößert sich gleichsam der Leiterquerschnitt des Gesamtleiters. Der Ersatzwiderstand ist demnach kleiner als der kleinste Einzelwiderstand.

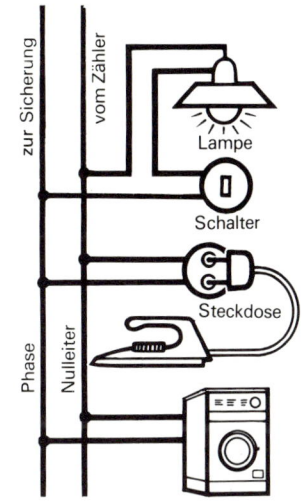

Die Widerstandsmessung in der Wheatstoneschen Brücke stellt eine häufig benutzte Anwendung der Kirchhoffschen Gesetze dar.

❷ Wir schalten einen unbekannten Widerstand R_x wie in Abb. 3. R sei ein bekannter Widerstand, zwischen B und C befindet sich ein z. B. 1 m langer Widerstandsdraht und zwischen D und E ist ein empfindlicher Spannungsmesser mit Zeiger in Mittelpunktslage geschaltet. Mit der Gleitklemme G suchen wir die Stelle des Drahtes, bei der das Meßgerät keinen Ausschlag mehr zeigt (Nullmethode). Wir lesen die Längen l_1 und l_2 ab.

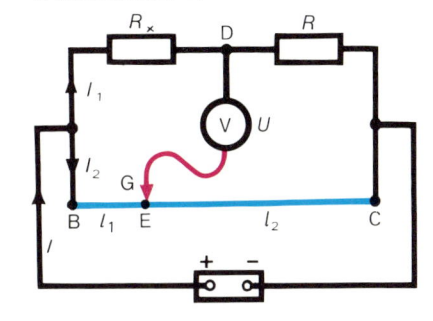

Ist die Spannung zwischen D und E 0 V, so gilt für die Spannungsabfälle: $R_x \cdot I_1 = R_{l_1} \cdot I_2$ und $R \cdot I_1 = R_{l_2} \cdot I_2$ (R_{l_1} und R_{l_2} sind die Widerstände der Drähte mit den Längen l_1 und l_2). Durch Division der Gleichung folgt:
$$\frac{R_x}{R} = \frac{R_{l_1}}{R_{l_2}}.$$
Da das Verhältnis der Widerstände R_{l_1} und R_{l_2} gleich dem Verhältnis der Drahtlängen l_1 und l_2 ist, gilt: $\dfrac{R_x}{R} = \dfrac{l_1}{l_2}$ oder $R_x = \dfrac{l_1}{l_2} \cdot R$.

Der entscheidende Vorteil dieser Widerstandsmessung liegt vor allem darin, daß keine geeichten Meßinstrumente verwendet werden müssen, die in ihrer Anzeige stets Meßfehler verursachen.

Abb. 2: Parallelschaltung im Haushalt

Abb. 3: Widerstandsmessung mit der Wheatstoneschen Brücke

Aufgaben **1** Wieviel Glühlampen, die bei 220 V je einen Widerstand von 0,5 kΩ besitzen, kann man höchstens parallel an eine Steckdose schalten, wenn die Haussicherung die Stromstärke $I = 10\,A$ zuläßt? (22)
2 Man kann drei gleiche Widerstände (10 Ω) auf vier Arten schalten. Fertige Schaltskizzen an und berechne die Ersatzwiderstände!

9 Grundgesetze des elektrischen Stromes

9.3.3 Die Energieumsetzung im elektrischen Stromkreis

Energie als elektrische Größe. In allen Elektrogeräten, z.B. Rasierapparat, Waschmaschine usw., wird elektrische Energie umgesetzt. Die durch den elektrischen Strom übertragene Energie haben wir bereits bei der Einführung der elektrischen Spannung quantitativ ermittelt. In V 1 von 9.1.3 wurde ein Akku an einen Heizdraht angeschlossen, und der elektrische Strom erwärmte eine bestimmte Menge Wasser. Die Energie W, die er „auf Kosten" der chemischen Energie des Akku übertrug, haben wir kalorimetrisch bestimmt und so die Spannung des Akkus $U = \frac{W}{Q}$ ermittelt; Q ist dabei die insgesamt durch den Heizdraht geflossene Ladungsmenge.

Statt dieser kalorimetrischen Messung ist es einfacher, die vom elektrischen Strom übertragene *Energie* mit den leicht zu handhabenden, elektrischen Meßinstrumenten zu bestimmen. Es gilt: $U = \frac{W}{Q}$ bzw. $W = U \cdot Q$; mit $Q = I \cdot t$ (bei $I =$ konst.) folgt: **$W = I \cdot U \cdot t$.**

Die vom elektrischen Strom übertragene Energie W läßt sich demnach aus U, I, t ermitteln. Die **Einheit** der elektrischen Energie folgt aus $W = U \cdot I \cdot t$ zu $1\,V \cdot 1\,A \cdot 1\,s =$ **1 VAs.** Mit J, Nm und Ws für die mechanische Energie gilt: $1\,J = 1\,Nm = 1\,Ws = 1\,VAs$.

Schließt man ein Elektrogerät an die Steckdose an, so müssen wir dem Elektrizitätswerk die elektrische Energie bezahlen, denn es muß ständig unter Arbeitsaufwand mit seinen Generatoren elektrische Spannung erzeugen, indem es Ladungen trennt. Die Abrechnung für die gelieferte elektrische Energie erfolgt nach **Kilowattstunden:** $1\,kWh = 10^3\,Wh = 10^3 \cdot 3\,600\,Ws = 3{,}6 \cdot 10^6\,Ws = 3{,}6 \cdot 10^6\,J$.

Veranschaulichung der Beziehung $W = U \cdot I \cdot t$. Um uns die einzelnen Abhängigkeiten der elektrischen Energie von den elektrischen Größen deutlich zu machen, wollen wir im folgenden entsprechende Versuche dazu durchführen. Die Proportionalität $W \sim t$ bei konstantem U und I ist ohne weiteres einleuchtend: In einem elektrischen Gerät (z.B. Glühlampe) wird in der doppelten Zeit auch die doppelte elektrische Energie übertragen.

Wir verdeutlichen uns $W \sim U$ (bei konstantem I und t) und $W \sim I$ (bei konstantem U und t) durch zwei Versuche:

❶ Eine Lampe (4 V; 0,4 A) wird an eine Spannungsquelle mit 4 V angeschlossen. Dann schalten wir eine gleiche dazu in Reihe, verdoppeln die Spannung und lassen sie so lange leuchten wie die einzelne Lampe (Abb. 1).

Jede Glühlampe leuchtet so hell wie vorher die einzelne, d.h. es wird die doppelte Energie übertragen. Da die Stromstärke I und die Zeit t gleich geblieben sind, gilt: $W \sim U$. ($I =$ konst., $t =$ konst.).

❷ Wir schalten die in V 1 benutzten Glühlampen parallel, legen 4 V Spannung an und lassen beide so lange leuchten wie die einzelne in V 1 (Abb. 2).

Beide leuchten so hell wie die einzelne in Abb. 1a, d.h. es wird die doppelte Energie übertragen.

Für die vom Strom übertragene **elektrische Energie** W gilt:
$W = U \cdot I \cdot t$. Die Energieeinheit $1\,J = 1\,Ws$ und die elektrischen Einheiten $1\,V$ und $1\,A$ sind durch $1\,J = 1\,Ws = 1\,V \cdot 1\,A \cdot 1\,s = 1\,VAs$ verknüpft.

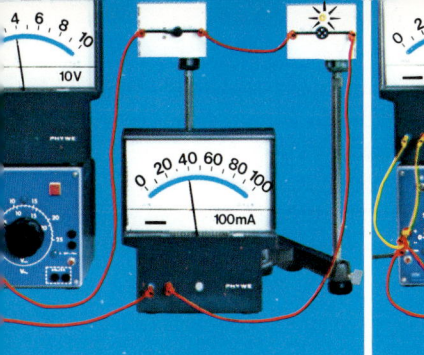

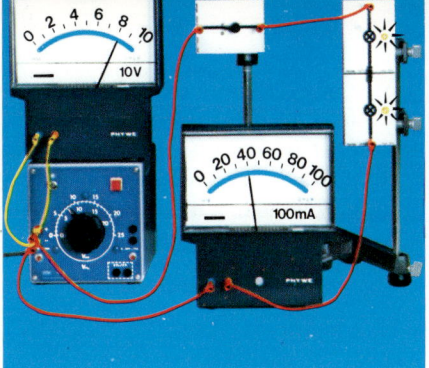

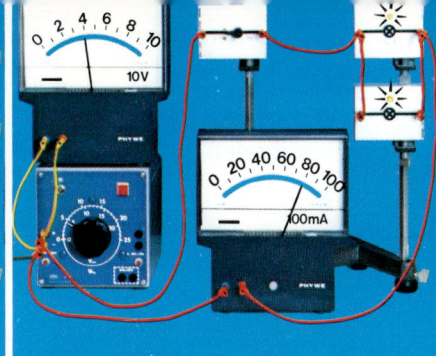

Abb. 1: Bei Verdopplung der Spannung wird doppelt soviel Energie übertragen (Lampen in Reihe geschaltet)

Abb. 2: Bei Verdopplung der Stromstärke wird doppelt soviel Energie übertragen (Lampen parallel)

Da Spannung und Zeit gleich bleiben, die Stromstärke jedoch verdoppelt wurde, gilt: $W \sim I$ (U = konst., t = konst.).

Beispiel Eine Maschine für $U = 220$ V nimmt in 5 s die elektrische Energie $W = 5,5$ Wh auf. Wie groß ist die Stromstärke I?
Aus $W = U \cdot I \cdot t$ folgt $I = \dfrac{W}{U \cdot t} = \dfrac{5,5 \text{ Wh}}{220 \text{ V} \cdot 5\text{s}} = \dfrac{5,5 \cdot 3\,600 \text{ Ws}}{220 \text{ V} \cdot 5\text{s}} = 18$ A.

Elektrische Energie und Widerstand. Man kann die elektrische Energie, die ein Strom in der Zeit t überträgt, auch aus dem Widerstand R des benutzten Gerätes und der Stromstärke I berechnen. Wir ersetzen in der Gleichung $W = U \cdot I \cdot t$ die Spannung U durch $I \cdot R$ und erhalten $W = R \cdot I^2 \cdot t$. Die elektrische Energie ist bei gleichem R und t also proportional I^2, d. h. z. B. bei doppelter Stromstärke wird die elektrische Energie viermal so groß.

Aus 3.3.4 wissen wir, daß der elektrische Widerstand bestimmter Leiter in der Nähe des absoluten Nullpunkts sehr klein wird (Supraleitung). Damit wird auch die elektrische Energie $W = R \cdot I^2 \cdot t$ des Stromes verschwindend gering. Gelänge es, Elektrizität erzeugende Maschinen (Generatoren) auf diesen Temperaturbereich abzukühlen, so könnte man beträchtliche Energieverluste vermeiden. Heute tritt dabei noch erheblicher Verlust auf, da der Strom die Leitungen unerwünscht erwärmt. Obwohl auch für die starke Abkühlung der Generatoren Energie nötig ist, brächte das Verfahren nach neuesten Erkenntnissen wirtschaftlichen Vorteil.

Aufgaben **1** Warum ist das Wort Stromrechnung physikalisch nicht sinnvoll?
2 Welche elektrische Energie (in kWh) wird von einem Strom mit $I = 0,2$ A in 12 Stunden in einer 220 V-Lampe übertragen? (0,528 kWh)
3 Was kostet das einstündige Leuchten einer Glühlampe, durch die bei Anschluß an die Steckdose ein Strom von $I = 150$ mA fließt? (1 kWh $\cong$ 15 Pfg.)
4 Warum erwärmen sich bei Betrieb eines Heizofens die Kupferzuleitungen kaum?
5 Zeige: Für die elektrische Energie gilt die Beziehung $W = \dfrac{U^2 \cdot t}{R}$, wenn an einem Widerstand R die Spannung U anliegt!

9 Grundgesetze des elektrischen Stromes

9.3.4 Die elektrische Leistung P – Betriebskosten

Was bedeutet die Aufschrift 75 W auf der Glühlampe (Abb. 1)? Die Energie, die diese Lampe aufnimmt, können wir nur angeben, wenn wir wissen, wie lange sie leuchtet. Sie kann in vielen Tagen mehr Energie aufnehmen als z. B. ein starker Elektromotor, der nur wenige Minuten läuft. Wenn wir den Energiebedarf von elektrischen Geräten vergleichen wollen, müssen wir ihn auf die *gleiche Zeit* beziehen. Daher führen wir, wie in der Mechanik, die physikalische Größe $\frac{\text{Energie}}{\text{Zeit}} = \text{Leistung}$, $\frac{W}{t} = P$ mit der Einheit $1\frac{\text{Ws}}{\text{s}} = 1\,\text{W} = 1\,\text{Watt}$ ein. Wir legen also die **elektrische Leistung** P als $\frac{\text{elektrische Energie}}{\text{Zeit}}$ fest: $P = \frac{W}{t}$.

Da $W = U \cdot I \cdot t$ gilt, folgt: $P = \frac{W}{t} = \frac{U \cdot I \cdot t}{t}$, also $\boldsymbol{P = U \cdot I}$. Auch die **Einheit** der elektrischen Leistung ist **1 Watt**. Aus $P = U \cdot I$ ergibt sich: $1\,\text{W} = 1\,\text{V} \cdot \text{A}$.

Abb. 1: Leistungsangabe bei Glühlampe

Abb. 2: Prinzip eines Leistungsmessers

Beispiel Die Glühlampe in Abb. 1 hat die Leistung $P = 75$ Watt. Diese entspricht ungefähr der mechanischen Leistung eines 75 kg schweren Bergsteigers, wenn er in 100 Sekunden 10 m Höhe überwindet.
Auf einer Glühlampe steht 220 V und 60 W. Das bedeutet, daß die Lampe eine elektrische Leistung von $P = 60$ W aufnimmt, wenn sie an $U = 220$ V angeschlossen wird. Die Stromstärke ist $I = \frac{P}{U} = \frac{60\,\text{W}}{220\,\text{V}} \approx 0{,}27$ A. Für ihren Widerstand R gilt bei einer Stromstärke $I \approx 0{,}27$ A: $R = \frac{U}{I} = \frac{220\,\text{V}}{0{,}27\,\text{A}} \approx 815\,\Omega$. Wird dieselbe Glühlampe an ein Netz der Spannung $U = 110$ V angeschlossen, so ergibt sich, da der Widerstand etwa gleichbleibt: $P = U \cdot I = U \cdot \frac{U}{R}$; $P = \frac{(110\,\text{V})^2}{815\,\Omega} \approx 15$ W, also nur ¼ der ursprünglichen Leistung.

Messung der Leistung. Um die elektrische Leistung eines Elektrogerätes zu messen, muß man die Stromstärke I und die am Gerät liegende Spannung U bestimmen. Ein Leistungsmesser (Wattmeter) führt beide Messungen gleichzeitig aus. Er ist im Prinzip ein Drehspulinstrument, bei dem der Dauermagnet durch einen Elektromagneten ersetzt ist, der im Hauptstromkreis liegt (Abb. 2). Die Drehspule dagegen wird wie ein stromdurchflossener Spannungsmesser über einen Vorwiderstand R mit den beiden Enden des Gerätes verbunden. Der Zeigerausschlag erfolgt aus zwei Gründen: Er wächst proportional der Stärke I des Stromes durch das Elektrogerät und proportional der am Gerät liegenden Spannung U. Nach entsprechender Eichung zeigt die Skala also das Produkt $U \cdot I = P$.

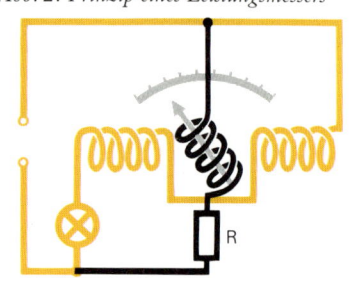

Tab. 1: Leistungsaufnahmen (-abgaben)

Glühlampe	1 W–500 W
Rasierapparat	15 W
Kl. Küchenmasch.	200 W
Kochplatte	1 kW
Staubsauger	1 kW
Bügeleisen	1 kW
Waschmaschine	3 kW
Geschirrspüler	3 kW
E-Lok	5 MW
E-Werk	500 MW

Die **elektrische Leistung** P eines Stromes konstanter Stärke ist gleich dem Produkt aus Spannung und Stromstärke: $\boldsymbol{P = U \cdot I}$. Die Leistungseinheit 1 Watt ist mit den elektrischen Einheiten 1 V und 1 A verbunden durch:
$1\,\text{Watt} = 1\,\text{W} = 1\,\text{V} \cdot 1\,\text{A} = 1\,\text{VA}$.

Aufgaben **1** Prüfe, ob man eine Waschmaschine für 220 V und 3 kW an die Steckdose anschließen kann, wenn die Sicherung nur 10 A zuläßt!
2 Eine Lampe trägt die Aufschrift 12 V; 100 W. Welchen Vorwiderstand muß man wählen, um sie an $U = 220$ V anzuschließen und wieviel Leistung geht verloren? (25 Ω; 1,7 kW)
3 Zwei Lampen ($U = 220$ V) werden in Reihe an eine Steckdose angeschlossen. Was erwartest Du, wenn sie a) gleiche, b) verschiedene Leistungen (100 W, 60 W) aufnehmen?

Der Elektrizitätszähler. Zur Messung des Verbrauchs elektrischer Energie sind in jedem Haushalt, Industriebetrieb usw. vom E-Werk Zähler angebracht. Der Zähler ist ein Energiemesser. Bei Inbetriebnahme eines elektrischen Gerätes beginnt sich die Zählerscheibe zu drehen. Auf dem Typenschild eines jeden Zählers ist angegeben, wieviele Umdrehungen die Scheibe ausführt, wenn vom E-Werk die Energie von 1 kWh geliefert wird (Abb. 3). „120 U/kWh" bedeutet also, daß sich der Zählerstand nach 120 Umdrehungen um „1" (vor dem Komma) erhöht. Bei einer Umdrehung wird demnach die elektrische Energie von $\frac{1}{120}$ kWh = $\frac{3\,600\,000}{120}$ Ws = 30 000 Ws übertragen.

❶ Wir lassen eine Glühlampe (100 W) während 10 Minuten leuchten und ermitteln die aufgenommene Energie durch a) Zählen der Umdrehungen der Scheibe, b) Rechnung aus den Betriebsdaten.

Die Scheibe macht genau 2 Umdrehungen.
Damit ergibt sich eine elektrische Energie von 2 · 30 000 Ws = 60 000 Ws. Den gleichen Wert erhält man durch Rechnung:
$W = U \cdot I \cdot t = P \cdot t = 100$ W · 10 min = 100 W · 600 s = 60 000 Ws.

Abb. 3: Typenschild eines Elektrizitätszählers

Betriebskosten. Der Preis für 1 kWh gelieferter elektrischer Energie beträgt z. Zt. etwa 17 Pf. Damit lassen sich die Kosten für das zehnminütige Leuchten der Lampe in V 1 ermitteln:
Betrag = $\frac{17\,\text{Pf} \cdot 60\,000\,\text{Ws}}{1\,\text{kWh}} = \frac{17\,\text{Pf} \cdot 60\,000\,\text{Ws}}{3\,600\,000\,\text{Ws}} = \frac{17}{60}$ Pf ≈ 0,28 Pf.

Obwohl dieser Betrag recht gering ist, kann sich unnötiges Leuchten von vielen Lampen über mehrere Stunden bei den Kosten bemerkbar machen. Betrachtet man die hohen Leistungswerte von Waschmaschinen und Geschirrspülern (s. Tab. 1 auf S. 70), lohnt es sich in stärkerem Maße, diese Geräte sparsam einzusetzen.

Elektrische Energie und mechanische Arbeit von Menschen. Der „Wert" der elektrischen Energie läßt sich gut durch einen Vergleich mit der von Menschen verrichteten Arbeit aufzeigen.

Beispiel Eine Waschmaschine hat eine Leistung von $P = 3,0$ kW.
a) Wie lange könnte man sie mit der Energie betreiben, die ein Arbeiter aufwenden muß, wenn er 100 Eimer Wasser (Gewichtskraft je Eimer 100 N) nacheinander an einem Seil 10 m in die Höhe zieht? b) Wieviel kostet die elektrische Energie? c) Vergleiche die Leistungen der Waschmaschine und des Arbeiters, wenn dieser die gesamte Arbeit in $t = 1$ h verrichtet!

Zu a) Die von dem Arbeiter an einem Eimer verrichtete Arbeit beträgt:
$W = F_G \cdot h = 100$ N · 10 m = 1 000 Nm = 1 000 Ws. Für die Betriebszeit der Waschmaschine erhält man also: $t = \frac{W}{P} = \frac{100\,000\,\text{Ws}}{3\,000\,\text{W}} \approx 33$ s.

Zu b) Diese Energie kostet $\frac{17\,\text{Pf} \cdot 100\,000\,\text{Ws}}{3\,600\,000\,\text{Ws}} \approx 0,47$ Pf.

Zu c) Die Leistung des Arbeiters beträgt $P_{Ar} = \frac{W}{t} = \frac{100\,000\,\text{Ws}}{3\,600\,\text{s}} \approx 27,7$ W.
Damit folgt: $\frac{P_{Ar}}{P_{Wa}} = \frac{27,7\,\text{W}}{3\,000\,\text{W}} \approx \frac{1}{108}$.

> Die Kosten für elektrische Energie werden deutlich geringer, wenn man Elektrogeräte mit hoher Leistungsaufnahme sparsam einsetzt.

9 Grundgesetze des elektrischen Stromes

9.4 Genauigkeit elektrischer Meßgeräte

Genauigkeitsklasse elektrischer Meßgeräte. Es ist unmöglich, Meßgeräte zu bauen, die absolut genau messen. Die elektrischen Meßgeräte ordnet man je nach Größe ihrer Meßunsicherheit (oder Meßungenauigkeit) einer *Genauigkeitsklasse* zu. Für unsere Versuche genügen Geräte der *Genauigkeitsklasse 1,5* (Abb. 1). Dies bedeutet, daß der Fehler bei **Vollausschlag** 1,5% betragen kann. Bei einem Vollausschlag von z.B. $U = 100$ V ist der mögliche Fehler $\pm 1,5$ V, der wahre Meßwert liegt zwischen 98,5 V und 101,5 V. Diese Angabe ist stets auf den **Skalenendwert** bezogen. Daraus folgt, daß der **absolute Fehler** auch an jeder anderen Stelle der Skala $\pm 1,5$ V sein kann. Werden also z.B. 50 V gemessen, dann beträgt der mögliche Fehler ebenfalls 1,5 V, und die wahre Spannung liegt zwischen 48,5 V und 51,5 V. Die prozentuale Ungenauigkeit ist hier aber 3,0%, bei 20 V sogar 7,5%. Abb. 2 zeigt, wie die prozentuale Ungenauigkeit vom Zeigerausschlag abhängt. In den ersten zwei Dritteln der Skala ist die Ungenauigkeit sehr groß; daher ist der Meßbereich möglichst so zu wählen, daß die zu messenden Werte im letzten Drittel der Skala liegen.

Abb. 1: Meßgerät der Genauigkeitsklasse 1,5

Abb. 2: Abhängigkeit des prozentualen Fehlers vom Zeigerausschlag

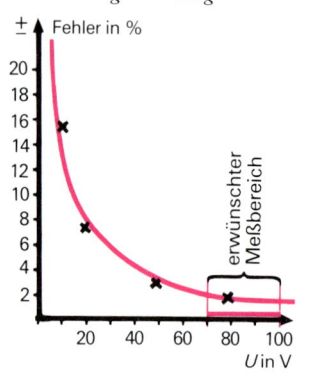

Beim Anschreiben von Meßergebnissen muß die Meßgenauigkeit zum Ausdruck kommen. Dies erfolgt durch Angabe des absoluten oder des prozentualen Fehlers (z.B. 20 V $\pm 1,5$ V bzw. 20 V $\pm 7,5$%). Wir haben aber bereits früher eine einfachere Schreibweise vereinbart. Danach geben wir Meßergebnisse stets so an, daß die letzte Ziffer die Meßgenauigkeit verdeutlicht, wir sagen „unsicher" ist. Dies ist z.B. bei der Angabe $U = 14$ V die „4"; denn legen wir wieder den absoluten Fehler $\pm 1,5$ V zugrunde, so liegt die wahre Spannung zwischen 12,5 V und 15,5 V. (Bei Vielfachen von 10 können auch mehr Stellen betroffen sein: $U = 20$ V schwankt beim Fehler $\pm 1,5$ V zwischen 18,5 V und 21,5 V.)

Beispiel einer Ablesung. Bei einem Strommesser mit einem Endausschlag von 3 mA und der Genauigkeitsklasse 1,5 sind alle Messungen mit 1,5% von 3 mA, also mit 0,045 mA unsicher. Für die Ablesung $I = 2,7$ mA bedeutet dies: $I = 2,7$ mA $\pm 0,045$ mA. Die wahre Stromstärke liegt also zwischen 2,655 mA und 2,745 mA. Das Ergebnis ist danach in der ersten Stelle nach dem Komma unsicher. Folglich ist $I = 2,7$ mA anzuschreiben und nicht etwa $I = 2,700$ mA, da diese Schreibweise bedeuten würde, daß noch die ersten zwei Stellen nach dem Komma sicher sind.

> **Faustregel:** Die Zahl der geltenden Ziffern eines Produkt- oder Quotientenwertes wird durch die Zahl der geltenden Ziffern des ungenauesten Faktors bestimmt!

Beispiel einer Fehlerfortpflanzung. Soll z.B. ein Widerstand nach der Formel $R = U : I$ ermittelt werden, so ist dabei zu berücksichtigen, daß sich bei Division (und Multiplikation) die prozentualen Fehler addieren. Wir gehen von Meßgeräten mit den Endausschlägen $U = 3$ V bzw. $I = 3$ mA und der Genauigkeitsklasse 1,5 aus (absolute Fehler 0,045 V bzw. 0,045 mA); die Meßwerte betragen in der vereinbarten Schreibweise $U = 2,4$ V und $I = 2,7$ mA. Bei einem absoluten Fehler von 0,045 V (bzw. mA) beträgt der prozentuale Fehler bei $U = 2,4$ V $\pm 1,9$% und bei $I = 2,7$ mA $\pm 1,7$%. Für den Widerstand folgt daraus 1,9% + 1,7% = 3,6%. Rechnerisch ergibt sich für den Widerstand $R = 2,4$ V : $0,0027$ A $= 888,88\ldots\,\Omega$. Aus dem prozentualen Fehler von 3,6% folgt der absolute Fehler $\pm 32\,\Omega$. Der wahre Wert liegt zwischen 856 Ω und 920 Ω, d.h. der Fehler wirkt sich bereits in der zweiten Stelle aus. Von den fünf berechneten Ziffern dürfen wir nur die ersten zwei angeben. Wir drücken dies folgendermaßen aus: $R = 8,8 \cdot 10^2\,\Omega$ oder $R = 0,88$ kΩ.

Grunderscheinungen des Lichtes 10

Licht und Information – Lichtquellen 10.0

Licht als Informationsträger. Schon im Altertum haben die Menschen versucht, das Sehen zu erklären. Die Griechen verglichen es mit dem Fühlen und nahmen an, daß von den Augen Strahlen ausgehen, die wie Fühler die gesehenen Dinge abtasten. Heute wissen wir aus vielen Erfahrungen und Versuchen, daß umgekehrt von den Dingen etwas ausgeht und in unser Auge trifft. Dieses Etwas nennen wir „Licht".
Das Licht vermittelt uns „Nachrichten" der verschiedensten Art aus unserer Umwelt (Abb. 1), es überträgt **Informationen,** für die das Auge als Empfänger dient. Das Tageslicht, die Raum- und Straßenbeleuchtung bei Nacht, lassen die Gegenstände unserer Umgebung erst sichtbar werden. Die Beleuchtungseinrichtungen an Fahrzeugen, die farbigen Lichter der Verkehrsampeln, aber auch die Rückstrahler an Fahrrädern oder an den Begrenzungspfählen der Straße vermitteln Informationen durch Licht (Abb. 2).

Licht überträgt Information.

Abb. 1: Straße bei verschiedenem Tageslicht

Abb. 2: Straße im Scheinwerferlicht

Lichtquellen. Alle Körper, die selbständig Licht aussenden, nennen wir Lichtquellen. Alle anderen Körper werden erst sichtbar, wenn sie vom Licht einer Lichtquelle getroffen werden und wenn sie diese wenigstens teilweise in unser Auge zurückwerfen. Es sind **beleuchtete Körper.** Ein vollkommen schwarzer Körper mit rauher Oberfläche (z.B. schwarze Pappe) ist im verdunkelten Raum kaum zu erkennen, wenn nur auf ihn Licht fällt. Er **absorbiert** das Licht (fast) vollständig.
Viele Lichtquellen sind heiße Körper. Dazu gehört vor allem unsere wichtigste natürliche Lichtquelle, die Sonne, aber auch künstliche Lichtquellen wie die Kerzenflamme und der leuchtende Faden einer elektrischen Glühlampe. Dagegen sind die Leuchtröhren der Reklameschrift, die Leuchtstofflampen und der Fernsehschirm Beispiele für kalte Lichtquellen, deren Leuchten nicht durch hohe Temperaturen entsteht.
Alle künstlichen Lichtquellen leuchten nur, wenn ihnen Energie zugeführt wird. Bei der Kerze, der Petroleumlampe und dem Gasbrenner liefert die Verbrennungswärme die Energie, bei der elektrischen Glühlampe die Stromwärme. Bei den oben genannten kalten Lichtquellen wird das Licht ebenfalls durch Elektrizität erzeugt. Da nach einem allgemeinen Naturgesetz Energie nicht verloren gehen kann, sondern nur in andere Formen umgewandelt wird, liegt es nahe, auch das Licht als eine Form der Energie anzusehen.

Abb. 3: Experimentierleuchte

Licht ist eine Form der Energie.

Aufgaben
1 Nenne weitere Beispiele für Informationen durch Licht!
2 Welche selbstleuchtenden und beleuchteten Himmelskörper kennst Du?

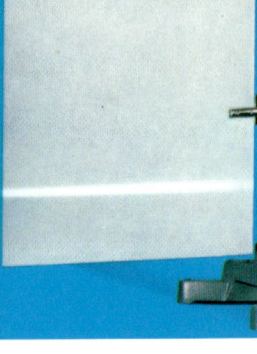

Abb. 1: Zur Ausbreitung des Lichtes: Sonne»strahlen«

Abb. 2: Licht breitet sich geradlinig aus

10.1 Ausbreitung des Lichtes

10.1.1 Die geradlinige Ausbreitung des Lichtes – Schatten

Abb. 3: Lichtbündel und Lichtstrahl

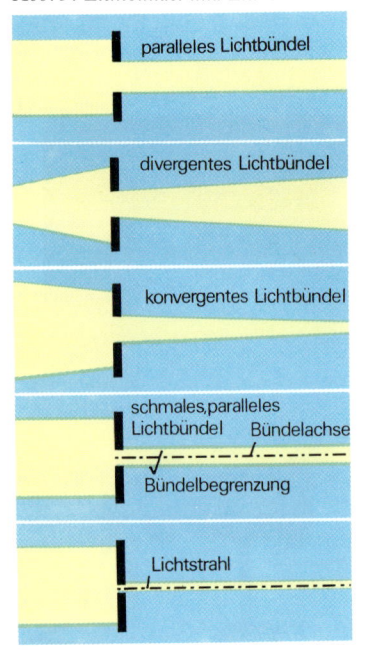

- paralleles Lichtbündel
- divergentes Lichtbündel
- konvergentes Lichtbündel
- schmales, paralleles Lichtbündel — Bündelachse
- Bündelbegrenzung
- Lichtstrahl

> Das Licht breitet sich geradlinig aus. Der Lichtweg ist umkehrbar. Der geometrische Strahl wird als **Modell** des Lichtstrahls betrachtet.

Lichtstrahlen. Man kann oft beobachten, daß das Sonnenlicht hinter Wolken strahlenförmig hervortritt (Abb. 1). Die gleiche Beobachtung macht man, wenn bei Nebel die leicht gespreizten Finger der Hand vor den Scheinwerfer eines Autos gehalten werden. Diese Erscheinungen lassen vermuten, daß sich das Licht geradlinig ausbreitet.

❶a Wir stellen vor eine Leuchte zwei Spalte und einen Schirm (Abb. 2).

Auf dem Schirm erscheint nur dann ein heller Streifen, wenn Spalte und Lichtquelle in *einer Geraden liegen*. Mit einem straff gespannten Faden kann dies überprüft werden.
Das Licht breitet sich also geradlinig aus. Die geradlinige Ausbreitung des Lichtes erscheint uns durch tägliche Erfahrung so selbstverständlich, daß wir die Lichtquelle stets in der Richtung suchen, aus der die Lichtstrahlen in unser Auge treffen.

❶b Wir vertauschen in V 1 a Leuchte und Schirm.

Das Licht durchläuft dieselbe Bahn in umgekehrter Richtung.

❶c Wir setzen vor die Leuchte eine Lochblende und beobachten seitlich.

Wir sehen von der Seite kein Licht, denn es kann wegen der geradlinigen Ausbreitung nicht in unser Auge dringen.
Wollen wir den Weg des Lichtes verfolgen, so müssen von jedem Punkt des Weges Lichtzeichen ausgesandt werden. Das können wir erreichen, indem wir das Licht an einem hellen Schirm entlang streifen lassen oder Rauch in den Lichtweg blasen. Die vom Licht getroffenen Punkte des Schirmes oder die Rauchteilchen werfen das Licht nach allen Seiten zurück, es wird „gestreut". Die Lochblende läßt nur einen Teil des Lichtes der Lichtquelle aus dem Gehäuse austreten. Einen solchen Teil nennen wir ein **Lichtbündel** (Abb. 3). Es kann parallel, divergent (auseinanderlaufend) oder konvergent (zusammenlaufend) sein. Ist die Öffnung der Blende sehr klein, so erhalten wir ein sehr schmales Lichtbündel, das wir **Lichtstrahl** nennen. Ein Lichtstrahl ist natürlich kein Strahl im geometrischen Sinne, weil er immer noch eine gewisse Ausdehnung hat.

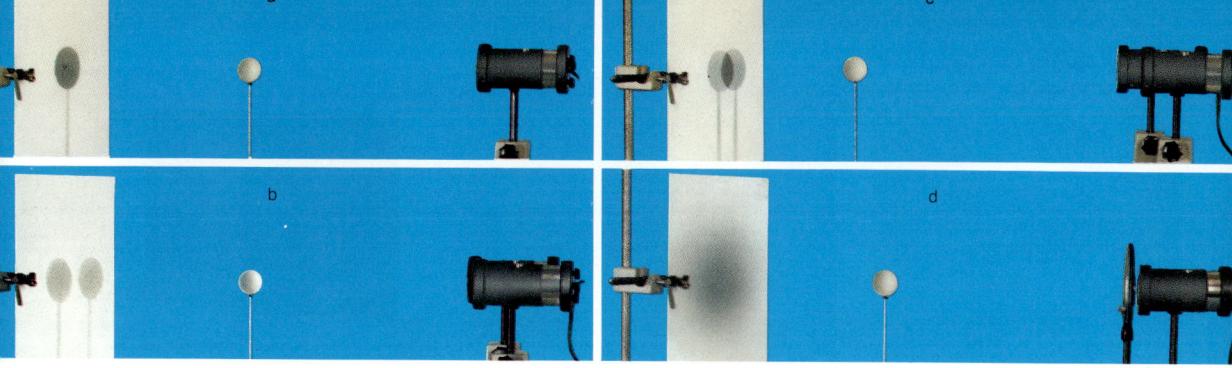

Abb. 4: Versuchsanordnung zur Schattenbildung

Schatten. Auf der geradlinigen Ausbreitung des Lichtes beruhen viele Erscheinungen, die wir täglich beobachten, z. B. **Schatten.**

❷a Vor einen weißen Schirm halten wir eine Kugel und beleuchten mit einer punktförmigen Lichtquelle (Abb. 4a).

Auf dem Schirm sieht man ein scharfbegrenztes Schattenbild der Kugel; sie wird nur auf der der Lichtquelle zugewandten Seite beleuchtet. Das scharfbegrenzte Schattenbild auf dem Schirm nennt man **Schlagschatten.** Der Raum zwischen Kugel und Schirm, in den kein von der Lichtquelle direkt ausgehendes Licht gelangt, heißt **Schattenraum** oder kurz **Schatten.** Der dunkle Teil der Kugel ist ihr **Eigenschatten.**

❷b Wir stellen neben die punktförmige Lichtquelle eine zweite, dann schieben wir den Schirm näher an die Kugel heran (Abb. 4b und c).

Auf dem Schirm erscheinen zwei Schlagschatten, die aber nicht so dunkel sind wie der im vorigen Versuch. Nähert man den Schirm der Kugel, dann bewegen sich die beiden Schatten aufeinander zu und überschneiden sich schließlich. Es entsteht in der Mitte ein scharf abgegrenzter, dunkler Bereich, der in dem Raum hinter der Kugel liegt, in den von keiner der beiden Lampen Licht eindringt.
Die zwei Schlagschatten zeigen, daß hinter der Kugel zwei Schattenräume vorhanden sind. Wir nennen sie **Halbschatten,** weil in sie das Licht von jeweils einer der beiden Lichtquellen eindringt. Der Bereich hinter der Kugel, in den von keiner der beiden Lampen Licht eindringt, heißt **Kernschatten.**

Benutzt man eine ausgedehnte Lichtquelle, z. B. eine beleuchtete Mattscheibe, so ist der Kernschatten nicht scharf vom übrigen Schattenraum abgegrenzt. Wir sprechen vom **Übergangsschatten** (Abb. 4d).

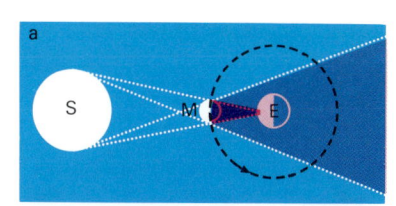

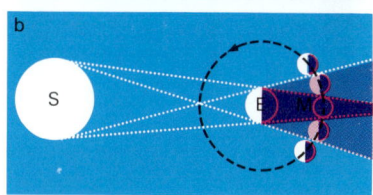

Abb. 5: Zur Entstehung von a) Sonnen-, b) Mondfinsternis

Aufgaben
1 Wie kannst Du auf dem Schirm den Kernschatten sichtbar machen, ohne daß Du, wie in Versuch 2b, den Schirm verschiebst? Zeichne!
2 Welche Alltagserfahrung zeigt, daß der Lichtweg umkehrbar ist?
3 Die Astronauten berichten, daß auf dem Mond der Himmel pechschwarz erscheint, obwohl dort die Sonne scheint. Kannst Du das verstehen?
4 Erläutere die Entstehung von Sonnen- und Mondfinsternis (Abb. 5)!
5 Erkläre durch eine Zeichnung, wie die Mondphasen entstehen!

> Eine punktförmige Lichtquelle gibt nur einen **Kernschatten.** Eine ausgedehnte Lichtquelle dagegen liefert stets auch einen **Übergangsschatten.**

10 Grunderscheinungen des Lichtes

Abb. 1: Bildentstehung in der Lochkamera; a = Gegenstandsweite, b = Bildweite

10.1.2
Die Lochkamera –
Optische Abbildung

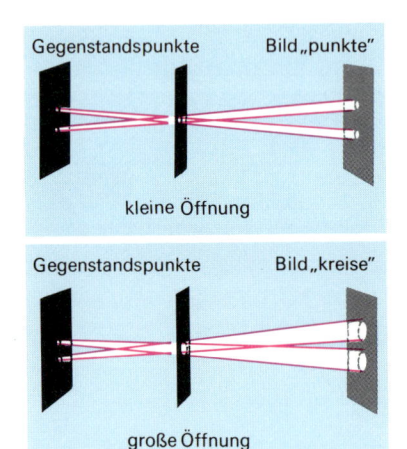

Abb. 2: Bild„punkte" und Bild„kreise" verschieden großer Öffnungen einer Lochkamera

Mit einer beliebig geformten kleinen **Lochblende** kann man Bilder erzeugen. Diese Bilder sind höhen- und seitenverkehrt. Lichtstrahlen können einander durchdringen, ohne daß sie einander im weiteren Verlauf stören. $B:G$ heißt Abbildungsmaßstab. Es gilt:
$B:G = b:a$.

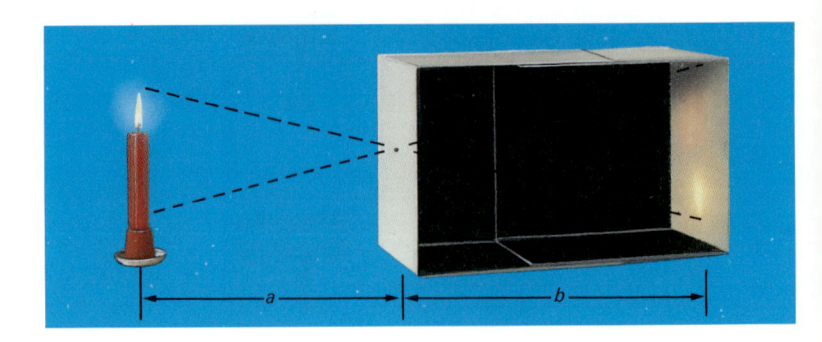

Bau der Lochkamera. Auf der geradlinigen Ausbreitung des Lichtes beruht auch die Wirkungsweise der Lochkamera, was wir mit einem selbst hergestellten Modell leicht zeigen können.

❶ Wir entfernen bei einer Zigarrenkiste die beiden kleinen Seitenflächen und bekleben eine Öffnung mit Pergamentpapier, das als **Mattscheibe** dient. Vor die andere bringen wir nacheinander Blenden mit Löchern verschiedener Formen (Rechteck, Dreieck, Kreis), und betrachten auf der Mattscheibe die Lichtflecken, die durch eine punktförmige Lichtquelle entstehen.

Sie haben immer die Form der Öffnung, sind aber größer als diese.

Abbildungen mit der Lochkamera. Nun betrachten wir durch die Lochkamera eine ausgedehnte Lichtquelle, die größer als die Öffnung ist.

❷ Wir stellen eine brennende Kerze vor die Lochkamera (Abb. 1). Wir blasen die Flamme etwas zur Seite.

Auf der Mattscheibe erkennen wir – unabhängig von der Form der Öffnungen – ein Bild der Kerze, bei dem oben und unten vertauscht sind. Beim Anblasen der Flamme sieht man, daß das Bild auch seitenverkehrt ist. Wir nennen es ein „umgekehrtes Bild".
Anhand der Abb. 1 können wir verstehen, wie das Bild zustande kommt. Von jedem Punkt des Gegenstandes treffen Strahlen durch die Blendenöffnung auf die Mattscheibe und erzeugen dort einen Lichtfleck. Alle Lichtflecke zusammen ergeben das **Bild** des Gegenstandes. Es ist umso schärfer, aber auch umso lichtschwächer, je kleiner die Blendenöffnung ist (Abb. 2).
Die von den verschiedenen Punkten der Lichtquelle kommenden Lichtstrahlen schneiden einander im Loch der Blende, ohne daß sie sich in ihrem weiteren Verlauf stören. Dies ist eine wichtige Grundeigenschaft der Lichtstrahlen.
Der Quotient aus der Bildgröße B und der Gegenstandsgröße G heißt **Abbildungsmaßstab**. Zwischen ihm und den Größen Bildweite a und Gegenstandsweite b besteht die Beziehung $G:B = a:b$ (s. Abb. 1).

Aufgaben 1 Bestätige durch Versuche mit einer selbstgebauten Lochkamera, daß $B:G = b:a$ gilt!
2 Welche Form haben die Lichtflecke, die bei Sonnenschein unter Laubbäumen entstehen? Erkläre die Beobachtung!

Hat das Licht eine Geschwindigkeit? Aus vielen Beobachtungen im täglichen Leben wissen wir, daß Zeit vergeht, bis der Schall von der Schallquelle an unser Ohr gelangt. Es erscheint uns deshalb selbstverständlich, von einer Schallgeschwindigkeit zu reden. Beim Licht fehlen jedoch derartige Beobachtungen. Das Licht einer weit entfernten Lampe scheinen wir im gleichen Augenblick zu sehen, in dem es aufflammt. Es hat deshalb lange gedauert, bis man erkannte, daß auch das Licht zu seiner Ausbreitung Zeit benötigt und daß man auch dem Licht eine endliche Geschwindigkeit zuschreiben muß.

Galileo Galilei[1]) versuchte als erster durch Experimente zu klären, ob das Licht eine endliche Geschwindigkeit habe. Er stellte zwei Personen mit Laternen einander gegenüber. Jede hielt ihre Laterne zunächst mit der Hand verdeckt. Eine sollte dann das Licht aufdecken. Sobald die andere dies sah, sollte auch sie ihr Licht aufdecken. Der Versuch wurde zunächst bei geringem, danach bei großem Abstand wiederholt. Wenn die Zeit zwischen dem Aufdecken der ersten und der zweiten Laterne bei großem Abstand länger war als bei kleinem, so hätte *Galilei* damit gezeigt, daß das Licht sich nicht momentan ausbreitet. Der Versuch brachte aber kein eindeutiges Ergebnis. *Galilei* berichtet: „Ich habe den Versuch nur in geringer Entfernung angestellt, in weniger als einer Meile, woraus noch kein Schluß über die Instantaneität des Lichtes zu ziehen war; aber wenn es nicht momentan ist, so ist es doch sehr schnell, ja fast momentan ..."

Bestimmung der Lichtgeschwindigkeit. Der erste Nachweis, daß das Licht eine endliche Geschwindigkeit hat, gelang *Ole Römer*[2]). Er hatte die Beobachtungen und Messungen des französischen Astronomen *Cassini* (1625–1712) studiert, der die Umlaufzeit des innersten Jupitermondes gemessen hatte und dabei fand, daß sie sich mit der Bewegung der Erde um die Sonne scheinbar änderte (Abb. 1). Wurde sie gemessen, wenn sich die Erde vom Jupiter entfernte, so ergab sich ein größerer Wert als bei Messungen, während sich die Erde auf den Jupiter zu bewegte. *Römer* berechnete aus diesen Messungen, daß das Licht ungefähr 1000 Sekunden gebrauchte, um den Erdbahndurchmesser zu durchlaufen. Er schrieb damit also dem Licht eine endliche Geschwindigkeit zu. Einen Betrag für die Lichtgeschwindigkeit hat *Römer* nicht angegeben, weil für den Erdbahndurchmesser noch keine zuverlässigen Werte vorlagen. Später berechnete *Huygens*[3]) aus *Cassinis* Meßwerten die Lichtgeschwindigkeit zu 214 000 km/s, wobei er den Erdbahndurchmesser mit 22 000 Erddurchmessern annahm. Heute wissen wir, daß der Erdbahndurchmesser ungefähr 300 000 000 km beträgt. Dafür gebraucht das Licht nach *Römers* Berechnung 1000 s, d.h. die Lichtgeschwindigkeit beträgt (im Vakuum) nahezu 300 000 km/s.

10.1.3 Die Ausbreitungsgeschwindigkeit des Lichtes

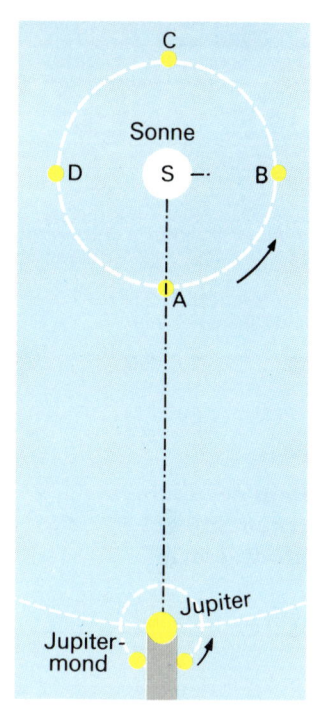

Abb. 1: Nachweis der Lichtgeschwindigkeit nach Olaf Römer

> Die Lichtgeschwindigkeit (im Vakuum) beträgt etwa 300 000 km/s.

Aufgaben

1 Der Weg, den das Licht in einem Jahr zurücklegt, wird in der Astronomie als Maßeinheit für die Länge benutzt und heißt 1 Lichtjahr. Drücke diese Längeneinheit in km aus!

2 Ein **Laser-Lichtblitz** benötigt für den Weg von der Erde zu dem von Astronauten auf dem Mond aufgestellten Spiegel und zurück 2,56 Sekunden. Die Entfernung Erde-Mond beträgt 384 000 km. Berechne aus diesen Angaben die Lichtgeschwindigkeit!

---

[1] *Galileo Galilei*, 1564–1642, ital. Gelehrter.
[2] *Ole Christensen Römer*, 1644–1710, dän. Astronom.
[3] *Christian Huygens*, 1629–1695, niederländ. Physiker.

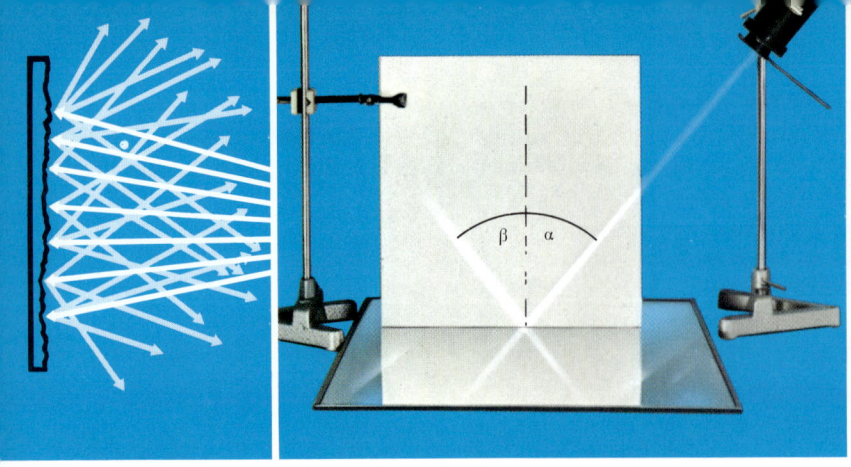

Abb. 1: Diffuse Reflexion des Lichtes

Abb. 3: Reflexion des Lichtes am ebenen Spiegel

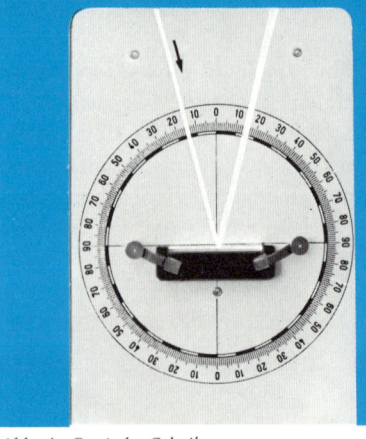

Abb. 4: Optische Scheibe

10.2

10.2.1 Reflexion des Lichtes am ebenen Spiegel – Reflexionsgesetz

Reflexion des Lichtes – Spiegelbilder

Diffuse Reflexion. Wir wissen bereits, daß nicht selbstleuchtende Körper dadurch sichtbar werden, daß sie Licht zurückwerfen.

❶ Wir lassen ein Lichtbündel aus einer Experimentierleuchte auf einen weißen Schirm fallen.

Auf dem Schirm erscheint ein heller Fleck, der von allen Seiten zu sehen ist. Der Schirm wirft also das auffallende Licht nach allen Seiten zurück, er **reflektiert**[1] es. Dabei ist keine Richtung bevorzugt (Abb. 1), wir sprechen von **diffuser**[2] **Reflexion** des Lichtes.

Die diffuse Reflexion wird bei der indirekten Beleuchtung angewandt, um eine gleichmäßige Helligkeit zu erzielen und starke Schatten zu vermeiden. Die helle Lichtquelle bestrahlt eine diffus reflektierende Wand, ist selbst aber nicht direkt sichtbar, damit man nicht geblendet wird.

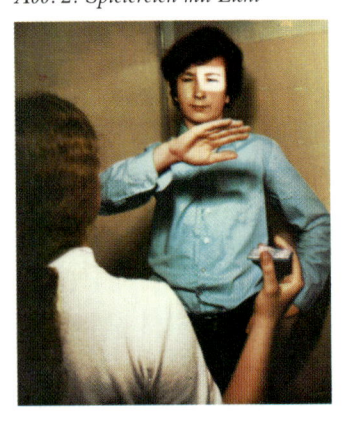

Regelmäßige Reflexion – Reflexionsgesetz. Worin unterscheidet sich nun ein Spiegel von einem Schirm, wenn auf beide ein Lichtbündel fällt (Abb. 2)?

❷ Wir lassen ein schmales Lichtbündel auf einen Spiegel fallen (Abb. 3).

Auf dem Spiegel ist nur ein schwacher Lichtfleck zu sehen. Nur aus einer bestimmten Richtung sehen wir die Lichtquelle.
Der weiße Schirm und der Spiegel haben die gemeinsame Eigenschaft, daß sie das Licht zurückwerfen. Während der Schirm es nach allen Seiten reflektiert, wirft der Spiegel fast alles Licht in eine bestimmte Richtung.

In unserem Falle besteht der Spiegel aus einer Glasplatte, deren Rückseite mit einer dünnen Silberschicht belegt ist. Aber auch gut polierte Metallflächen und ruhige Oberflächen von Flüssigkeiten werfen das Licht in *eine* Richtung zurück, sie wirken wie Spiegel.

Abb. 2: Spielereien mit Licht

---

[1] reflectere, lat. zurückwenden.   [2] diffundere, lat. zerstreuen.

Wir wollen nun untersuchen, nach welcher Richtung ein Spiegel das Licht reflektiert. Das hängt vermutlich davon ab, aus welcher Richtung das Licht auf den Spiegel trifft. Richtungen werden durch Winkel angegeben, also müssen wir bei unserem Versuch auch Winkel messen. Dazu wählen wir als Bezugsgerade das Lot auf den Spiegel im Auftreffpunkt des Strahles und nennen es **Einfallslot.** Der Winkel zwischen Lot und einfallendem Strahl heißt **Einfallswinkel,** der Winkel zwischen Lot und reflektiertem Strahl heißt entsprechend **Reflexionswinkel** (Abb. 3).

❸ Wir messen für verschiedene Einfallswinkel die Reflexionswinkel und lassen den Lichtstrahl auch senkrecht auf den Spiegel treffen (Abb. 4).

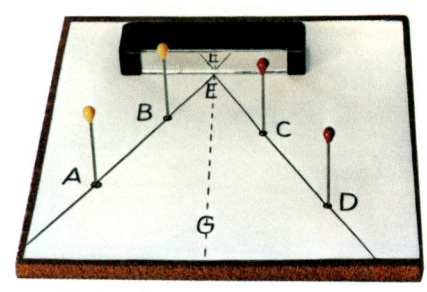

Abb. 5: Reflexionsgesetz

Einfalls- und Reflexionswinkel sind jeweils gleich groß. Ein senkrecht einfallender Lichtstrahl wird in sich selbst reflektiert. – Ersetzt man den reflektierten durch den einfallenden Strahl, so zeigt sich, daß auch bei der Reflexion der Lichtweg umkehrbar ist.

Abb. 6: Drehung des Spiegels

> **Reflexionsgesetz:** Einfallender Strahl, Einfallslot und reflektierter Strahl liegen in einer Ebene. Einfallswinkel und Reflexionswinkel sind gleich groß.
> Bei senkrechtem Einfall wird der Lichtstrahl in sich selbst reflektiert.
> Bei Reflexion am ebenen Spiegel ist der Lichtweg umkehrbar.

Stecknadelversuche zur Reflexion des Lichtes

1. Zeichne auf einen Bogen von weißem Papier, der auf einem Brett aus weichem Holz oder Kork ausgebreitet ist (Abb. 5), eine Gerade und stelle einen kleinen Spiegel senkrecht mit der unteren Kante genau an die Gerade! Stecke zwei Stecknadeln (beliebig) bei A und B so in das Brett, daß sie auf der Papierebene senkrecht stehen und markiere die Einstichstellen durch kleine Kreise! Stecke zwei weitere Nadeln bei C und D so, daß sie mit den Spiegelbildern von A und B eine gerade Linie zu bilden scheinen! Markiere auch hier die Einstichstellen! Entferne die Nadeln und den Spiegel! Ziehe ABE und DCE und errichte in E auf der Spiegelkante das Lot EG! Miß den Einfallswinkel AEG und den Reflexionswinkel DEG! Wiederhole den Versuch mit anderen Winkeln und lege eine Tabelle an!

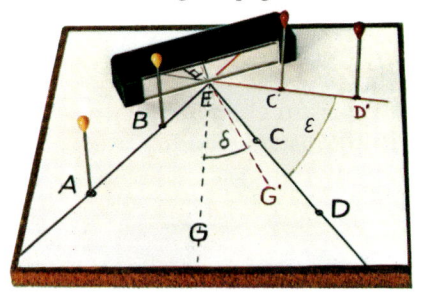

Abb. 7: Winkelspiegel

2. Lege durch zwei Stecknadeln in A und B (Abb. 6) den Verlauf eines Lichtstrahles fest und drehe den Spiegel um E nacheinander um 10°, 20°, 30° usw.! Markiere jeweils den reflektierten Strahl und miß den Winkel, um den er sich gedreht hat! Welcher Zusammenhang besteht zwischen dem Drehwinkel des Spiegels und dem des reflektierten Strahles? Begründe dies!

Aufgaben **1** Der **Winkelspiegel** des Feldmessers besteht aus zwei Spiegeln, die einen Winkel von 45° miteinander bilden (Abb. 7). Er dient zum Abstecken rechter Winkel. Zeige dies durch Stecknadelversuche und mit dem Reflexionsgesetz (Abb. 8)!

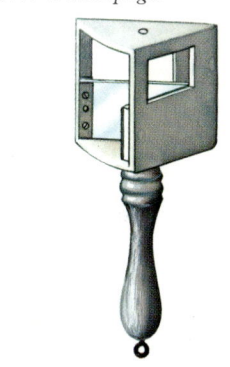

Abb. 8: Zu Aufg. 1

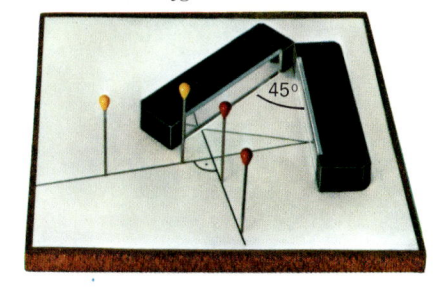

2 Welchen Winkel bilden einfallender und reflektierter Strahl bei einem 30° – (60° –; 90° –) Winkelspiegel? – Versuch und Rechnung!
3 Zu welcher Tageszeit und in welcher Stellung sieht man Fenster eines entfernten Gebäudes leuchten, warum nicht auch zu anderer Zeit?
4 Welche Art der Reflexion ist beim Auftreffen von Licht auf eine Filmleinwand erwünscht?
5 Welche physikalische Wirkung sollen Sonnen- und Schweißbrillen haben?
6 Wie wird Licht im Nebel reflektiert?

Abb. 2: Spiegelbild einer Kerzenflamme an Glasscheibe

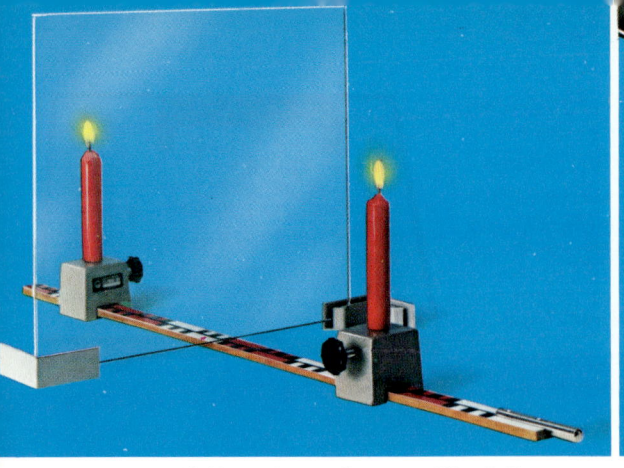

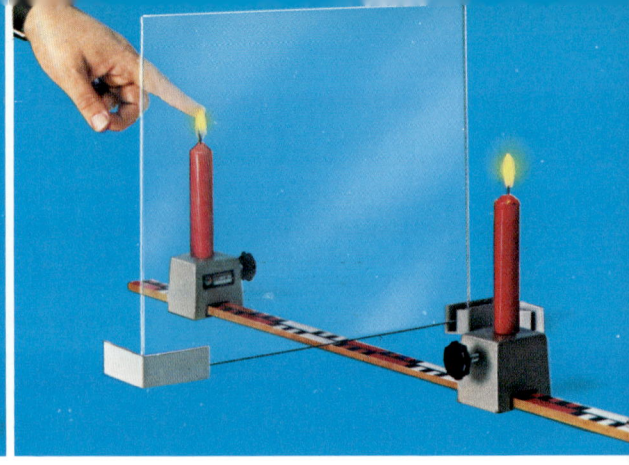

Abb. 3: Warum verbrennt man sich nicht den Finger?

10.2.2 Bilder am ebenen Spiegel – Bildkonstruktionen

Das Spiegelbild. Wo immer wir ein **Spiegelbild** betrachten (Abb. 1), stets stimmen Bild und Gegenstand in Form und Farbe überein und beide scheinen auch gleich groß zu sein. Ebenso scheint das Bild gleich weit *hinter* dem Spiegel zu stehen wie der Gegenstand *vor* dem Spiegel.

Eigenschaften des Spiegelbildes – Entstehung und Konstruktion.
Die Eigenschaften von Spiegelbildern wollen wir näher untersuchen.

❶ Wir stellen vor eine senkrechte dünne Glasplatte, die als Spiegel dient, eine brennende Kerze und eine zweite gleichgroße, nichtbrennende hinter die Glasplatte, so daß sie mit dem Spiegelbild der ersten zusammenfällt. Wir messen den Abstand der beiden Kerzen von der spiegelnden Fläche der Glasplatte (Abb. 2).

Führt man den Aufbau des Versuches so durch, daß er zunächst vor den Blicken der Zuschauer verdeckt ist, so wird dieser nicht entscheiden können, ob sich hinter der Glasscheibe eine zweite Kerze befindet und ob diese brennt oder nicht.

Man kann auf diese Weise kleine Zaubereien veranstalten, z. B. den Finger in die – scheinbare – Flamme hinter dem Spiegel halten, ohne sich zu verbrennen (Abb. 3), oder die Kerze unter Wasser in einem Becherglas brennen lassen.

❷ Wir wiederholen V 1 mit anderen Abständen der ersten Kerze von der Glasplatte.

Die Abstände der beiden Kerzen von der Glasplatte sind jeweils gleich groß, und die Verbindungsgerade entsprechender Punkte der beiden Kerzen steht senkrecht zur Spiegelfläche.

❸ Nun versuchen wir, das Bild der brennenden Kerze mit einem undurchsichtigen Schirm hinter der Glasscheibe aufzufangen.

Das Bild der Kerze erscheint unverändert am gleichen Ort wie vorher. Blicken wir hinter die Glasscheibe, so ist auf dem Schirm kein Bild.
Ein solches Bild, das wir mit dem Schirm nicht auffangen können, nennen wir **scheinbar** oder **virtuell** (virtus, lat. *Möglichkeit*).

Abb. 1: Spiegelbild

1. Ein ebener Spiegel erzeugt von einem Gegenstand ein virtuelles Bild, das sich scheinbar ebensoweit hinter der spiegelnden Fläche befindet, wie der Gegenstand davor steht.
2. Das Bild erscheint genauso groß wie der Gegenstand, wenn dieser sich dort befände, wo das virtuelle Bild erscheint.
3. Die Verbindungsgerade zwischen Gegenstandspunkt und Bildpunkt steht senkrecht zur spiegelnden Fläche.

Die Lage des Bildes bei einem ebenen Spiegel ergibt sich aus dem Reflexionsgesetz für Lichtstrahlen. Die von einem Punkt P ausgehenden Strahlen werden so reflektiert, daß die rückwärtigen Verlängerungen der reflektierten Strahlen einander alle in einem Punkte P' schneiden (Abb. 4). Von diesem Punkte scheinen also alle reflektierten Strahlen auszugehen. Dieser Schnittpunkt ist das scheinbare oder virtuelle Bild des Gegenstandpunktes. P und P' liegen symmetrisch zum Spiegel.

Beispiele Durch Stecknadelversuche kannst Du auch demonstrieren, wie das Spiegelbild entsteht: Markiere durch Stecknadeln zwei oder mehr vom Punkte P ausgehende Strahlen PA und PB (Abb. 5)! Lege durch je zwei Nadeln die reflektierten Strahlen fest! Verlängere diese Strahlen, nachdem Du den Spiegel fortgenommen hast, bis zu ihrem Schnittpunkt P'! Prüfe durch Messung, ob P und P' symmetrisch zum Spiegel liegen!

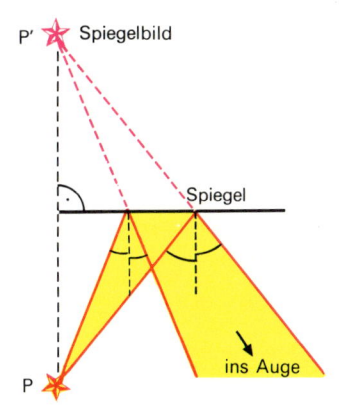

Abb. 4: Bildkonstruktion am ebenen Spiegel: die rückwärtigen Verlängerungen der ins Auge fallenden Strahlen ergeben den Bildpunkt

> Beim ebenen Spiegel sind Gegenstand und Spiegelbild achsensymmetrisch in bezug auf den Spiegel.

„Rechts" und „links" im Spiegelbild. Steht die Kerze zwischen uns und dem Spiegel und bewegen wir sie auf uns zu, so bewegt sich das Bild von uns fort; bewegen wir die Kerze nach rechts und dann nach oben, so bewegt sich das Bild in der gleichen Richtung. Beim Spiegelbild sind also vorne und hinten vertauscht, nicht aber rechts und links sowie oben und unten.

Abb. 5: Stecknadelversuch zur Bildentstehung am ebenen Spiegel

In unseren Aussagen scheint ein Widerspruch zu liegen. Wenn wir vor einem Spiegel die rechte Hand zum rechten Ohr führen, so faßt unser Spiegelbild mit seiner „linken" Hand sein „linkes" Ohr an. Also scheint der Spiegel doch rechts und links zu vertauschen. Dieser Widerspruch beruht darauf, daß die Angaben „rechts" und „links" nicht eindeutig sind, wenn nicht gleichzeitig die Blickrichtung genau angegeben wird. Der Lehrer, der vor der Klasse steht, sagt z.B. „Die in der rechten Tischreihe sitzenden Schüler machen den ersten Versuch" und er meint „die in der *von mir aus gesehen rechten* Tischreihe ...". Von der Klasse aus gesehen ist das die linke Reihe. Wenn ich aber zu jemandem, der mir gegenübersteht, sage: „Gib mir die rechte Hand!" so weiß jeder, daß ich meine „... die *von dir aus gesehen* rechte Hand". In diesem Falle habe ich also meine Angaben gemacht, als ob ich meine Blickrichtung um 180° gedreht hätte. Genauso ist es bei der Aussage über ein Spiegelbild (Abb. 2).

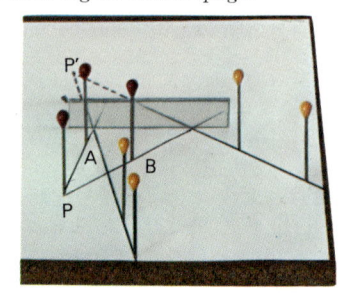

Abb. 6: Bilder am 90°-Winkelspiegel

Aufgaben 1 Weshalb zeigen Glasscheiben von Fenster und Schränken oft doppelte Spiegelbilder, die etwas gegeneinander versetzt sind?
2 Lösche ein auf Papier nicht zu dünn mit Tusche geschriebenes Wort ab und halte das Löschblatt vor einen Spiegel! Was siehst Du?
3 Stelle zwei ebene (lotrecht stehende) Spiegel so auf, daß sie einen Winkel von 90° (60°, 30°) miteinander bilden und stelle eine brennende Kerze in den Raum zwischen beiden Spiegeln! Wieviele Bilder werden sichtbar (Abb. 6)?
4 Wie hoch muß ein ebener Wandspiegel mindestens sein, damit ein Betrachter, der 1,80 m groß ist, sich vollständig sehen kann?

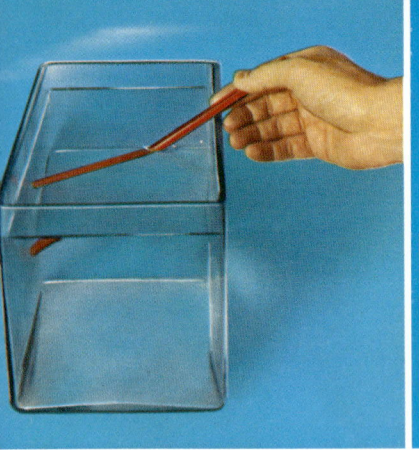

Abb. 1: Ein schräg ins Wasser gehaltener Stab scheint geknickt

Abb. 2: Brechung des Lichtes

Abb. 3: Winkel bei der Lichtbrechung

10.3 Brechung des Lichtes

10.3.1 Die Erscheinung der Lichtbrechung

Erfahrungen und Versuche. Halten wir einen Stab schräg in ein mit Wasser gefülltes Gefäß, so scheint er an der Wasseroberfläche geknickt zu sein (Abb. 1). In Wirklichkeit ist er natürlich unverändert gerade. Das Licht, welches von den unter Wasser befindlichen Teilen des Stabes kommt, breitet sich offenbar nicht von dort zu uns geradlinig aus.

Um diese Erscheinung zu deuten, wollen wir den Übergang eines Lichtstrahles von Luft in Wasser und umgekehrt näher untersuchen.

❶ Wir richten einen Lichtstrahl auf die Oberfläche von Wasser, das wir mit etwas Eosin gefärbt haben. Außerhalb des Wassers machen wir den Strahl auf einem weißen Schirm sichtbar (Abb. 2). Wir ändern den Einfallswinkel und lassen den Strahl auch senkrecht einfallen.

Ein Teil des Lichtes wird an der Wasseroberfläche reflektiert. Der andere Teil dringt in das Wasser ein, ändert dabei an der Grenzfläche zwischen Luft und Wasser seine Richtung, verläuft aber im Wasser geradlinig. Wir sagen: Der Lichtstrahl wird *gebrochen*. Beim Übergang des Lichtstrahls von Luft in Wasser ist der **Einfallswinkel** größer als der **Brechungswinkel** (Abb. 3). Der Lichtstrahl wird also *zum Einfallslot hin gebrochen*. Das Einfallslot sowie einfallender und gebrochener Strahl liegen in einer Ebene, die senkrecht zur Wasseroberfläche steht.
Trifft der Lichtstrahl senkrecht auf die Wasseroberfläche, dann ändert er seine Richtung nicht.

❷ Wir lassen einen Lichtstrahl von unten so gegen eine Wasseroberfläche fallen, daß der Einfallswinkel kleiner als 45° ist (Abb. 4).

Ein Teil des Lichtes wird reflektiert. Der andere Teil geht von Wasser in Luft über, ändert dabei aber seine Richtung. In diesem Falle ist der Einfallswinkel kleiner als der Brechungswinkel. Der Lichtstrahl wird *vom Einfallslot weg gebrochen*.

> Ein Lichtstrahl, der schräg auf die Grenzschicht zweier durchsichtiger Stoffe trifft, wird im allgemeinen gebrochen. Ein senkrecht auf die Grenzschicht fallender Strahl ändert seine Richtung nicht. Der einfallende Strahl, das Einfallslot und der gebrochene Strahl liegen in einer Ebene. Der Lichtweg ist auch bei der Brechung umkehrbar.

Abb. 4: Brechung des Lichtes beim Übergang von Wasser in Luft

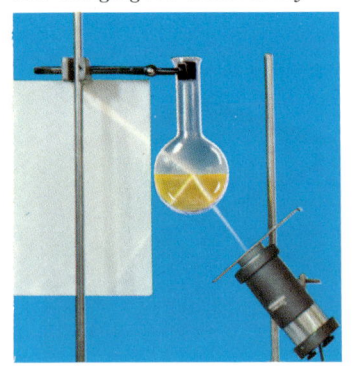

Um den Übergang eines Lichtstrahles von Luft nach Glas zu beobachten, benutzen wir ein Glasstück mit halbkreisförmiger Grundfläche.

❸ Wir befestigen ein Glasstück mit halbkreisförmiger Grundfläche auf einer optischen Scheibe und richten einen Lichtstrahl darauf (Abb. 5).

Auch in diesem Fall wird der Lichtstrahl gebrochen, wenn er schräg auf die ebene Grenzfläche der beiden Stoffe trifft. Die gleichen Beobachtungen machen wir, wenn ein Lichtstrahl von der Luft in einen anderen durchsichtigen Stoff übergeht. Auch beim Übergang von Wasser in Glas oder von Wasser in Benzol wird der Lichtstrahl gebrochen.

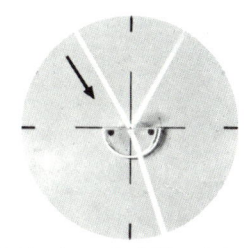

Abb. 5: Brechung des Lichtes beim Übergang von Luft in Glas

Optische Dichte. Nicht immer wird ein Lichtstrahl, der von einem Stoff in einen anderen übergeht, gebrochen.

❹ Wir stellen ein Glasgefäß mit ebenem Boden, in das wir Benzol füllen, auf eine dicke Glasscheibe (Glaskörper der optischen Scheibe) und lassen einen Lichtstrahl schräg auf die Flüssigkeitsoberfläche auftreffen (Abb. 6).

Abb. 6: An der Grenzschicht Benzol/Glas wird ein Lichtstrahl weder reflektiert noch gebrochen. (Bei Versuchen mit Benzol ist auf gute Lüftung zu achten, da Benzoldämpfe giftig sind.)

An der Grenzschicht Benzol/Glas wird der Strahl nicht gebrochen und auch nicht reflektiert.
Optisch gibt es keine Grenze zwischen beiden Stoffen. Sie haben für Licht gleiche Eigenschaften. Um das optische Verhalten der Stoffe zu beschreiben, hat man daher den Begriff **optische Dichte** eingeführt. Benzol und Glas haben gleiche optische Dichte.

> Zwei durchsichtige Stoffe haben die gleiche optische Dichte, wenn ein Lichtstrahl, der schräg auf ihre Grenzfläche trifft, nicht gebrochen wird. Von zwei Stoffen wird derjenige optisch dichter als der andere genannt, in dem der Brechungswinkel kleiner als der Einfallswinkel ist.
> Das Vakuum ist optisch dünner als alle durchsichtigen Stoffe.

❺ Wir beleuchten mit einer Experimentierleuchte (ohne Kondensor) ein mit Wasser gefülltes Becherglas, in das wir einen Tauchsieder stellen und beobachten den Schatten auf einem weißen Schirm.

Das Wasser ist zunächst auf dem Schirm unsichtbar. Schalten wir aber den Tauchsieder ein, so erkennen wir im Schattenbild an den sich ständig verändernden dunklen Streifen eine Bewegung im Wasser.
Diese Beobachtung ist nur möglich, weil das warme Wasser, das nach oben steigt, eine andere optische Dichte hat als das kalte Wasser.

Abb. 7: Ein Glasstab ist in Benzol nicht zu sehen

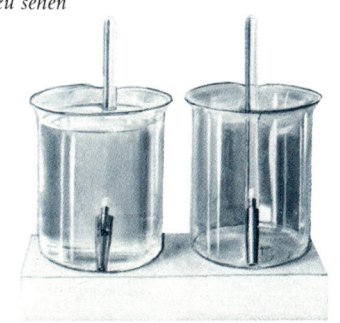

> Bei Körpern aus gleichem Stoff, aber verschiedener mechanischer Dichte, nimmt die optische Dichte mit der mechanischen Dichte zu.

Aufgaben 1 Erkläre, warum der Stab in Abb. 1 geknickt erscheint!
2 Lege ein kleines Gewichtsstück auf den Boden eines leeren Blechgefäßes und stelle das Gefäß so auf, daß Du das Gewichtsstück gerade nicht mehr siehst, wenn Du über den Gefäßrand visierst! Gieße Wasser in das Gefäß! Deute die Beobachtung! Zeichne den Strahlengang!
3 Ein in Benzol eingetauchter Glasstab ist innerhalb der Flüssigkeit nicht zu sehen (Abb. 7). Erkläre diese Erscheinung!

10 Grunderscheinungen des Lichtes

Abb. 1: Ein Lichtstrahl, der von einem Stern kommt

Abb. 3: Die Kimm erscheint angehoben

10.3.2 Lichtbrechung in Natur und Technik

Lichtbrechung in der Atmosphäre. Die optische Dichte der Luft nimmt im allgemeinen mit zunehmender Höhe ab. Daher verläuft ein Lichtstrahl, der von einem Himmelskörper kommt, in der Atmosphäre nicht geradlinig, sondern auf einer gekrümmten Bahn (Abb. 1). Wir verstehen das, wenn wir uns die Lufthülle in dünne Schichten eingeteilt denken, deren optische Dichte nach oben abnimmt, und nun für jeden Übergang eines Lichtstrahles von einer Schicht in die nächste das Brechungsgesetz anwenden. Ein **Modellversuch** veranschaulicht dies.

❶ Auf den Boden einer Glaswanne bringen wir eine Schicht Kochsalz, darüber mit Fluoreszein gefärbtes Wasser. Die unteren salzhaltigeren Schichten des Wassers sind dann optisch dichter als die oberen (Abb. 2).

Abb. 2: Modellversuch zur atmosphärischen Lichtbrechung

Ein schräg von oben einfallender Lichtstrahl verläuft in der Lösung bogenförmig.

Die Strahlenbrechung in der Atmosphäre muß der Astronom berücksichtigen, wenn er den wahren Standort eines Sternes ermittelt; beobachten kann er nur dessen scheinbaren Standort. Nur wenn der Stern im Zenit steht, fallen beide Punkte zusammen. Steht ein Himmelskörper z. B. scheinbar im Horizont, so ist er bereits 35' unterhalb des Horizonts.

Auch bei Beobachtung von weit entfernten Gegenständen, vor allem auf See, spielt die Strahlenbrechung in der Atmosphäre eine Rolle. So erscheint z. B. die Grenzlinie zwischen Himmel und Wasser – die **Kimm** – gehoben (Abb. 3). Dies muß der Seemann berücksichtigen, wenn er die Höhe eines Sternes mißt, um daraus den Standort des Schiffes zu bestimmen.

Abb. 4: Untergehende Sonne

Aufgaben 1 Die dicht über dem Horizont untergehende Sonne erscheint abgeplattet. Erkläre die besondere Form der Sonne (Abb. 4)!
2 Wenn wir die Sonne untergehen sehen, ist sie in Wirklichkeit schon unter dem Horizont. Erkläre diese Erscheinung!

Lichtbrechung in einer planparallelen Platte. Wir wissen, daß ein Lichtstrahl beim Übergang von einem Stoff in einen anderen im allgemeinen seine Richtung ändert. Spricht nicht aber ein Blick durch eine Fensterscheibe gegen diese Beobachtung?

❷ Wir lassen einen Lichtstrahl schräg auf eine dicke Glasplatte mit ebenen parallelen Oberflächen **(planparallele Platte)** fallen (Abb. 5 a).

Das Licht verläßt die Glasplatte parallel zum einfallenden Strahl. Der Brechungswinkel β_1 beim Eintritt in das Glas erscheint als Einfallwinkel β_2 an der unteren Grenzfläche beim Übergang von Glas nach Luft. Der Brechungswinkel α_2 ist so groß wie der Einfallswinkel α_1 (Abb. 5 b).

> Ein durch eine planparallele Platte gehender Lichtstrahl ändert seine Richtung nicht; bei schrägem Einfall wird er nur parallel verschoben.

Lichtbrechung in optischen Prismen. Bei optischen Prismen sind die Begrenzungsflächen eben, aber nicht parallel. Sie sind dreiseitige Säulen aus durchsichtigen Stoffen. Ihr Querschnitt ist im allgemeinen ein gleichschenkliges Dreieck.

❸ Wir blicken mit einem Auge flach gegen eine Fläche eines Prismas.

Zunächst fallen uns die farbigen Ränder der Gegenstände auf, die wir durch das Prisma sehen. Diese Erscheinung soll später untersucht werden. Wir bemerken weiter, daß wir durch das Prisma Gegenstände sehen, die weit seitlich von unserer Blickrichtung liegen.
Lichtstrahlen, die von diesen Gegenständen ausgehen und auf das Prisma fallen, werden also aus ihrer ursprünglichen Richtung abgelenkt.

❹ Wir lassen einen Strahl einfarbigen Lichtes auf ein Prisma fallen.

Der Strahl wird beim Eintritt in das Prisma in D und beim Austritt in E gebrochen, und zwar beide Male in gleicher Richtung (Abb. 6). Die Schnittlinie der Prismenflächen, durch die der Strahl ein- und austritt, heißt **brechende Kante**. Der Winkel, den beide Flächen bilden, heißt **brechender Winkel** (im Gegensatz zum Brechungswinkel). Die dem brechenden Winkel gegenüberliegende Fläche des Prismas nennt man **Basis**.

❺ Wir beobachten bei gleichem Einfallswinkel die Ablenkung δ bei Prismen mit verschieden brechenden Winkeln.

Je größer der brechende Winkel ist, desto größer ist die Ablenkung.

> In Prismen wird ein Lichtstrahl zweimal in gleicher Richtung von der brechenden Kante weg gebrochen.

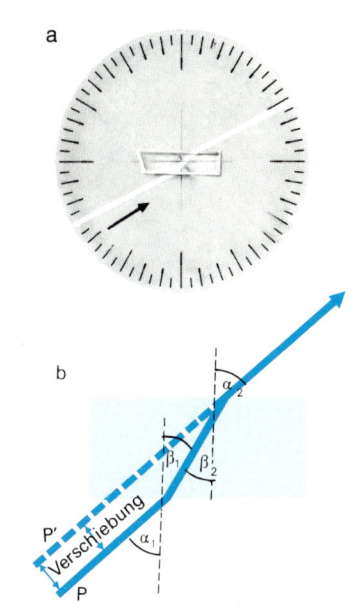

Abb. 5: Strahlengang durch eine planparallele Platte

Abb. 6: Strahlengang durch ein Prisma

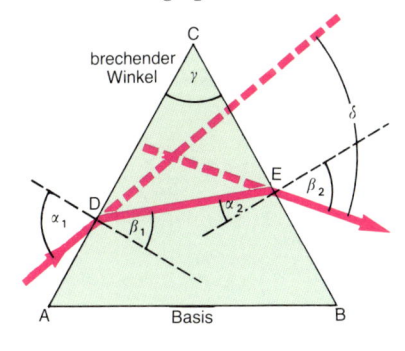

Abb. 7: Blick durch eine Glasplatte

Aufgaben   **1** Erkläre die scheinbare Verschiebung des Maßstabes in Abb. 7!
2 Warum sieht man durch schlechtes Fensterglas Gegenstände verzerrt?

10 Grunderscheinungen des Lichtes

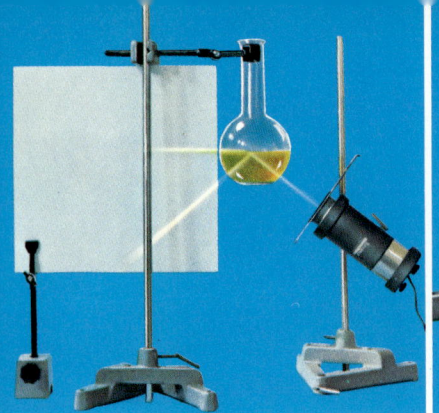

Abb. 2: Totalreflexion an der Grenzfläche Wasser/Luft

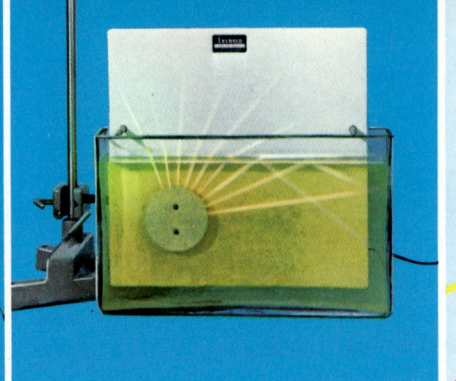

Abb. 3: Brechung und Reflexion an der Grenzfläche Wasser/Luft

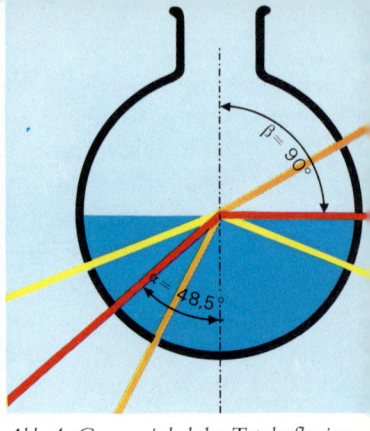

Abb. 4: Grenzwinkel der Totalreflexion

10.3.3 Die Erscheinung der Totalreflexion – Anwendungen

Versuche zur Totalreflexion. Die Grundfläche eines quaderförmigen Glaskörpers wirkt, von der Seite betrachtet, wie ein Spiegel (Abb. 1).

❶ Bei V 2 in 1.3.1, mit dem wir den Übergang eines Lichtstrahles von Wasser in Luft untersuchten, vergrößern wir den Einfallswinkel (Abb. 2).

Der Brechungswinkel wird größer. Bei einem bestimmten Einfallswinkel verläuft der gebrochene Strahl genau an der Wasseroberfläche. Der Brechungswinkel ist also 90°. Vergrößern wir den Einfallswinkel weiter, so wird alles Licht an der Grenzfläche zu Luft reflektiert (Abb. 3).
Diese Erscheinung heißt **Totalreflexion**. Der kleinste Einfallswinkel, bei dem diese eintritt, heißt **Grenzwinkel der Totalreflexion** (Abb. 4).

❷ Wir führen einen entsprechenden Versuch auf der optischen Scheibe durch, indem wir einen Lichtstrahl von außen, also aus der Luft, auf die gewölbte Seite eines halbmondförmigen Glaskörpers in radialer Richtung fallen lassen und die Scheibe drehen (Abb. 5).

Als Grenzwinkel der Totalreflexion ergibt sich hier 42° (s. Tab.!).

Abb. 1: Spiegelnde Grundfläche eines Glaswürfels

Stoff	Grenzwinkel	Stoff	Grenzwinkel
Wasser/Luft	48°, 5′	Kronglas/Luft	38°–42°
Alkohol/Luft	47,5°	Flintglas/Luft	35°–38°
Benzol/Luft	42°	Diamant/Luft	24°

Abb. 5: Totalreflexion an der Grenzfläche Glas/Luft

Totalreflexion kann nur auftreten, wenn ein Lichtstrahl von einem Medium in ein optisch dünneres Medium übergeht. Der Grenzwinkel der Totalreflexion hängt von der optischen Dichte der beiden Medien ab.

Luftspiegelung. Autofahrer haben oft den Eindruck, daß die trockene Straße vor ihnen naß ist (Abb. 6a). Die rauhe Straßendecke wird durch die Sonnenstrahlen stark erwärmt und erwärmt ihrerseits die bodennahen Luftschichten. Sie werden dadurch optisch dünner als die darüber lagernden Schichten. Das schräg einfallende Licht wird in dem Grenzbereich zwischen kalter und warmer Luft scheinbar totalreflektiert. Diese

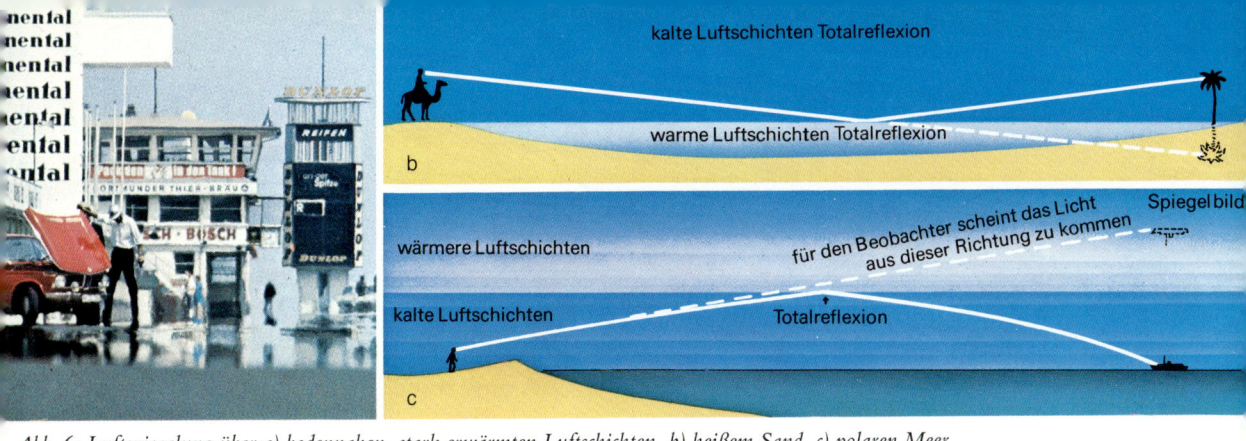

Abb. 6: Luftspiegelung über a) bodennahen, stark erwärmten Luftschichten, b) heißem Sand, c) polaren Meer

Erscheinung kann in Wüsten über dem heißen Sand auftreten und nahes Wasser vortäuschen (Abb. 6 b). Dazu ein Modellversuch:

❸ In eine Glaswanne schichten wir über Wasser spezifisch leichteres Benzol und lassen Lichtstrahlen schräg von oben auf die Grenzschicht fallen.

Es tritt Totalreflexion auf (Abb. 7). Daraus schließen wir, daß Benzol optisch dichter ist als Wasser. – Eine umgekehrte Dichteverteilung in der Luft besteht oft über polaren Meeren. Durch Totalreflexion an der Grenzschicht erscheinen am Himmel die umgekehrten Bilder ferner Schiffe oder Küsten (Abb. 6 c). Auch hierzu ein Modellversuch:

❹ Wir lassen bei V 1 in 10.3.2 den Lichtstrahl schräg von unten einfallen.

Ist der Dichteunterschied zwischen unteren und oberen Wasserschichten groß genug, wird der Lichtstrahl in der Flüssigkeit totalreflektiert.

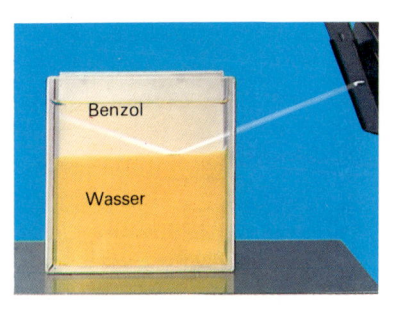

Abb. 7: Modell zur Luftspiegelung

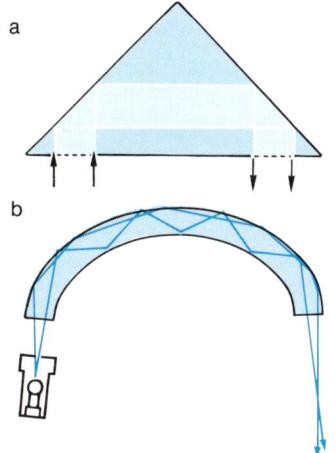

Die Totalreflexion in optischen Geräten wird oft angewandt. Die Seitenflächen von rechtwinkligen Prismen an denen das Licht total reflektiert wird, dienen dort als Spiegel (Abb. 8 a).

Abb. 8: Totalreflexion in Prisma und Glasstab

Beleuchtet man das Ende eines gebogenen Glasstabes, so wird das Licht bis zum anderen Ende geführt, wo es fast verlustfrei austritt. Es kann den Glasstab nicht durch die Wandfläche verlassen, weil es dort totalreflektiert wird. Der Glasstab wirkt als **Lichtleitstab** (Abb. 8 b). Mit ihm kann Licht einer entfernt stehenden Lichtquelle zur Beleuchtung einer kleinen Fläche verwendet werden. Oft faßt man auch viele, sehr dünne Glasfasern zu biegsamen Bündeln zusammen, mit deren Hilfe z. B. die Innenwand des Magens beleuchtet und beobachtet werden kann. Neuerdings ist es gelungen, Lichtsignale durch kilometerlange **Glasfaserkabel** zu leiten. Da man Lichtschwankungen verstärken und hörbar machen kann, ist es möglich, über Glasfaserkabel zu telefonieren und Fernsehsendungen störungsfrei zu übertragen.

Aufgaben **1** Halte ein Glasröhrchen, das ein Steinchen enthält, schräg ins Wasser! Gieße Wasser ein und erkläre die Beobachtung!
2 Bringe einen Glastrichter, dessen Ausflußöffnung verschlossen ist, umgekehrt unter Wasser! Öffne den Ausfluß! Erkläre die Beobachtung!

10 Grunderscheinungen des Lichtes

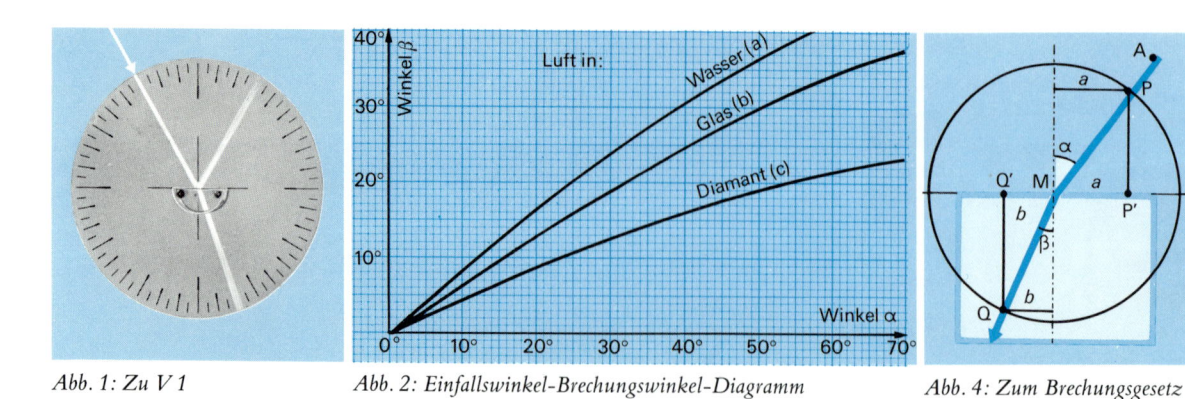

Abb. 1: Zu V 1   Abb. 2: Einfallswinkel-Brechungswinkel-Diagramm   Abb. 4: Zum Brechungsgesetz

10.3.4 Das Brechungsgesetz

Quantitative Untersuchung der Lichtbrechung. Um den Zusammenhang zwischen Einfalls- und Brechungswinkel zahlenmäßig zu erfassen, machen wir Messungen für den Übergang Luft/Glas.

① Wir lassen einen Lichtstrahl längs der optischen Scheibe auf die Mitte des Durchmessers eines halbzylinderförmigen Glaskörpers fallen (Abb. 1). Wir ändern den Einfallswinkel α und bestimmen die Brechungswinkel β.

Tab. 1: Meßwerte von Einfalls- und Brechungswinkeln für den Übergang von Luft nach Glas (Die Werte für **a** und **b** wurden nach Abb. 3 mit $\overline{MP} = \overline{MQ} = 10$ cm bestimmt)

Einfalls-winkel α	Bre-chungs-winkel β	$\alpha : \beta$	a in mm	b in mm	$\frac{a}{b}$	Mittel-wert $\frac{a}{b}$
10	6,5°	1,54	17,5	11,5	1,52	
15	9,5°	1,55	25,5	16,5	1,55	
20	13,0°	1,55	34,5	22,5	1,53	
25	16,0°	1,56	42,5	27,5	1,55	
30	19,0°	1,58	50,0	32,5	1,54	1,54
40	24,5°	1,62	64,5	41,5	1,55	
50	30,0°	1,68	76,5	50,0	1,53	
60	34,0°	1,75	86,5	56,0	1,54	
70	37,5°	1,86	94,0	61,0	1,54	

Tab. 2: Brechzahlen für gelbes Licht gegenüber dem Vakuum

Stoff	Brechzahl n
Kronglas	1,52–1,62
Flintglas	1,61–1,76
Diamant	2,42
Wasser	1,33
Alkohol	1,36
Benzol	1,5
Tetra	1,46
Luft*	1,00029
Wasserstoff*	1,00014
* bei 0 °C, 1013 mbar	

Aus den Meßwerten und ihrer grafischen Darstellung erkennen wir, daß der Quotient $\alpha : \beta$ für kleine Einfallswinkel bis etwa 25° nahezu konstant ist (Tab. 1; Abb. 2). In diesem Winkelbereich gilt daher im Rahmen unserer Meßgenauigkeit:

> Für kleine Einfallswinkel bis etwa 25° ist der Brechungswinkel proportional zum Einfallswinkel.

Das Brechungsgesetz. Für Einfallswinkel, die größer sind als 25° ändert sich der Quotient $\alpha : \beta$ mit dem Einfallswinkel. Der niederländische Physiker *Snellius* (Abb. 3) fand aber schon um 1620 das Brechungsgesetz, das für den ganzen Winkelbereich $0° < \alpha < 90°$ gilt. Er formulierte es mit mathematischen Begriffen, die wir erst später kennenlernen werden (die sog. Winkelfunktionen).

Mit Hilfe der Konstruktion nach Abb. 4 können wir aber eine Beziehung angeben, die dem Brechungsgesetz von Snellius entspricht. Projizieren wir nämlich danach gleichlange Stücke des einfallenden und des gebrochenen Strahles senkrecht auf die Grenzfläche, so erhalten wir Strecken a und b, deren Quotient für alle Messungen im Rahmen der Meßgenauigkeit konstant bleibt. Er hat für den Übergang des Lichtstrahles von Luft nach Glas den Wert 1,54.

Führen wir die gleiche Konstruktion und Rechnung für den Übergang Luft/Wasser durch, so erhalten wir eine andere Konstante, nämlich 1,33. Der Quotient $a:b$ hängt also nur von dem Medium ab, in das das Licht von Luft übergeht und nicht vom Einfallswinkel. Dieser Quotient heißt **Brechzahl n.** Wir können das Gesetz für die Lichtbrechung daher so aussprechen:

> Das Verhältnis der nach Abb. 4 bestimmten Projektionen a und b von einfallendem und gebrochenem Lichtstrahl auf die Grenzfläche zwischen Luft und einem lichtdurchlässigen Stoff ist eine charakteristische Konstante. Sie heißt Brechzahl $n = a:b$.

Abb. 3: Snellius (1591–1626)

Abb. 5: Stecknadelversuch zur Lichtbrechung

Die in Tabellen angegebenen Brechzahlen gelten stets für den Übergang des Lichtes aus dem Vakuum (Tab. 2). Sie hängen noch von der Lichtfarbe ab.

Stecknadelversuche zur Lichtbrechung. Das Brechungsgesetz können wir – wie auch das Reflexionsgesetz – mit Stecknadelversuchen bestätigen. Dabei lassen sich auch Brechzahlen bestimmen.
1. Lege eine rechteckige Glasplatte etwa 5 cm mal 10 cm) auf ein Blatt Papier und zeichne ihren Umriß! (Abb. 5). Stecke in M eine Stecknadel an den Rand der Platte und eine zweite in einen beliebigen Punkt A! Eine dritte Nadel soll in B dicht an den unteren Rand der Platte so gesteckt werden, daß die drei Nadeln in einer Linie zu liegen scheinen, wenn Du von B aus durch die Platte blickst. – Miß für verschiedene Einfallswinkel die Brechungswinkel und bestimme n wie in Abb. 4!
2. Ermittle durch Stecknadelversuche auch den Winkel der Totalreflexion bei Glas und Wasser! Verwende für das Wasser ein quaderförmiges Hohlgefäß!

Aufgaben
1 Bestimme die Brechzahl für Quarz aus $\alpha = 60°$ und $\beta = 34°$!
2 Bestimme aus Abb. 2 für mehrere Einfallswinkel und die vier Stoffe den Winkel δ, um den der Lichtstrahl bei der Brechung aus seiner Richtung abgelenkt wird! Stelle δ in Abhängigkeit von α grafisch dar!
3 Konstruiere den Strahlengang durch eine 6 cm (9 cm) dicke Glasplatte ($n = 3/2$) für die Einfallswinkel 30° (40°; 50°)! Von welchen Größen hängt die Größe der Parallelverschiebung ab?
4 Konstruiere nach Abb. 6 β für a) $\alpha = 45°$ und den Übergang von Luft nach Glas ($n_{Glas} \approx 1,5$), b) $\alpha = 45°$ und den Übergang von Luft nach Diamant ($n_{Diamant} \approx 2,5$), c) $\alpha = 30°$ und den Übergang von Wasser nach Luft ($n_{Wasser} = 4/3$).
5 Warum stimmen die Brechzahlen für den Übergang von Luft und vom Vakuum in dasselbe Medium im Rahmen unserer Meßgenauigkeit überein (s. Tab. 2)?

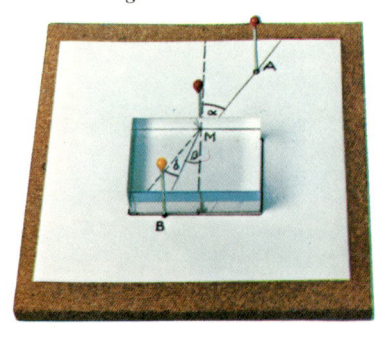

Abb. 6: Konstruktion des gebrochenen Strahles für $n = 3/2$ und für $n = 5/2$

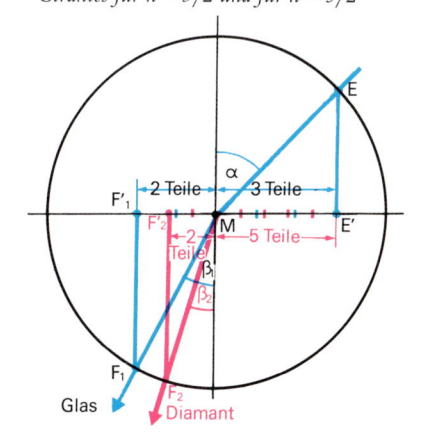

10.4 Rückblick und Ausblick

Beobachtungen in der Natur führten uns zu der Vermutung, daß Licht sich geradlinig ausbreitet. Wir konnten diese Vermutung durch Experimente bestätigen. Durch Blenden erzeugten wir „Lichtbündel". Sehr schmale Lichtbündel (durch sehr kleine Öffnungen der Blende erzeugt), nennen wir „Lichtstrahlen". Wie den geometrischen Strahl, der als **„Modell"** eines Lichtstrahls dient, stellen wir auch Lichtstrahlen zeichnerisch durch gerade Linien dar.

Mit Hilfe dieser Modellvorstellung von der Ausbreitung des Lichtes können wir verschiedene Erscheinungen, die wir im täglichen Leben beim Licht beobachten, erklären, z.B. die Schattenbildung. Vor allem aber gelang es uns, erste einfache optische Gesetze zu finden.

Das **Reflexionsgesetz** beschreibt den Strahlenverlauf und die Entstehung des Bildes am ebenen Spiegel. Es bewährt sich auch bei der Reflexion von Lichtstrahlen an gekrümmten Flächen, z.B. bei Hohlspiegeln, die in den größten und leistungsfähigsten Fernrohren (Spiegelteleskope) der Astronomen verwendet werden.

Auch bei der Beschreibung der **Lichtbrechung,** die wir z.B. beim Übergang eines Lichtstrahls von Luft nach Glas oder Wasser beobachten, bewährt sich das Strahlmodell. Den Zusammenhang zwischen Einfallswinkel (α) und Brechungswinkel (β) können wir für verschiedene lichtdurchlässige Stoffe durch Experimente ermitteln und in einem Diagramm grafisch darstellen. Die Graphen veranschaulichen das **Brechungsgesetz.** Für den Bereich Einfallswinkel $\alpha < 25°$ läßt sich dieses Gesetz auf einfache Weise mathematisch formulieren. Es gilt in guter Näherung $\beta \sim \alpha$, d.h. $\frac{\alpha}{\beta} \approx$ konst. $= n$. Die Konstante n heißt **Brechzahl.**

Sie ist eine wichtige physikalische Größe, die die optische Eigenschaft eines Stoffes beschreibt. – Die Brechzahl gilt auch für Einfallswinkel größer als 25°, sie läßt sich aber nicht so einfach durch den Quotienten der Winkel α und β darstellen. Dazu bedarf es mathematischer Hilfsmittel, die wir noch nicht kennen (Winkelfunktion), worauf auch die Konstruktion, wie sie in Abb. 4 auf S. 94 dargestellt ist, beruht.

Das Strahlenmodell des Lichtes werden wir in diesem Buch auch weiterhin benutzen, um Gesetze zu gewinnen, mit denen wir optische Erscheinungen beschreiben. Insbesondere werden wir mit ihm die Wirkungsweise vieler optischer Geräte erklären können.

Wir müssen aber erkennen, daß die mit dem Strahlenmodell gefundenen Gesetze die Erscheinungen und Wirkungsweisen, die hier besprochen werden, nur *beschreiben*. Eine *Erklärung,* warum das Licht z.B. dem Reflexions- und Brechungsgesetz gehorcht, kann es nicht liefern.

Dazu muß der Physiker neue Lichtmodelle ersinnen. Sie erklären auch von uns noch nicht behandelte optische Erscheinungen, bei denen das Strahlenmodell versagt. Ein Modell hat immer nur einen begrenzten Gültigkeitsbereich.

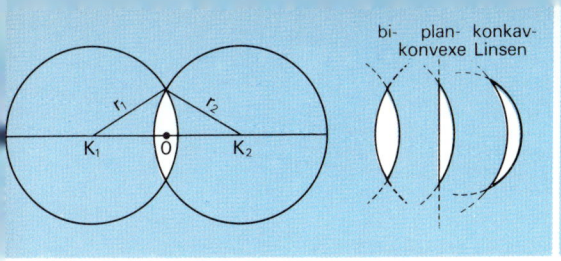

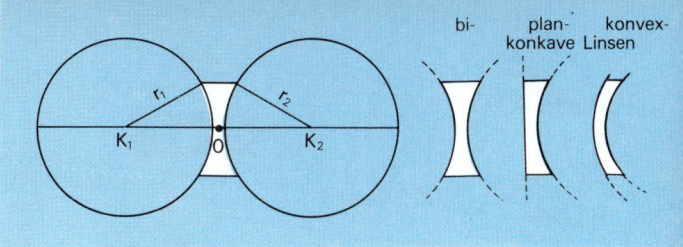

Abb. 2: Konvexlinsen

Abb. 3: Konkavlinsen

Optische Linsen – Abbildungen   11

Die optische Linse als Abbildungsmittel   11.0

Bei Brillen, Vergrößerungsgläsern, Fotoapparaten und anderen optischen Geräten werden Glaskörper verwendet, die wir **Linsen** nennen, weil sie in der Form der Frucht desselben Namens gleichen (Abb. 1).

Optische Linsen sind durchsichtige Körper mit gekrümmten Begrenzungsflächen. Sie werden aus Glas, für besondere Zwecke auch aus Quarz oder Kunststoffen hergestellt. **Sphärische**[1)] **Linsen** sind von kugelförmigen Flächen begrenzt, **Zylinderlinsen** von zylinderförmigen Flächen. – Wir beschränken unsere Beobachtungen auf sphärische Linsen. Sie können aber leicht auf Zylinderlinsen übertragen werden. Nach der Form unterscheiden wir:

1. **Konvexlinsen**[2)]: Sie sind **in der Mitte dicker** als am Rande (Abb. 2).
2. **Konkavlinsen**[3)]: Sie sind **in der Mitte dünner** als am Rande (Abb. 3).
Die Konvexlinsen werden in bi-, plan- und konkav-konvexe eingeteilt, die Konkavlinsen in bi-, plan- und konvex-konkave.

Kennzeichnung einer Linse. Die Mittelpunkte (K_1 und K_2) der zu den Begrenzungsflächen gehörenden Kugeln heißen **Krümmungsmittelpunkte** der Linse, die dazugehörigen Radien (r_1 und r_2) **Krümmungsradien**. Die Gerade durch die Krümmungsmittelpunkte heißt **optische Achse**. Sie geht durch den Mittelpunkt (O) der Linse, den **optischen Mittelpunkt**.

> Optische Linsen sind durchsichtige Körper, die entweder von kugelförmigen Flächen begrenzt sind (sphärische Linsen) oder von zylinderförmigen Flächen (Zylinderlinsen). Man unterscheidet Konvexlinsen, sie sind in der Mitte dicker als am Rande, und Konkavlinsen, sie sind in der Mitte dünner als am Rande.

Aufgaben   Die Oberflächen sphärischer Linsen sind Ausschnitte aus Kugeloberflächen und Ebenen. Konstruiere mit einem Zirkel, wie in Abb. 2 und Abb. 3 auch die Querschnitte der Konkavkonvex-, Plankonvex-, Konvexkonkav- und Plankonkavlinsen und markiere die Krümmungsmittelpunkte!

Abb. 1: Linsen von Foto-Objektiven:
a) Normal-Fotoobjektiv, b) Teleobjektiv, c) Weitwinkelobjektiv, d) Filmprojektionsobjektiv

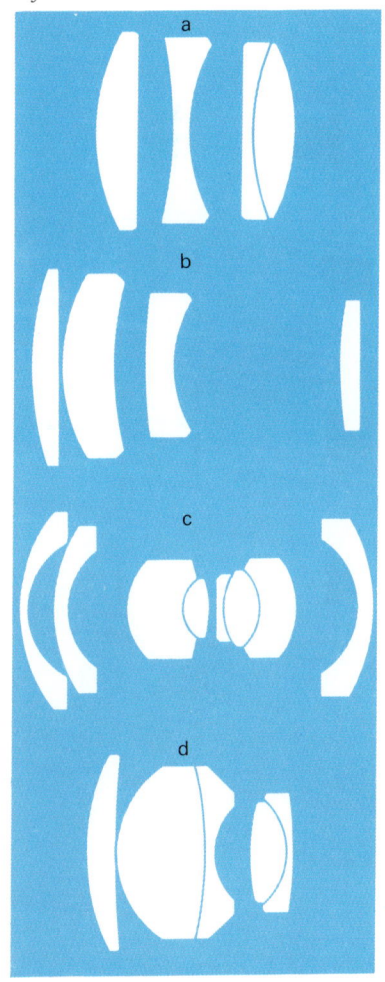

---

[1] sphaira, griech. Kugel.   [2] convexus, lat. gewölbt.   [3] concavus, lat. hohl.

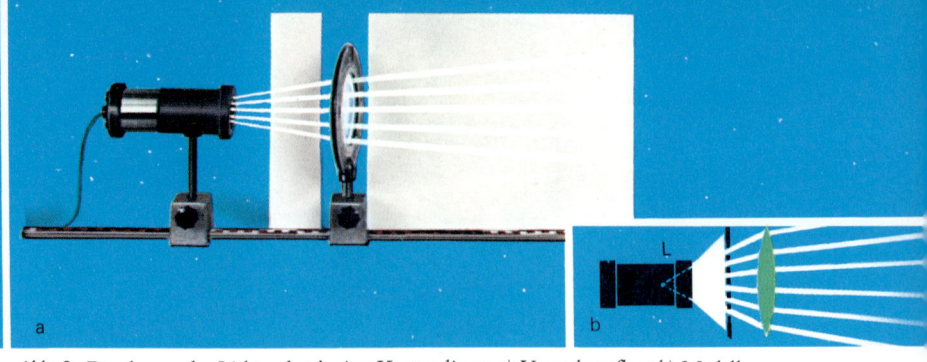

Abb. 1: Brennglas   *Abb. 2: Durchgang des Lichtes durch eine Konvexlinse: a) Versuchsaufbau b) Modell*

11.1

11.1.1
Optische Eigenschaften von Linsen

Abb. 3: Strahlengänge

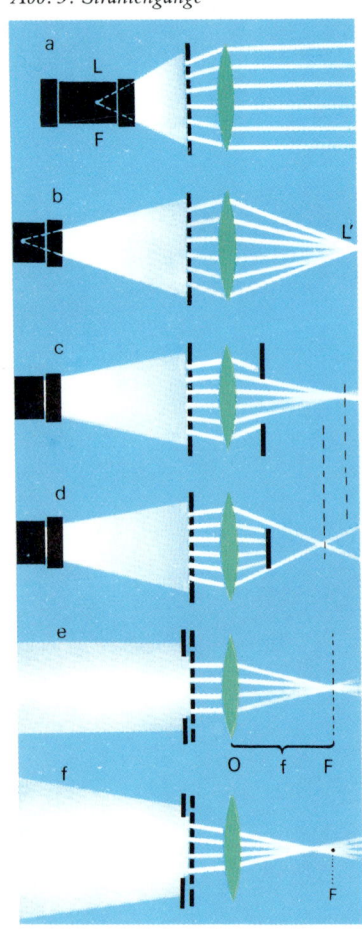

Abbildungen mit Linsen

Die optischen Eigenschaften von Konvexlinsen untersuchen wir an Bikonvexlinsen. Erste Erfahrungen damit haben wir sicher schon mit einem Brennglas sammeln können (Abb. 1).

❶ Wir bringen eine Spalt-Blende und eine punktförmige Lichtquelle auf der optischen Achse dicht vor eine Konvexlinse und machen den Strahlengang durch streifenden Einfall auf einem Schirm sichtbar (Abb. 2). Wir bewegen die Lichtquellen entlang der optischen Achse von der Linse weg.

Von der Lampe fallen stark divergente Lichtstrahlen symmetrisch zur optischen Achse auf die Linse. Hinter der Linse sind die Strahlen weniger divergent, die Symmetrie bleibt aber erhalten. – Bewegt man die Lampe weiter von der Linse weg, dann divergieren die Strahlen hinter der Linse immer weniger und laufen bei einer bestimmten Lampenstellung, die wir mit **F** bezeichnen, **parallel** (Abb. 3 a). – Bei weiterem Wegrücken der Lampe laufen die Strahlen hinter der Linse in einem Punkte der optischen Achse zusammen, sie sind **konvergent** (Abb. 3 b). Bei genauer Betrachtung erkennt man, daß doch nicht alle Strahlen einander genau in einem Punkt schneiden. Der Schnittpunkt der Randstrahlen liegt näher an der Linse als der der achsennahen Strahlen (Abb. 3 c und d). Im folgenden wollen wir nur die letzteren betrachten.

❷ Wir setzen unseren Versuch nun mit achsennahen Strahlen fort.

Wir beobachten, daß der Schnittpunkt der Strahlen hinter der Linse immer näher an die Linse heranrückt. Eine Grenzlage wird erreicht, wenn achsenparallele Lichtstrahlen auf die Linse fallen (Abb. 3 e). Nehmen wir als Lichtquelle die Sonne, so brennt in ein Stück Papier ein Loch, wenn wir es in den Vereinigungspunkt der Strahlen halten. Man nennt diesen Punkt daher **Brennpunkt (F) der Linse** (F von focus, lat. Feuerstelle; s. Abb. 1). Seine Entfernung vom optischen Mittelpunkt heißt **Brennweite** f. – Stellen wir in den Brennpunkt eine punktförmige Lichtquelle, so verlaufen die Lichtstrahlen nach dem Durchgang durch die Linse parallel. Das zeigt uns, daß auch hier der Lichtweg umkehrbar ist. Die durch V 2 ermittelte Brennweite der Linse ist genau so groß, wie der Abstand des in V 1 markierten Punktes vom optischen Mittelpunkt.

Die Konvexlinse hat also zwei Brennpunkte mit gleichem Abstand vom optischen Mittelpunkt. Das gilt auch für unsymmetrische Linsen. In allen Versuchen mit Konvexlinsen werden divergente[1]) oder parallele Lichtstrahlen so abgelenkt, daß sie hinter der Linse weniger divergent, parallel oder sogar konvergent[2]) sind. Sie werden also in jedem Falle gesammelt. Konvexlinsen heißen deshalb auch **Sammellinsen.**

❸ Wir lassen jetzt konvergente Lichtstrahlen, die wir mit der Experimentierleuchte erzeugen, auf eine Konvexlinse fallen.

Die Lichtstrahlen schneiden einander hinter der Linse in einem Punkt zwischen optischem Mittelpunkt und Brennpunkt. Sie sind stärker konvergent geworden (Abb. 3 f).

❹ Wir lassen parallele Lichtstrahlen unter verschiedenen Winkeln zur optischen Achse auf eine Sammellinse fallen (Abb. 4).

Parallele Strahlen, die einen kleinen Winkel mit der optischen Achse bilden, treffen einander auch jeweils in einem Punkt; er liegt aber nicht mehr auf der optischen Achse, sondern in einer Ebene, die im Brennpunkt senkrecht zur optischen Achse steht. Sie heißt **Brennebene.**

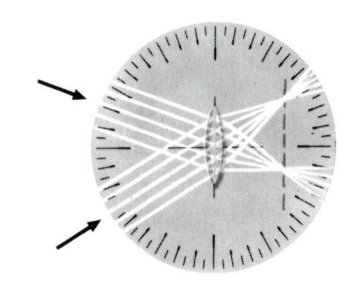

Abb. 4: Brennebene

Abb. 5: Konvexlinse und Prisma

> Konvexlinsen sind Sammellinsen. Achsenparallele Lichtstrahlen werden durch Konvexlinsen so abgelenkt, daß sie einander in einem Punkt der optischen Achse schneiden. Dieser Punkt heißt **Brennpunkt F.** Seine Entfernung vom optischen Mittelpunkt heißt **Brennweite f.** Jede Konvexlinse hat zwei Brennpunkte, die gleich weit vom optischen Mittelpunkt entfernt sind.
> – Auch bei Konvexlinsen ist der Lichtweg umkehrbar.

Alle ermittelten Gesetzmäßigkeiten gelten nur für achsennahe Strahlen und solche, die unter kleinem Winkel zur optischen Achse einfallen.

Konvexlinsen und Prisma. Wir können die Wirkung der Sammellinse verstehen, wenn wir jede Stelle der Linsenoberfläche, an der ein Strahl ein- oder austritt, als kleinen Teil einer Ebene auffassen. Jedes Linsenstück wirkt nahezu wie ein Prisma. Jeder Strahl muß dann nach dem Prismengesetz von der brechenden Kante weggebrochen werden. Da die brechende Kante jedes Teilprismas der Sammellinse nach dem Rande der Linse zu liegt (Abb. 5), müssen bei ihr die Strahlen nach der Mitte hin gebrochen, gesammelt werden. Jeder Lichtstrahl, der durch eine Linse geht, wird also zweimal gebrochen. Um das Zeichnen zu erleichtern, wollen wir so tun, als ob er nur einmal gebrochen wurde, und zwar an der Mittelebene der Linse, der sog. **Hauptebene** (Abb. 6). Diese Vereinfachung ist aber nur für dünne Linsen zulässig.

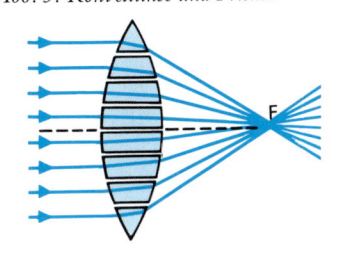

Abb. 6: Hauptebene der Konvexlinse

Aufgaben 1 Bestimme experimentell die Brennweite einer Sammellinse!
2 Wie kann man nach Abb. 7 ein Parallelstrahlenbündel erzeugen?
3 Unter welcher Voraussetzung kann man durch Betasten von zwei Bikonvexlinsen diejenige mit der kleineren Brennweite herausfinden?
4 Du hast zwei Linsen gleichen Durchmessers und gleicher Dicke. Du stellst fest, daß sie verschiedene Brennweiten haben. Worauf kann das beruhen?

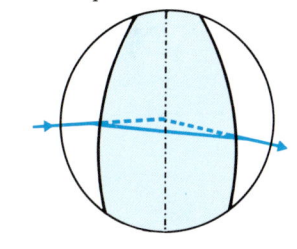

Abb. 7: Erzeugung paralleler Lichtstrahlen

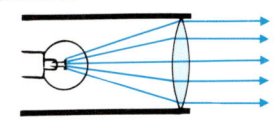

[1] divergere, lat. auseinanderlaufen.   [2] convergere, lat. zueinander neigen.

11 Optische Linsen – Abbildungen

Abb. 8: Durchgang des Lichtes durch eine Konkavlinse

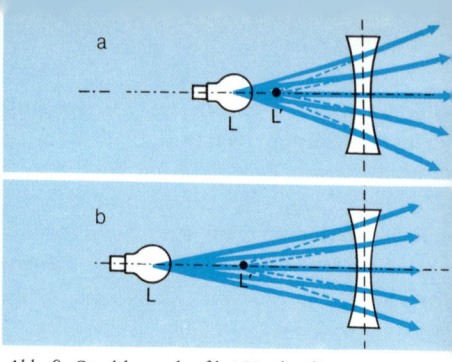

Abb. 9: Strahlenverlauf bei Konkavlinsen

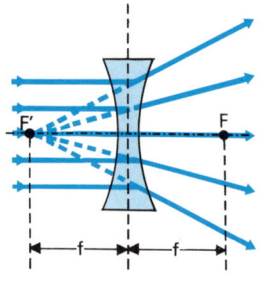

Abb. 10: Brennpunkt und Brennweite

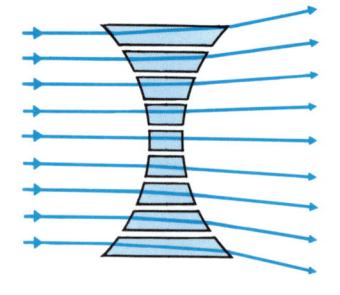

Abb. 11: Konkavlinse und Prismen

Abb. 12: Hauptebene der Konkavlinse

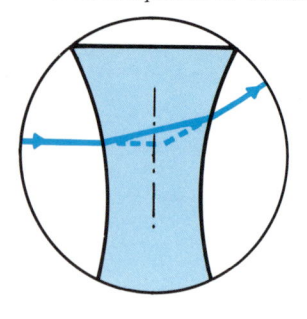

Die optische Wirkung von Konkavlinsen untersuchen wir in gleicher Weise wie die der Konvexlinsen.

5 Vor eine Bikonkavlinse setzen wir eine Schlitz-Blende und davor eine punktförmige Lichtquelle, die wir entlang der optischen Achse von der Linse weg bewegen. Randstrahlen blenden wir wieder ab (Abb. 8).

Die gebrochenen, achsennahen Strahlen sind stets stärker divergent als die einfallenden Strahlen. Sie scheinen alle von einem Punkt L' der optischen Achse auszugehen, der sich von der Linse wegbewegt, wenn wir die Entfernung der Lichtquelle von der Linse vergrößern (Abb. 9).

Auch hier scheint eine Grenzlage zu existieren, die erreicht wird, wenn achsenparallele Strahlen auf die Linse fallen (Abb. 10). Die rückwärtigen Verlängerungen der gebrochenen Strahlen schneiden einander jetzt in einem Punkt, der dem Brennpunkt bei Konvexlinsen entspricht. Er heißt deshalb **scheinbarer (virtueller) Brennpunkt** oder **Zerstreuungspunkt**. Der negative Wert seines Abstandes vom optischen Mittelpunkt heißt entsprechend **Brennweite** der Konkavlinse. – Auch bei Konkavlinsen ist der Lichtweg umkehrbar.

6 Wir wandeln V 1 ab und bewegen die Lichtquelle auch außerhalb der optischen Achse. Insbesondere lassen wir parallele Lichtstrahlen unter verschiedenen kleinen Winkeln zur optischen Achse auf die Linse fallen.

Die gebrochenen Strahlen scheinen jetzt bei jeder Einfallsrichtung von einem Punkt außerhalb der optischen Achse zu kommen. Dieser Punkt liegt immer in einer zur optischen Achse senkrechten Ebene, welche durch den Brennpunkt verläuft. Sie heißt scheinbare **Brennebene**.

Den Strahlenverlauf bei einer Zerstreuungslinse verstehen wir, wenn wir auch hier die Linse in kleine Prismen zerlegen (Abb. 11). Die brechenden Kanten liegen nach der Mitte der Linse zu, die Strahlen werden daher nach dem Rande zu gebrochen, d. h. sie werden zerstreut. Den vereinfachten Strahlengang zeichnen wir wieder mit Hilfe der Hauptebene (Abb. 12).

Aufgaben **1** Wie lassen sich mit Konvexlinsen die Brennweiten von Konkavlinsen ermitteln?

2 Lichtstrahlen, die in Wasser auf einen luftgefüllten, linsenförmigen Hohlkörper treffen, werden gebrochen. Konvexe „Luftlinsen" wirken als Zerstreuungslinsen, konkave „Luftlinsen" als Sammellinsen. – Erkläre diese Beobachtung!

Bilder mit Konvexlinsen. Beim Fotoapparat und beim Diaprojektor entstehen durch Linsen Bilder, die auf dem Film bzw. auf der Leinwand aufgefangen werden. Es sind **reelle Bilder.** Beim Fotografieren ist der Gegenstand im allgemeinen weiter von der Linse entfernt als das Bild, die **Gegenstandsweite** a ist größer als **Bildweite** b, beim Projizieren ist es umgekehrt. Wir wollen im folgenden Art und Lage der Bilder bei Linsen näher untersuchen und beginnen mit Konvexlinsen.

① Als Gegenstand dient eine brennende Kerze, die ca. 60 cm vor einer Sammellinse ($f = 10$ cm) steht. Wir versuchen, auf der anderen Seite mit einem Schirm ein Bild aufzufangen (Abb. 1).

Etwa 12 cm von der Linse entfernt erscheint auf dem Schirm ein verkleinertes Bild der Kerze, das auf dem Kopf steht und auch seitenverkehrt ist. Wir erkennen das, wenn wir der Kerzenflamme seitlich einen Gegenstand nähern oder eine zweite Kerze daneben stellen (Abb. 2). Im Bild erscheint die zweite Kerze auf der anderen Seite der Flamme.

② Wir bewegen die Kerze weiter von der Linse weg.

Das Bild rückt näher an die Linse heran, wobei es immer kleiner wird. Eine bestimmte kleinste Bildweite wird auch bei großer Entfernung der Kerze nicht unterschritten. Die Bildweite ist im Grenzfall gleich der Brennweite der Linse.

③ Wir bewegen die Kerze jetzt von der Ausgangsstellung aus ($a \approx 60$ cm) näher an die Linse heran.

Das umgekehrte Bild wird größer und rückt von der Linse weg. Wenn wir die Kerze weiter auf die Linse zu bewegen, so werden Bildgröße und Bildweite immer größer. Sie wachsen über alle Grenzen, wenn sich die Kerze dem Brennpunkt nähert.

11.1.2
Bilder mit Linsen – Bildkonstruktion

> Bilder, die auf der Wand oder mit dem Schirm aufgefangen werden können, heißen **wirkliche** oder **reelle Bilder.** Konvexlinsen geben reelle Bilder, wenn die Gegenstandsweite größer als die Brennweite ist; sie geben virtuelle Bilder, wenn die Gegenstandsweite kleiner als die Brennweite ist.

Abb. 1: Art und Lage der Bilder bei Konvexlinsen

Abb. 2: Die verschieden hoch stehenden Kerzen und deren Bilder zeigen, daß die reellen Linsenbilder seitenverkehrt sind

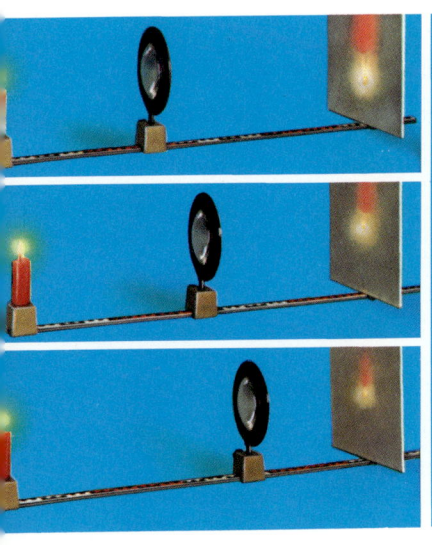

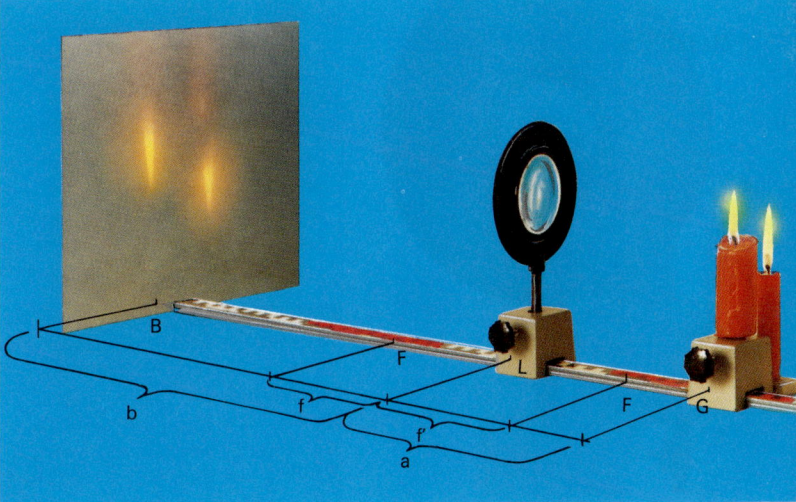

11 Optische Linsen – Abbildungen

Es zeigt sich, daß wir in jeder Phase des Versuches den Ort von Bild und Gegenstand vertauschen können.

④ Wir führen die Kerze noch näher an die Linse heran, so daß die Gegenstandsweite kleiner als die Brennweite wird.

Auf dem Schirm erscheint nun ein kreisförmiger Lichtfleck. Ein reelles Bild der Kerze finden wir nicht. Blicken wir aber aus einer Entfernung, die größer als die Brennweite ist, durch die Linse zur Kerze, so sehen wir ein aufrechtes, vergrößertes, scheinbares Bild der Kerze. Daß es hinter der Linse liegt, erkennen wir aus seiner scheinbaren Bewegung, wenn wir den Kopf seitlich bewegen (Abb. 3).

Abb. 3: Aufrechtes, vergrößertes, scheinbares Bild mit einer Konvexlinse

Tab. 1: Übersicht über Art und Lage der Bilder mit Konvexlinsen

Gegenstandsweite a	Bildweite b	Bildeigenschaften
1. $a > f$	$0 < b < \infty$	virtuell, aufrecht vergrößert
2. $a \rightarrow f$	$b \rightarrow \infty$	kein Bild
3. $f < a < 2f$	$b > 2f$	reell, umgekehrt, seitenverkehrt, vergrößert
4. $a = 2f$	$b = 2f$	reell, umgekehrt, seitenverkehrt, gleich groß
5. $a > 2f$	$2f > b > f$	reell, umgekehrt, seitenverkehrt, verkleinert
6. $a \rightarrow \infty$	$b \rightarrow f$	punktförmig

Abb. 4: Scheinbares, aufrechtes, verkleinertes Bild mit einer Konkavlinse

Bilder mit Konkavlinsen. Der Strahlenverlauf bei Konkavlinsen zeigt bereits, daß sie keine reellen Bilder geben können. Denn Strahlen, die von einem Gegenstandspunkt ausgehen, schneiden einander nach dem Durchgang durch die Konkavlinse nicht. Ihre rückwärtigen Verlängerungen gehen aber alle durch einen Punkt. Es scheint so, als ob die Strahlen von diesem Punkt, dem **scheinbaren** oder **virtuellen Bildpunkt,** ausgingen.

⑤ Wir bewegen eine brennende Kerze entlang der optischen Achse einer Konkavlinse und versuchen, mit einem Schirm ein Bild aufzufangen.

Es gelingt nicht; gibt es kein reelles Bild. Blicken wir durch die Linse zur Kerze, sehen wir ein virtuelles, aufrechtes, verkleinertes Bild (Abb. 4).

> Mit Konkavlinsen erhält man stets virtuelle, aufrechte und verkleinerte Bilder. Sie liegen zwischen Linse und virtuellem Brennpunkt auf derselben Seite der Linse wie der Gegenstand.

Aufgaben 1 Eine Konvexlinse soll als Umkehrlinse wirken (Bildgröße = Gegenstandsgröße)? Vergleiche a und b mit f!
2 Eine Konvexlinse liefert ein verkleinertes Bild. In welchem Bereich liegt es, und wo steht der Gegenstand?
3 Das Objektiv eines Fotoapparates wirkt wie eine Konvexlinse. Wie kann man ihn als Vergrößerungsapparat benutzen?
4 Wie weit muß bei einem Fotoapparat die Bildebene mindestens vom Objektiv mit $f = 5.0$ cm entfernt sein, um vergrößerte Bilder aufzufangen?

Bildkonstruktion bei Linsen. Wir haben gesehen, daß das reelle Bild eines Gegenstandspunktes dort liegt, wo *alle* Strahlen, die von diesem Punkt kommen und durch die Sammellinse gehen, einander treffen. Wir brauchen also nur den Schnittpunkt *zweier* Strahlen zu bestimmen, um den zu einem Gegenstandspunkt gehörigen Bildpunkt zu finden.

Von drei Strahlen können wir den Verlauf genau angeben, nämlich vom **Parallel-, Haupt-** und **Brennstrahl** (Abb. 5). Um das mit einer Konvexlinse erzeugte Bild zu konstruieren, benutzen wir zwei der drei **ausgezeichneten Strahlen.** Der dritte Strahl dient zur Kontrolle (Abb. 6). Alle in Tab. 1 aufgeführten Fälle der Bildentstehung können auch durch Bildkonstruktion wiedergegeben werden, wie Abb. 7 zeigt. Wir erkennen, warum wir in V 5 kein Bild auffangen konnten. Die Strahlen sind nach dem Durchgang durch die Linse noch divergent. Sie scheinen von einem Punkt vor der Linse auszugehen, in dem die rückwärtigen Verlängerungen der ausfallenden Strahlen einander schneiden. Dort ist das virtuelle, vergrößerte, aufrechte Bild.

Von Konkavlinsen wissen wir, daß sie stets virtuelle, aufrechte und verkleinerte Bilder liefern. Sie scheinen zwischen der Linse und dem virtuellen Brennpunkt auf derselben Seite der Linse wie der Gegenstand zu liegen. Auch diese experimentelle Erfahrung kann durch Bildkonstruktion bestätigt werden (s. Aufg. 6).

Brechkraft. Die Brennweite einer Linse ist ein Maß für ihre lichtbrechende Wirkung. Je kleiner die Brennweite einer Konvexlinse ist, desto stärker sammelt sie die Strahlen, und umgekehrt ist ihre lichtbrechende Wirkung umso kleiner, je größer ihre Brennweite ist. Der Optiker gibt deshalb statt der Brennweite *(f)* meist ihren reziproken Wert an, um die optischen Eigenschaften einer Linse zu beschreiben. Er nennt diese Größe **Brechkraft D.** Es gilt also $D = \frac{1}{f}$, wobei f in m gemessen wird.

D hat die Maßbezeichnung $\frac{1}{m}$. Die Maßeinheit heißt **Dioptrie** (dpt).

Eine Linse von 1 m Brennweite hat die Brechkraft 1 dpt, von 0,5 m Brennweite 2 dpt. Da die Brennweite einer Konkavlinse durch eine negative Größe angegeben wird, ist auch ihre Brechkraft D negativ. Eine Konkavlinse mit der Brennweite $f = -0{,}25$ m hat demnach die Brechkraft $D = -4 \cdot 1/\text{m} = -4$ dpt.

> Die Brechkraft einer Linse ist $D = \frac{1}{f}$, die Maßeinheit $\frac{1}{m} = 1$ dpt.

Aufgaben
5 Konstruiere das Bild eines Gegenstandes (2 cm langer Pfeil), das eine Konvexlinse ($f = 3$ cm) bei einer Gegenstandsweite von 5 cm erzeugt!
6 Konstruiere Bilder, die durch eine Konkavlinse entstehen! Benutze dazu die ausgezeichneten Strahlen wie bei der Konvexlinse.
7 Eine Kerze ist so groß, daß weder der Brennstrahl noch der Parallelstrahl von der Flammenspitze die Linse trifft. Wie kannst Du trotzdem durch Zeichnung die Bildgröße finden?

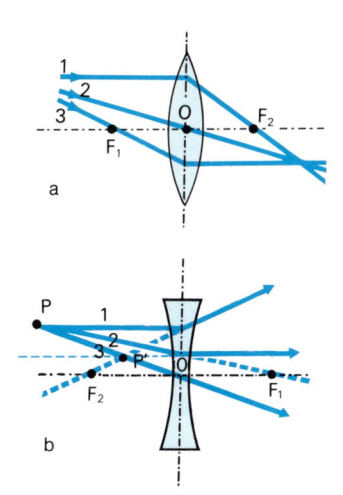

Abb. 5: Parallelstrahl (1), Hauptstrahl (2) und Brennstrahl (3) bei a) Konvex- und b) Konkavlinse

Abb. 6: Bildkonstruktion bei einer Konvexlinse

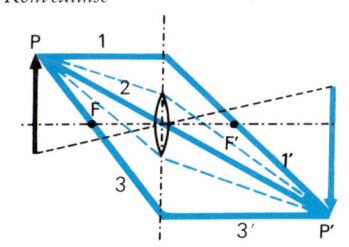

Abb. 7: Lage und Art der Bilder bei einer Konvexlinse

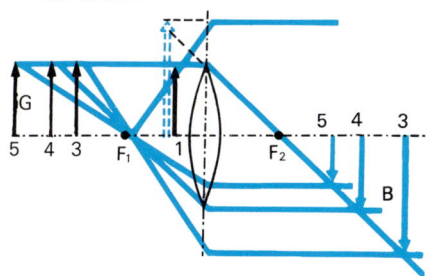

*11.1.3 Linsengleichung

Bei unseren Versuchen zur Herstellung von Bildern mit Konvexlinsen haben wir gesehen, daß die Veränderung der Gegenstandsweite a stets mit einer entgegengesetzten Veränderung der Bildweite b und der Bildgröße B verbunden ist. Wir untersuchen nun den mathematischen Zusammenhang zwischen a, b, f, B und der Gegenstandsgröße G anhand einer Meßreihe, die bei der optischen Abbildung einer 2 cm langen, vor eine Leuchte gesetzten Spaltblende gefunden wurde (Tab. 1).

❶ Eine Spaltblende (Gegenstand) wird mit einer Sammellinse ($f=0,2$ m; $D=5$ dpt) scharf auf einen Schirm abgebildet (Abb. 1).

Abb. 1: Versuchsaufbau zur Ermittlung der Linsengleichung

Tab. 1: Meßwerte einer optischen Abbildung mit Sammellinse ($f=0,2$ m)

a in m	b in m	G in cm	B in cm	$\frac{1}{a}$ in $\frac{1}{m}$	$\frac{1}{b}$ in $\frac{1}{m}$	$\frac{1}{a}+\frac{1}{b}$	$B:G$	$b:a$
0,25	1,00	2	8,0	4,00	1,00	5	4	4
0,30	0,60	2	4,0	3,33	1,67	5	2	2
0,40	0,40	2	2,0	2,50	2,50	5	1	1
0,60	0,30	2	1,0	1,67	3,33	5	0,5	0,5
1,00	0,25	2	0,5	1,00	4,00	5	0,25	0,25

Die Meßwerte zeigen keine umgekehrte Proportionalität von a und b, da $a \cdot b$ nicht konstant ist. Wir erkennen jedoch einen relativ einfachen Zusammenhang, wenn wir die Kehrwerte von a und b addieren. Wir finden, daß die Summe konstant und gleich dem Kehrwert der Brennweite ist. Es gilt also: $\frac{1}{a}+\frac{1}{b}=\frac{1}{f}$ **(Linsengleichung)**

Außerdem zeigen die Meßwerte, daß gilt: $\frac{B}{G}=\frac{b}{a}$.

Auch bei Abbildungen mit Linsen ist der **Abbildungsmaßstab** der Quotient aus B und G.

Die Linsengleichung gilt für Konvex- und Konkavlinsen. Da Bild und Brennpunkt bei Konkavlinsen immer virtuell sind, müssen wir bei ihnen f und b als negative Werte in die Linsengleichung einsetzen.

Wir können die Linsengleichung und den Abbildungsmaßstab auch auf mathematischem Wege finden. Aus Abb. 2 ergibt sich mit Hilfe des Strahlensatzes $G:B=a:b$. Da $G'=G$ ist, folgt außerdem $G:B=f:(b-f)$. Die linken Seiten beider Proportionen sind gleich, also gilt: $a:b=f:(b-f)$. Daraus ergibt sich durch Umformung die Linsengleichung in der üblichen Form:

$$\frac{1}{a}+\frac{1}{b}=\frac{1}{f}.$$

> Die Summe aus den Kehrwerten der Bild- und Gegenstandsweite ist gleich dem Kehrwert der Brennweite $\frac{1}{a}+\frac{1}{b}=\frac{1}{f}$.

> Der Abbildungsmaßstab ist gleich dem Quotienten aus der Bildweite und der Gegenstandsweite: $\frac{B}{G}=\frac{b}{a}$.

Abb. 2: Zur mathematischen Ableitung der Linsengleichung

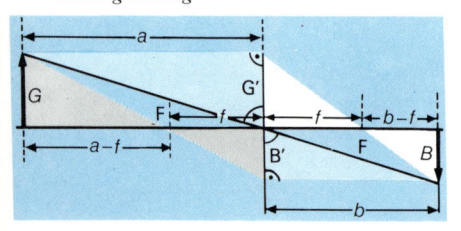

Aufgaben

1 Um die Brennweite einer Konvexlinse zu ermitteln, stellt man in 60 cm (1,60 m) Abstand von ihr einen leuchtenden Gegenstand auf und erhält auf der anderen Seite im Abstand von 30 cm (0,96 m) von der Linse ein scharfes reelles Bild. Welche Brennweite hat die Linse?

2 Wie groß sind in beiden Fällen der vorigen Aufgabe die Bilder des Gegenstandes, wenn dieser 10 cm groß ist?

3 Von einer 3 cm hohen Kerzenflamme entsteht mit einer Linse ($f=24$ cm) ein 12 cm hohes Bild. Wie wurden Gegenstands- und Bildweite gewählt?

4 Wie groß sind Gegenstands- und Bildweite bei einer Konvexlinse, deren Brennweite a) 12 cm, b) f beträgt, wenn das reelle Bild 1. gleichgroß, 2. doppelt, 3. dreimal, 4. n-mal so groß wie der Gegenstand ist?

Instrumente zur Vergrößerung des Sehwinkels 11.2

11.2.1 Scheinbare Größe – Vergrößerung

Scheinbare Größe und Sehwinkel. Wenn wir bei ausgestrecktem Arm den Daumen gegen die Sonne halten und mit einem Auge beobachten, so bedeckt er die ganze Sonnenscheibe. Unser Daumen ist also scheinbar größer als die Sonne, weil auf der Netzhaut unseres Auges vom Daumen ein größeres Bild entsteht als von der Sonne. Gleich große Bäume einer Allee erscheinen uns umso kleiner, je weiter sie entfernt sind, weil die Netzhautbilder der nahen Bäume größer sind als die der entfernten (Abb. 1).

Zwei Gegenstände erscheinen uns andererseits gleich groß, wenn von ihnen auf der Netzhaut unseres Auges gleich große Bilder entstehen. Das ist aber immer dann der Fall, wenn wir die Gegenstände unter dem gleichen Winkel, dem **Sehwinkel**, sehen (Abb. 2).

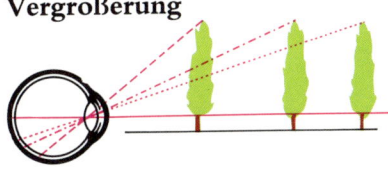

Abb. 1: Gleichgroße Bäume erscheinen um so kleiner, je weiter sie entfernt sind

Vergrößerung und Sehwinkel. Ist der Sehwinkel kleiner als eine Winkelminute, so sehen wir den Gegenstand nur noch als Punkt, weil alle Sehstrahlen von ihm in unseren Augen denselben Sehnerv treffen. Die Scheinwerfer eines Autos sind in etwa 700 m Entfernung nur noch als leuchtende Punkte zu erkennen. Wollen wir diese Gegenstände deutlich erkennen, so muß der Sehwinkel größer werden. Dazu bringen wir den Gegenstand näher an unser Auge heran. Wird er z. B. aus 1 m Entfernung in die deutliche Sehweite, also auf 25 cm an das Auge herangebracht, so wird der Sehwinkel viermal so groß, und das Netzhautbild vergrößert sich auf das Vierfache (Abb. 3). Die Vergrößerung V ist das Verhältnis der Sehwinkel *nach* und *vor* der Vergrößerung. Im gleichen Verhältnis stehen die Größen der Netzhautbilder.

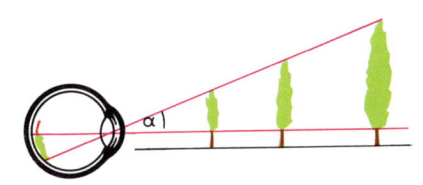

Abb. 2: Unter dem gleichen Sehwinkel wahrgenommene Gegenstände ergeben gleich große Netzhautbilder

$$V = \frac{\text{Sehwinkel nach Vergrößerung}}{\text{Sehwinkel vor Vergrößerung}}; \quad V = \frac{\alpha_2}{\alpha_1}$$

$$V = \frac{\text{Größe des Netzhautbildes nach Vergrößerung}}{\text{Größe des Netzhautbildes vor Vergrößerung}}; \quad V = \frac{B_2}{B_1}$$

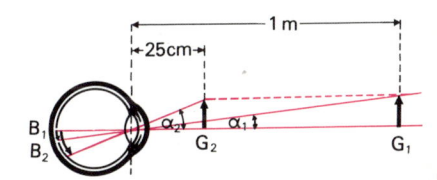

Abb. 3: Scheinbare Größe eines Gegenstandes und Sehwinkel

Die beiden Definitionen für die Vergrößerung liefern nur dann gleiche Ergebnisse, wenn die Sehwinkel klein sind, d. h. höchstens einige Winkelgrade betragen. Das aber ist immer der Fall, denn scharfe Bilder liefern nur die Sehstrahlen die auf den gelben Fleck (Netzhautgrube) treffen, der, verglichen mit der Augenlänge (23 mm), sehr klein ist.

Der Winkel, unter dem wir einen Gegenstand sehen, heißt **Sehwinkel**. Die **scheinbare Größe** eines Gegenstandes hängt vom Netzhautbild im Auge ab, dieses wird durch den Sehwinkel bestimmt.

Optische Instrumente. In vielen Fällen ist es nicht möglich, die scheinbare Größe der zu betrachtenden Objekte dadurch zu vergrößern, daß wir sie näher an unser Auge heranholen. Außerdem können wir nicht näher als 10 cm an unser Auge herangehen (Nahpunkt). Für eine weitere Vergrößerung benutzen wir optische Instrumente, die den Sehwinkel vergrößern. Ist die Kleinheit nur scheinbar, also eine Folge der zu großen Entfernung, so verwenden wir **Fernrohre**. Sind aber die zu betrachtenden Objekte klein, so benutzen wir **Lupe** und **Mikroskop**.

Aufgaben **1** Ein Gegenstand wird aus einer Entfernung von 2,5 m in die deutliche Sehweite gebracht. Wie hat sich die scheinbare Größe verändert?

2 Welchen Abstand müssen 2 Punkte mindestens haben, damit ein normalsichtiges Auge sie noch **scharf** und **getrennt** wahrnimmt?

11.2.2 Lupe und Mikroskop – Betrachtung naher Objekte

Abb. 1: Leselupe

Wirkungsweise der Lupe. Bringen wir einen Gegenstand, von dem wir Einzelheiten erkennen wollen, näher als etwa 10 cm an unser Auge heran, so wird das Bild auf der Netzhaut zwar größer, aber unscharf. Die Brechkraft des Auges kann durch die Akkommodation der Augenlinse nicht so weit vergrößert werden, daß die Lichtstrahlen, die von einem Punkt eines so nahen Gegenstandes ausgehen, sich wieder in einem Punkt auf der Netzhaut vereinigen. Um dies zu erreichen, müssen wir das Auge bei der Brechung der Strahlen unterstützen, indem wir eine Konvexlinse davorsetzen, die wir dann **Lupe** nennen (Abb. 1).

Damit das Auge auch bei längerem Gebrauch eines optischen Gerätes nicht ermüdet, soll es auf unendlich eingestellt sein. Die Lichtstrahlen, die von jedem Punkt eines Gegenstandes ausgehen, müssen daher als Parallelstrahlen aus dem optischen Gerät auf unser Auge treffen. Bei der Benutzung einer Lupe muß also der Gegenstand in der Brennebene stehen. Das nicht akkommodierte Auge vereinigt dann die Bündel von parallel einfallenden Strahlen – wie beim Blick in die Ferne – zu Punkten und damit zu einem scharfen Bild auf der Netzhaut (Abb. 2).

Als Vergrößerung der Lupe könnte man verschiedene Werte angeben; je nachdem, aus welcher Entfernung man den Gegenstand in die Brennebene der Lupe bringt, ändert sich das Verhältnis der Sehwinkel mit und ohne Lupe. Als **Normalvergrößerung** wird definiert:

$$V_N = \frac{\text{Sehwinkel mit Lupe}}{\text{Sehwinkel ohne Lupe in deutlicher Sehweite}}$$

Bei einer Lupe mit 5 cm Brennweite müssen wir den Gegenstand aus der deutlichen Sehweite (25 cm) in die Brennebene bringen, also in 5 cm Entfernung vor die Lupe. Das Verhältnis der Entfernungen ist mit und ohne Lupe also 5 cm : 25 cm. Die Größen der Netzhautbilder verhalten sich umgekehrt wie 25 : 5, ebenso die Sehwinkel. Also beträgt die Normalvergrößerung dieser Lupe $V_N = 5$. Allgemein gilt:

$$V_N = \frac{25\,\text{cm}}{\text{Brennweite der Lupe in cm}} = \frac{25\,\text{cm}}{f_L}$$

Geben wir die Brechkraft der Linse in Dioptrien an, so müssen wir die deutliche Sehweite in m messen. Also folgt:

$$V_N = 0{,}25\,\text{m} \cdot D = \frac{1}{4}\,\text{m} \cdot D = \frac{D}{4}\,\text{m} = \frac{D}{4\,\text{dpt}}$$

Je kleiner die Brennweite einer Lupe ist, desto stärker vergrößert sie. Praktisch kann man mit der Lupe bis zu 20fache Vergrößerung erreichen. Geht man darüber hinaus, so stören die dann auftretenden Abbildungsfehler der stark gekrümmten Linse.

Aus Abb. 3 können wir die Lupenvergrößerung auch mathematisch herleiten. Es verhält sich $G:s = B_o:f_A$ und $G:f_L = B_m:f_A$.

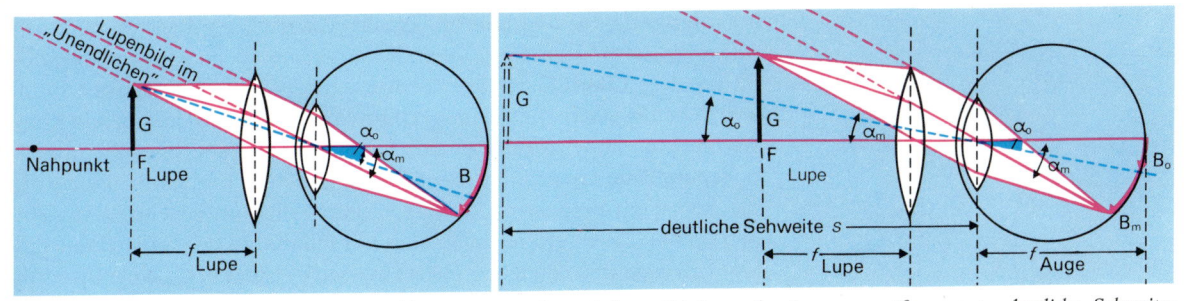

Abb. 2: Strahlengang bei der Lupe. – Abb. 3: Zur mathematischen Ableitung der Lupenvergrößerung: s = *deutliche Sehweite;* f_A = *Brennweite des Auges bei Akkommodation auf deutliche Sehweite;* f_L = *Brennweite der Lupe;* B_o = *Bildgröße ohne Lupe;* B_m = *Bildgröße mit Lupe;* α_o = *Sehwinkel ohne Lupe;* α_m = *Sehwinkel mit Lupe*

Dividieren wir die rechten und linken Seiten der Gleichungen, so folgt:

$$\frac{B_m}{B_o} = \frac{s}{f_L}.$$

Da für kleine Winkel $\frac{B_m}{B_o} = \frac{\alpha_m}{\alpha_o}$ ist, gilt auch $V_N = \frac{s}{f_L}$.

Die Vergrößerung hängt von der Gegenstandsweite und damit von der Lage des virtuellen Bildes ab.

Verwendet man die Lupe so, daß das virtuelle Bild in der deutlichen Sehweite (25 cm) liegt, dann ergibt sich für die Vergrößerung $V_s = V_N + 1$, was hier nicht nachgewiesen werden soll.

Wirkungsweise des Mikroskops. Wenn der zu untersuchende Gegenstand sehr klein ist, so reicht die Vergrößerung der Lupe nicht aus. Wir wissen, daß man dann ein Mikroskop zu Hilfe nimmt (Abb. 4).

🔵 Wir erzeugen mit einer Konvexlinse von kleiner Brennweite auf einem durchscheinenden Schirm ein vergrößertes Bild von einem leuchtenden Gegenstand, z.B. der Wendel eines Glühlämpchens, und betrachten dieses Bild durch eine Lupe. Den Schirm nehmen wir dann weg (Abb. 5).

Wir sehen ein stark vergrößertes, scheinbares Bild des Gegenstandes auch noch, wenn wir den Schirm entfernt haben.

Abb. 4: Mikroskop

Abb. 5: Modellversuch zum Mikroskop

Strahlengang im Mikroskop. In seiner einfachsten Form besteht das Mikroskop wie in unserem Versuch im wesentlichen aus zwei Konvexlinsen, dem **Okular**, das dem beobachtenden Auge am nächsten liegt, und dem **Objektiv** mit kleiner Brennweite. Der zu untersuchende Körper muß vor dem Objektiv zwischen einfacher und doppelter Brennweite liegen, dann entsteht auf der anderen Seite des Objektivs, außerhalb der doppelten Brennweite desselben, ein reelles, umgekehrtes, vergrößertes Bild. Dieses reelle Zwischenbild muß nun in der Brennebene des Okulars liegen, so daß letzteres als Lupe wirkt. Dann beobachtet man mit entspanntem Auge ein scheinbares, aufrechtes, vergrößertes Bild des Zwischenbildes, also ein umgekehrtes Bild des beobachteten Gegenstandes (Abb. 6). In den besser ausgestatteten Mikroskopen besteht sowohl das Okular als auch das Objektiv aus einem Linsensystem, jedoch ist die Wirkungsweise die gleiche wie bei dem beschriebenen Mikroskop.

Vergrößerung des Mikroskops. Die Vergrößerung durch ein Mikroskop ergibt sich aus dem durch das Objektiv erzielten Abbildungsmaßstab $\frac{B}{G}$ und aus der Vergrößerung durch das Okular. Der Abbildungsmaßstab hängt außer von der Brennweite des Objektivs noch von der optischen Tubuslänge l ab. Darunter versteht man den Abstand zwischen der Objektivbrennebene und der Bildebene des reellen Zwischenbildes, also der Brennebene des Okulars.

Beträgt z. B. der Abbildungsmaßstab $B:G = 15$ und die Lupenvergrößerung $\frac{s}{f_{ok}} = 20$, so ist die Gesamtvergrößerung $V_M = 15 \cdot 20 = 300$.

Allgemein gilt:
$$V_M = \frac{B}{G} \cdot \frac{s}{f_{ok}}$$

Mit den besten Mikroskopen erreicht man eine 2000-fache Vergrößerung.

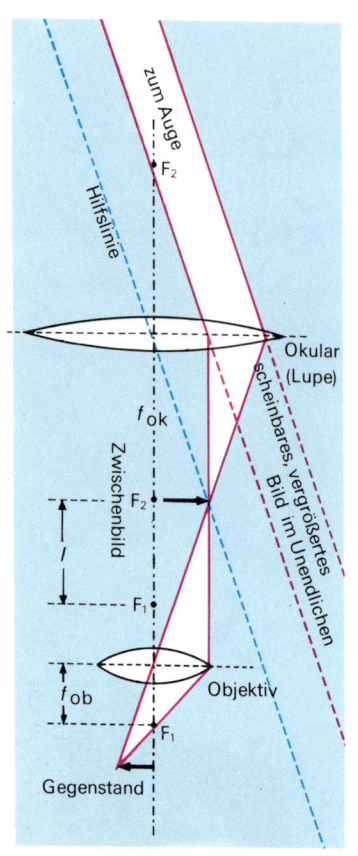

Abb. 6: Strahlengang im Mikroskop

Aufgaben 1 Welche „Normalvergrößerung" hat eine Linse mit $f_L = 25$ cm? Was zeigt das Ergebnis?

2 Die maximale Vergrößerung mit einer Lupe beträgt etwa $V_N = 20$. Wie groß muß f_L sein?

3 a) Welche Vergrößerung hat ein Mikroskop mit $f_{ob} = 1,5$ cm, $\frac{B}{G} = 12$, $f_{ok} = 3$ cm? b) Welchen Abstand hat das Objekt vom Objektiv? c) Welche Bildweite ergibt sich daraus für das Zwischenbild? d) Wie groß muß die Tubuslänge l sein? (s. Abb. 6)

4 Wie lang muß in Aufgabe 3 die optische Tubuslänge l sein, wenn wir mit völlig entspanntem Auge beobachten?

5 Wie ändert sich die Vergrößerung eines Mikroskops, wenn die folgenden Größen kleiner (größer) werden? a) Objektivbrennweite f_{ob}, b) Okularbrennweite f_{ok}, c) Optische Tubuslänge l, d) Gegenstandsweite a des Objektes.

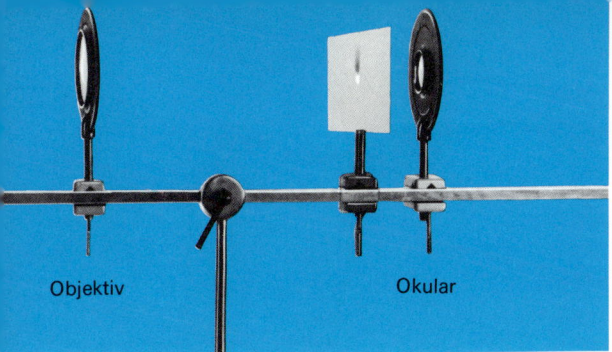

Abb. 1: Modellversuch zum Keplerschen Fernrohr

Abb. 2: Strahlengang im Keplerschen Fernrohr

Das Keplersche Fernrohr. Wir stellen uns nun die Aufgabe, den Sehwinkel, unter dem wir einen weit entfernten, also nur scheinbar kleinen Gegenstand sehen, zu vergrößern.

❶ Wir fangen das Bild, welches eine Sammellinse mit großer Brennweite (50 cm) von einer möglichst weit entfernten, brennenden Kerze erzeugt, auf einem durchscheinenden Schirm auf. Dieses reelle, umgekehrte, verkleinerte Bild betrachten wir mit einer Lupe und entfernen darauf den Schirm (Abb. 1).

Wir sehen das scheinbare, umgekehrte, vergrößerte Bild der Kerze auch noch, nachdem wir den Schirm entfernt haben.
Damit haben wir die Wirkungsweise des **Keplerschen Fernrohres** kennengelernt. Es besteht aus einer Konvexlinse mit großer Brennweite als **Objektiv,** das die Aufgabe hat, von dem entfernten Gegenstand ein reelles Bild in der Nähe zu erzeugen, so daß wir es mit einer Lupe, dem **Okular,** betrachten können. Das reelle Bild ist zwar kleiner als der Gegenstand, wir können es jetzt aber aus geringem Abstand betrachten und dadurch den Sehwinkel vergrößern. – Die Länge l des Keplerschen Fernrohres ergibt sich aus der Abb. 2 zu: $l = f_{ob} + f_{ok}$.

11.2.3
Fernrohre – Betrachtung ferner Objekte

Die Vergrößerung des Keplerschen Fernrohres hängt sicher von der Brennweite der beiden Linsen ab. Ein einfacher Versuch veranschaulicht den Zusammenhang zwischen Objektivbrennweite und der Größe des Zwischenbildes. Versuche mit Objektivlinsen verschiedener Brennweite zeigen, daß die Zwischenbildgröße proportional zur Brennweite ist.
Beim Okular, das als Lupe wirkt, ist die Vergrößerung umgekehrt proportional der Brennweite.
Durch Messungen finden wir für die Vergrößerung: $V = \dfrac{f_{ob}}{f_{ok}}$.

Das Keplersche Fernrohr wird vor allem in der Astronomie angewandt (Abb. 3). Hier kommt es nicht in erster Linie auf die Vergrößerung an. Ein Fixstern erscheint wegen seiner großen Entfernung selbst bei stärkster Vergrößerung nur als Lichtpunkt im Fernrohr, weil das Licht des Sternes nur *einen* Sehnerv in der Netzhaut unseres Auges trifft. Wichtig ist viel mehr die Helligkeit des Bildes. Sie ist um so größer, je größer der Durchmesser der Objektivlinse ist. Eine große Linse

Abb. 3: Amateur-Astronom

11 Optische Linsen – Abbildungen

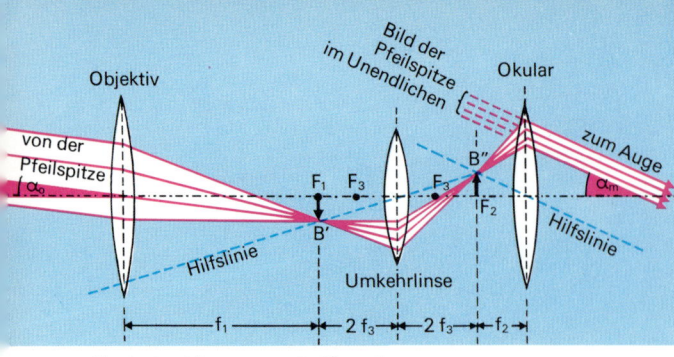

Abb. 4: Strahlengang im Erdfernrohr

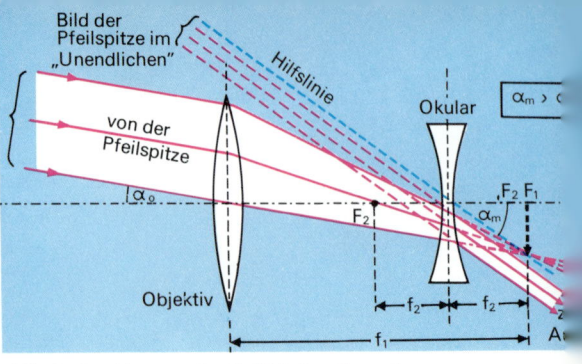

Abb. 6: Strahlengang im Galileischen Fernrohr

Abb. 5: Prismenglas mit Strahlengang

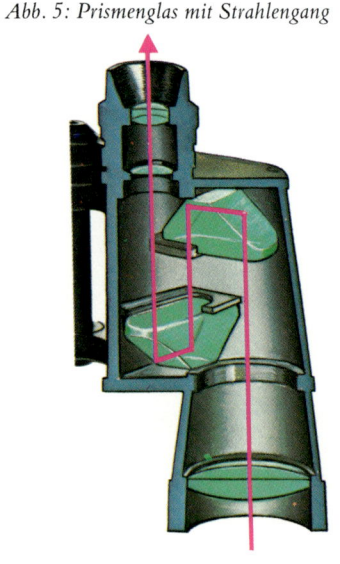

vereinigt nämlich mehr Lichtstrahlen zum Bild als das bloße Auge mit seinem kleinen Pupillendurchmesser. Daher sieht man durch ein Fernrohr noch Sterne, die man mit bloßem Auge nicht erkennen kann, weil sie zu lichtschwach sind. Man ist deshalb bestrebt, Fernrohre mit möglichst großem Objektivdurchmesser zu bauen. Das größte Linsenfernrohr (Refraktor) der Welt steht in den Vereinigten Staaten von Amerika auf der Yerkes-Sternwarte in Chikago. Bei einer Brennweite von 19,4 m hat es einen Objektivdurchmesser von 1 m.

Das Keplersche Fernrohr mit Umkehrlinse. Für irdische Beobachtung ist das Keplersche Fernrohr wegen der umgekehrten Bilder kaum brauchbar. Um es für irdische Zwecke benutzen zu können, muß man durch geeignete Vorrichtungen die Bilder aufrichten. Eine Möglichkeit hierfür ist der Einbau einer Umkehrlinse.

❷ Wir bilden das vom Objektiv erzeugte reelle Bild mit einer zweiten Sammellinse nochmals ab, wodurch wir ein reelles, aufrechtes Bild vom Gegenstand erhalten. Dies betrachten wir dann durch eine dritte Linse, die als Lupe wirkt (Abb. 4).

Ein solches **Erdfernrohr** besteht also aus drei Linsen, dem Objektiv, der **Umkehrlinse** und dem Okular. Es wird als Zielfernrohr und beim Theodoliten angewandt. Sein Nachteil ist die große Länge.

Verwenden wir zur Umkehrung des Objektivbildes zwei totalreflektierende Prismen, so erhalten wir eine Anordnung, wie sie im **Prismenglas** benützt wird (Abb. 5). Es ist kürzer als das Erdfernrohr, im allgemeinen aber nicht lichtstark, weil durch die mehrfache Reflexion Licht verloren geht. Es hat jedoch ein größeres Gesichtsfeld, d.h. man kann senkrecht zur Blickrichtung einen größeren Bereich sehen.

Das Holländische oder Galileische Fernrohr. Eine andere Möglichkeit, in einem Fernrohr aufrechte Bilder zu erhalten, haben holländische Optiker um 1600 erfunden. Sie benutzten als Okular eine Konkavlinse. Galilei hörte 1609 von dieser Erfindung und baute das Fernrohr nach.

❸ Wir bilden eine Kerzenflamme mit einer Konvexlinse ab. Das reelle Bild betrachten wir durch eine Konkavlinse, die wir, nachdem wir den Schirm weggenommen haben, gemeinsam mit dem Auge auf das Objektiv zu bewegen.

11.2 Instrumente zur Vergrößerung des Sehwinkels

In einem bestimmten Abstand beobachten wir ein aufrechtes vergrößertes, virtuelles Bild. Dabei liegt die Konkavlinse näher am Objektiv als das von diesem entworfene Bild.
Die von der Konvexlinse kommenden Strahlen werden, bevor sie sich in einem Bildpunkt vereinigen, von der Konkavlinse zerstreut (Abb. 6). Sie treffen als Parallelstrahlen auf das nicht akkommodierte Auge.

Die Länge des Galileischen Fernrohrs können wir aus der Abb. 6 ablesen. Die rechten Brennpunkte beider Linsen fallen zusammen. Daraus folgt für die Länge des Galileischen Fernrohrs $l = f_{ob} - |f_{ok}|$. Für die **Vergrößerung beim Galileischen Fernrohr** finden wir wie beim astronomischen Fernrohr:

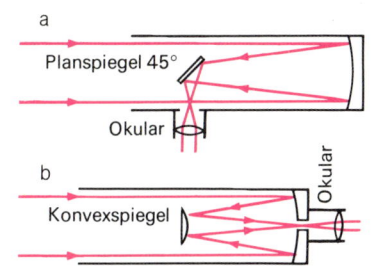

$$V = \frac{f_{ob}}{|f_{ok}|}$$

Abb. 7: Schnitt durch Spiegelteleskope nach a) Newton, b) Cassegrain (mit Strahlengang)

Spiegelteleskop[1]. Die Herstellung von einwandfreien Linsen mit großem Durchmesser ist sehr schwierig. Bei den größten astronomischen Fernrohren benutzt man deshalb an Stelle der Objektivlinsen Hohlspiegel von großer Brennweite (Abb. 7). Die vom Hohlspiegel reflektierten Strahlen werden entweder durch einen Planspiegel um 90° zur Seite *(Newton)* oder durch einen Konvexspiegel, der gleichzeitig noch die Brennweite vergrößert, um 180° nach hinten *(Cassegrain)* abgelenkt. Das reelle Zwischenbild wird durch das Okular (Lupe) betrachtet.

Das größte Spiegelteleskop der Welt wurde 1948 auf dem Mount Palomar in Kalifornien aufgestellt. Der Hohlspiegel, der hier als Objektiv dient, hat einen Durchmesser von 5 m. Das Gewicht des ganzen Teleskops beträgt 500 t. Die lichtschwächsten Sterne (Spiralnebel), die mit diesem Instrument noch festgestellt werden können, sind etwa 1 Milliarde Lichtjahre (9460 Trillionen km) entfernt.

Abb. 8: Spiegelteleskop im Hale-Observatorium

Aufgaben   **1** Es stehen Dir mehrere ausgediente Brillengläser mit unterschiedlicher Brechkraft zur Verfügung (bei einem freundlichen Optiker bekommst Du sie vielleicht geschenkt). Wie gehst Du vor, um daraus verschiedenartige Fernrohre zu bauen?
2 Zwei der alten Brillengläser haben die Brechkraft $D_1 = +1{,}5$ dpt bzw. $D_2 = +5$ dpt ($D_1 = +2$ dpt, $D_2 = -4$ dpt). Wie ordnest Du sie zu einem Fernrohr an? Wie lang ist es? Welche Vergrößerung wird erreicht?
3 Um ein astronomisches Fernrohr mit $f_{ob} = 75$ cm und $f_{ok} = 4$ cm ohne Änderung der Vergrößerung zu einem Erdfernrohr umzubauen, stehen zur Verfügung: eine Konvexlinse mit $f = 5$ cm, eine Konkavlinse mit $f = -4$ cm. Wie muß man die Linsen anordnen? Wie lang werden die Fernrohre?
4 Ein Prismenfernrohr ist auf eine Entfernung von 150 m scharf eingestellt. Wie muß man die beiden Okulare durch den Mitteltrieb bewegen, wenn man einen Gegenstand in 300 m (30 m) Entfernung betrachten will?
5 Häufig kann man beim Prismenglas ein Okular zusätzlich auch allein verstellen. Warum ist dies der Fall und wie geht man bei der Scharfeinstellung vor?

[1] tele, griech. fern; skopein, griech. sehen.

11 Optische Linsen – Abbildungen

11.3 Aufnahme und Wiedergabe von Bildern

11.3.1 Fotoapparat – Aufnahme von Bildern

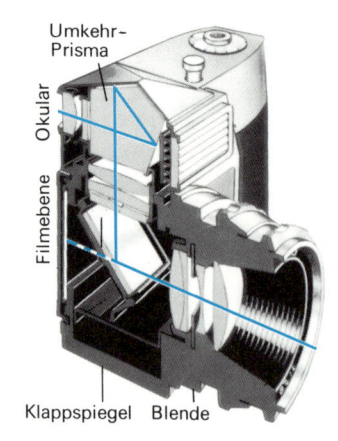

Abb. 1: Spiegelreflexkamera

Abb. 2: Objektiv eines Fotoapparates

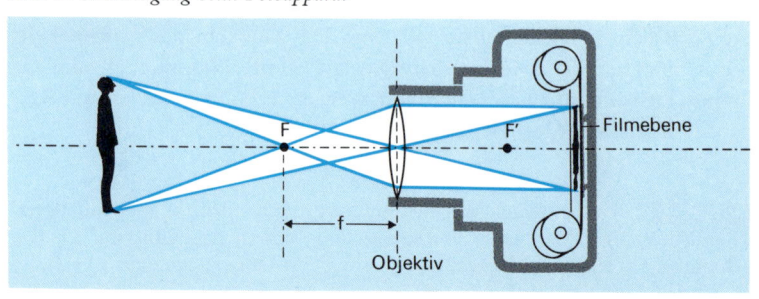

Abb. 4: Prinzip eines mit dem Objektiv gekoppelten Entfernungsmessers

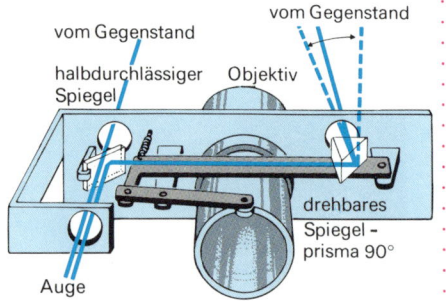

Lochkamera als Fotoapparat. Ersetzt man in der Lochkamera die durchscheinende Rückwand durch einen lichtempfindlichen Film, so hat man den einfachsten Fotoapparat vor sich. Mit einer solchen „Kamera" lassen sich jedoch nicht lichtstarke und zugleich scharfe Bilder herstellen. Ist die Lichtöffnung klein, so werden die Bilder zwar scharf, man muß aber lange belichten. Vergrößert man die Öffnung, so verringert sich zwar die Belichtungszeit, die Bilder werden aber unscharf, da von jedem Gegenstandspunkt ein zu breites Lichtbündel auf den Film fällt. Soll bei großer Kameraöffnung – also großem Lichteinfall – jeder Gegenstandspunkt wieder als Punkt abgebildet werden, so müssen die Strahlen, die von einem Punkt des Gegenstandes ausgehen, einander wieder in einem Punkt auf der Platte treffen. Wir haben gesehen, daß wir dies mit einer Konvexlinse erreichen können.

Wirkungsweise des Fotoapparates (Abb. 1). Das Objektiv des Fotoapparates, das meistens aus mehreren Linsen besteht, um gewisse Linsenfehler auszugleichen (Abb. 2), wirkt als Ganzes wie eine Konvexlinse. Wir können mit ihm scharfe Bilder erzeugen, wenn wir den Abstand zwischen Film und Objektiv richtig wählen (Abb. 3). Dies geschieht bei Kleinbildkameras mit Hilfe einer Entfernungsskala. Dabei wird das Objektiv mit einem Schraubengewinde vor und zurück bewegt.

Abb. 3: Strahlengang beim Fotoapparat

Entfernungsmessung. In gut ausgestatteten Kameras ist ein Entfernungsmesser eingebaut und mit der Objektiveinstellung gekoppelt. Sein Prinzip erläutert Abb. 4. Lichtstrahlen, die vom Gegenstand ausgehen, gelangen auf zwei Wegen ins Auge, 1. direkt durch den halbdurchlässigen Spiegel, 2. nach Reflexion im drehbaren Spiegelprisma, das so gestellt wird, daß sich beide Bilder decken. Über den Drehwinkel des Spiegels, der von der Entfernung des Objektes abhängt, können wir die Entfernung messen.

Die Belichtungszeit, die am **Verschluß** eingestellt wird, hängt außer von der Helligkeit des Gegenstandes und der Empfindlichkeit des Films noch von der Brennweite des Objektivs und von der Blendenöffnung ab. Wenn die Gegenstandsweite sehr groß ist im Vergleich zur Brenn-

weite, so werden bei doppelter Brennweite die Bildweite und die Bildgröße doppelt so groß, d. h. es wird die vierfache Fläche beleuchtet. Bei dreifacher Brennweite ist die beleuchtete Fläche neunmal so groß. Daher muß die Belichtungszeit T entsprechend der beleuchteten Fläche wachsen, sie ist also proportional zum Quadrat der Brennweite: $T \sim f^2$. – Durch eine Blende von doppeltem Durchmesser d kommt in der Zeiteinheit die vierfache Lichtmenge. Bei dreifachem Durchmesser ist es die neunfache Lichtmenge (Abb. 5).
Daraus folgt für die Belichtungszeit: $T \sim \dfrac{1}{d^2}$ – Also gilt:

$$T \sim \left(\dfrac{f}{d}\right)^2 \text{ oder } T = k \cdot \left(\dfrac{f}{d}\right)^2.$$

Der Quotient $\dfrac{f}{d}$ heißt **Blendenzahl** oder kurz Blende; der Kehrwert $\dfrac{d}{f}$ wird **Lichtstärke** genannt. Zur Blende 8 gehört die Lichtstärke 1 : 8. Die größte Lichtstärke, die man erreichen kann, ist auf der Objektivfassung verzeichnet. Auf dem Einstellring für die Blende ist eine Folge von Blendenzahlen angegeben, und zwar ist sie so gewählt, daß sich die Belichtungszeit von einer zur nächstgrößeren Zahl verdoppelt.
Blendenzahlen $f:d$ 1,4 2 2,8 4 5,6 8 11 16 22

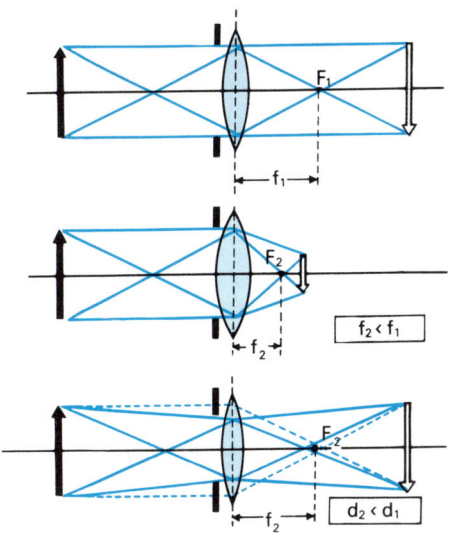

Abb. 5: Bei kleinerem f fällt auf das kleinere Bild bei gleicher Blendenöffnung die gleiche Lichtmenge. Bei kleinerer Blende fällt auf das gleichgroße Bild weniger Licht

Schärfentiefe. Die Leistungsfähigkeit eines Fotoapparates hängt in erster Linie von der Lichtstärke des Objektivs ab, also vom Verhältnis von Linsendurchmesser zur Brennweite. Mit der Blende (Abb. 6) kann man die Linsenöffnung und damit die Lichtstärke verkleinern. Man erhält dadurch ein schärferes Bild, weil man die Randstrahlen abblendet. Vor allem wird die **Schärfentiefe** größer. Das ist der Entfernungsbereich, der bei der Einstellung auf eine bestimmte Entfernung *vor* und *hinter* dem Objekt auch noch scharf abgebildet wird.

Abb. 6: Irisblende (sie ist mit der Iris beim Auge vergleichbar)

Abb. 7: Die Schärfentiefe hängt von der Blendenöffnung ab. – Die „Zerstreuungsscheibchen" A" bzw. C" sind um so kleiner, je kleiner die Blendenöffnung ist

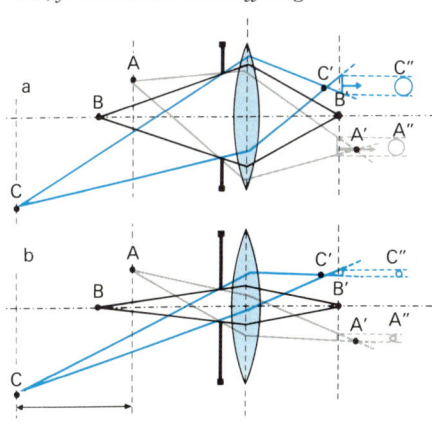

Die Schärfentiefe ist umso größer, je schmaler die Lichtbündel sind, die auf die Platte fallen (Abb. 7).

Aufgaben **1** Ein Fotoapparat mit der Objektivbrennweite 7,5 cm ist auf ∞ eingestellt. Wie muß der Abstand des Objektivs von der Filmebene für Nahaufnahmen verändert werden? Berechne die Veränderung für die Gegenstandsweiten 20 m, 10 m, 5 m, 2 m! Zeichne die Entfernungsskala!
2 Bei einer Kleinbildkamera ($f = 5$ cm) ist die geringste Entfernung, auf die man scharf einstellen kann, 1,25 m. In welchen Grenzen läßt sich der Abstand des Objektivs vom Film verändern?
3 Die Belichtungszeit beträgt $T = k \cdot \left(\dfrac{f}{d}\right)^2$. Wovon hängt k ab?
4 Welchen Durchmesser hat die Blende bei einer Objektivbrennweite von 5 cm und der Blendenzahl 11?
5 Bei einer Kleinbildkamera wird das Normalobjektiv ($f_o = 5$ cm) ersetzt durch eines mit $f_1 = 2$ cm ($f_2 = 30$ cm). Was ändert sich?

11 Optische Linsen – Abbildungen

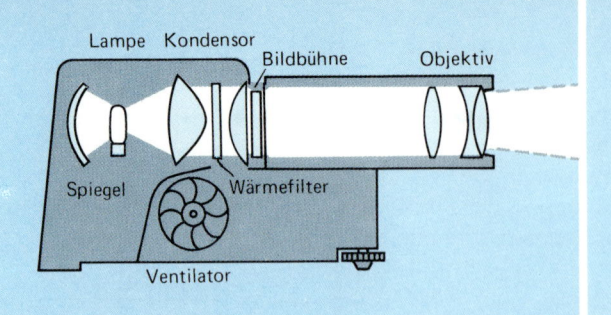

Abb. 2: Diaprojektor mit Strahlengang

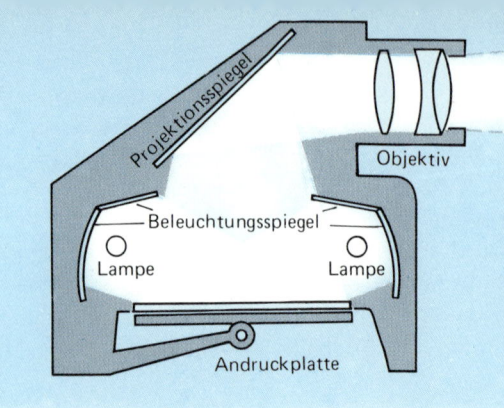

Abb. 3: Episkop mit Strahlengang

11.3.2
Dia- und Film-Projektor – Wiedergabe von Bildern

Abb. 1: Vergrößerungsapparat

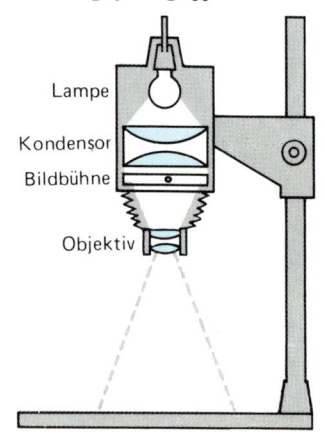

Aus einem Fotoapparat können wir einen **Vergrößerungsapparat** (Abb. 1) bauen, indem wir die Lage von Bild und Objekt vertauschen. Das Negativ, von dem wir ein vergrößertes Bild herstellen wollen, bringen wir an die Stelle des Films, in die Bildebene das Fotopapier.
Zur Projektion[1] eines durchsichtigen Glasbildes, eines **Diapositivs**, dient der **Diaprojektor**[2] (Abb. 2). Mit dem **Episkop**[3] können undurchsichtige Bilder, etwa aus einem Buch, projiziert werden (Abb. 3).
Vergrößerungsapparat und Projektor sind nach dem gleichen Prinzip gebaut. Die Beleuchtung muß beim Projektor allerdings stärker sein, weil Bildweite und Bild größer sind. Das wird erreicht durch Hohlspiegel und Beleuchtungskondensor[4]. Der Hohlspiegel hinter der Lichtquelle erzeugt ein gleichgroßes Bild der Glühwendeln, das neben den Wendeln in der Lampe liegt. Die Kondensorlinse bildet die Wendeln und deren Spiegelbild durch das Dia hindurch auf das Objektiv ab (Abb. 4). Ohne Kondensor würden die Ränder des Dias nur lichtschwach abgebildet werden, da das von ihnen ausgehende Streulicht zum großen Teil nicht auf das Objektiv fiele (Abb. 5).

[1] proicere, lat. vorwerfen.   [2] diá, gr. durch.   [3] epi, gr. auf.
[4] condensare, lat. verdichten.

Abb. 4: Bild der Glühwendeln   *Abb. 5: Strahlengang beim Dia-Projektor ohne (a) und mit Beleuchtungskondensor (b)*

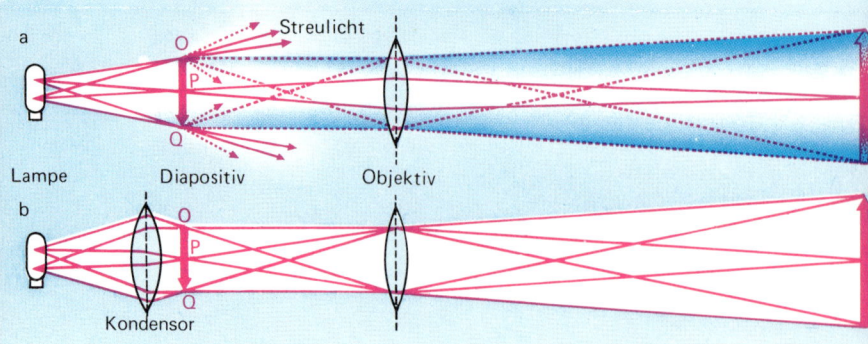

11.3 Aufnahme und Wiedergabe von Bildern

Der **Schreibprojektor** ist im Prinzip ein Diaprojektor, bei dem ein horizontales Dia (Folie) auf eine vertikale Wand projiziert wird (Abb. 6). Der wesentliche Unterschied gegenüber einem Diaprojektor besteht darin, daß bei ihm eine rund 100mal größere Fläche ausgeleuchtet werden muß. Hierzu benötigt man eine starke Lichtquelle und vor allem eine Kondensorlinse mit großem Durchmesser und großer Dicke. Diese ist nicht nur schwierig herzustellen, sie hätte auch ein zu großes Gewicht. Man verwendet heute deshalb sog. **Fresnel-Kondensorlinsen** aus Plexiglas, deren wichtigsten Vorteile die Reduzierung von Gewicht und Dicke sind. Der französische Physiker *Augustin Jean Fresnel* (sprich Frenel, 1788–1827) ging davon aus, daß die Brennweite einer Linse nicht von ihrer Dicke abhängt, sondern außer vom Material nur von der Krümmung der Oberfläche. Er unterteilte deshalb die Linse in „Ringe", deren Höhen er unter Beibehaltung der Oberflächenkrümmung verkürzte (Abb. 7). Die so entstandene Stufenlinse besitzt die gleichen optischen Eigenschaften wie eine Konvexlinse, ist aber wesentlich dünner und leichter.
Daß die Lichteindrücke bei genügend starker Beleuchtung im Auge länger haften, als die Beleuchtung selber dauert, nutzt man beim **Filmprojektor** aus.

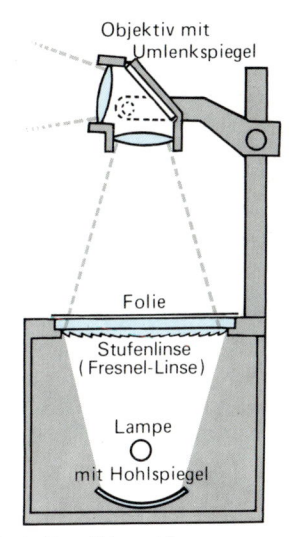

Abb. 6: Tageslichtprojektor

❶ Schwenke im verdunkelten Zimmer ein brennendes Glühlämpchen zuerst langsam, dann schnell im Kreis herum!

Abb. 7: Fresnel-Kondensorlinse

Zunächst erscheint die Glühlampe noch als leuchtender Punkt auf ihrer Bahn. Bei schneller Rotation sehen wir eine leuchtende Kreislinie. Ein Lichteindruck wird 1/16 Sekunde lang wahrgenommen. Macht die Lampe 16 Umdrehungen pro Sekunde, so erscheint ein Punkt der Bahn noch immer hell, wenn sie diesen Punkt wieder durchläuft und einen neuen Lichteindruck hervorruft. Man sieht also alle Bahnpunkte gleichzeitig leuchten.

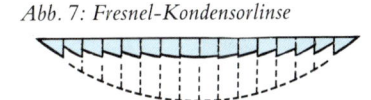

Abb. 8: Strahlengang und Filmtransport beim Filmprojektor

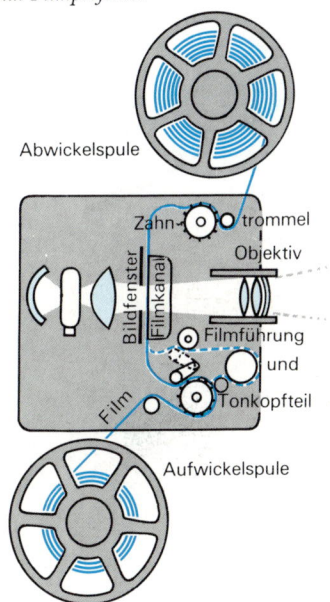

Im Hinblick auf seine Wirkungsweise ist der Filmprojektor ein Diaprojektor, mit dem die vielen kleinen Bilder eines Filmstreifens in schneller Folge projiziert werden, so daß im Auge des Beschauers das Bild gerade noch nicht völlig verschwunden ist, wenn das folgende erscheint. Der Filmstreifen wird ruckweise an dem Bildfenster (Abb. 8) vorbeigeführt. Solange sich der Film bewegt, schirmt eine rotierende Blende (Malteserkreuz) das Licht ab. Während die einzelnen Bilder des Films projiziert werden, steht der Film still. Die Filmkamera macht normalerweise 24 Aufnahmen in der Sekunde. Werden bei der Vorführung auch 24 Bilder pro Sekunde gezeigt, so sieht man alle Bewegungen ebenso schnell ablaufen wie in Wirklichkeit.
Macht man hundert oder mehr Aufnahmen in der Sekunde, und wird der so aufgenommene Film dann mit normalem Bildwechsel vorgeführt, so erscheinen alle Bewegungen langsamer als in Wirklichkeit **(Zeitlupe)**. Macht man dagegen von einem sehr langsamen Vorgang z. B. dem Öffnen einer Blüte, etwa stündlich eine Aufnahme, so läuft der Vorgang bei normaler Vorführung erheblich schneller ab **(Zeitraffer)**.

11 Optische Linsen – Abbildungen

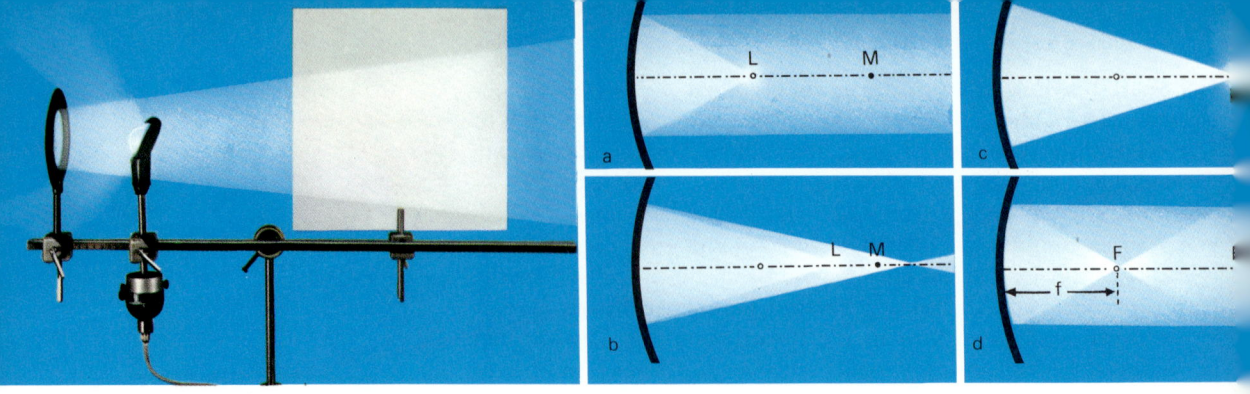

Abb. 3: Reflexion des Lichtes am Hohlspiegel

Abb. 4: Strahlengang am Hohlspiegel

*11.4

11.4.1 Reflexion des Lichtes an gekrümmten Spiegeln

Abb. 1: Rasier- und Zahnarztspiegel

Abb. 2: Querschnitt eines Kugelspiegels

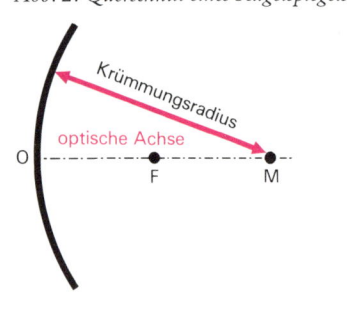

Abbildungen mit gekrümmten Spiegeln

Hohlspiegel. Der Spiegel im Scheinwerfer der Fahrradbeleuchtung, der Rasierspiegel und der kleine Spiegel, mit dem der Zahnarzt die Zähne betrachtet, sind gekrümmte Flächen, deren Innenseite spiegelt (Abb. 1). Wir nennen sie deshalb **Hohlspiegel** oder **Konkavspiegel**. Sind sie Teile einer Kugelfläche, so sprechen wir vom **Kugelspiegel** oder **sphärischen** Hohlspiegel. Einen **Parabolspiegel** können wir uns durch Drehung einer Parabel um ihre Achse entstanden denken. Im Unterricht benutzen wir sphärische Hohlspiegel und stellen sie als Kreisbögen dar (Abb. 2). Der Mittelpunkt O des Spiegels heißt **optischer Mittelpunkt**. Der Mittelpunkt M der Kugel, von welcher der Spiegel ein Teil ist, heißt **Krümmungsmittelpunkt,** der zugehörige Radius **Krümmungsradius**. Die Gerade durch O und M ist die **optische Achse**.

Brennpunkt und Brennweite. Wir wollen nun untersuchen, wie ein Hohlspiegel Lichtstrahlen reflektiert.

❶ Wir bringen eine möglichst punktförmige Lichtquelle, die sich auf der optischen Achse befindet, dicht vor den Spiegel. Die reflektierten Strahlen machen wir durch Rauch sichtbar oder durch einen weißen Schirm, an dem das Licht entlang streift (Abb. 3). Dann bewegen wir die Lichtquelle längs der optischen Achse vom Spiegel weg.

Das von der Lampe stark auseinandergehende, **divergierende** Lichtbündel ist nach der Reflexion weniger divergent, verläuft aber wie die einfallenden Strahlen symmetrisch zur optischen Achse. Je weiter wir die Lampe vom Spiegel wegbewegen, desto weniger divergieren die reflektierten Strahlen. Für eine bestimmte Stelle der Lampe, die wir markieren, ist das reflektierte Lichtbündel überall gleich breit, die Strahlen sind parallel (Abb. 4a). – Entfernen wir die Lampe noch weiter, so laufen die reflektierten Strahlen in einem Punkt der Achse zusammen (Abb. 4b), sie sind **konvergent**. Schließlich begegnen sich der Schnittpunkt der reflektierten Strahlen und die Lichtquelle einander (Abb. 4c). Alle auf den Spiegel fallenden Strahlen werden jetzt in sich selbst reflektiert, d.h. sie treffen senkrecht auf die Spiegelfläche und gehen vom Krümmungsmittelpunkt des Hohlspiegels aus.

Setzen wir den Versuch fort, so rückt der Schnittpunkt der reflektierten Strahlen zwar immer näher an den Spiegel heran, den markierten Punkt aber überschreitet er selbst bei großer Entfernung der Lichtquelle nicht. Er bezeichnet offenbar eine Grenzlage.
Um dies zu prüfen, müßten wir eine unendlich weit entfernte Lichtquelle nehmen (z. B. die Sonne). Licht aus dem Unendlichen trifft parallel auf die Erde; wir können es auch im Labor erzeugen.

❷ Wir erzeugen mit einer Experimentierleuchte parallele Lichtstrahlen und lassen sie parallel zur optischen Achse auf den Hohlspiegel fallen.

Alle Strahlen gehen nach der Reflexion durch einen Punkt.
Er heißt **Brennpunkt** F des Hohlspiegels (Abb. 4d; F von focus, lat. Feuerstätte). Es ist derselbe Punkt, in dem die Lampe stand, als die reflektierten Strahlen parallel verliefen. Sein Abstand vom optischen Mittelpunkt heißt **Brennweite** f. Messungen ergeben: $f = \frac{r}{2}$.

Bei genauer Betrachtung erkennen wir, daß doch nicht alle Strahlen, die nach der Reflexion konvergent sind, genau durch einen Punkt gehen. Randstrahlen treffen näher am Spiegel zusammen als Strahlen, die nahe dem optischen Mittelpunkt auf den Hohlspiegel fallen (Abb. 5). Wir schalten sie deshalb oft durch eine ringförmige Blende aus. Bei einem Parabolspiegel gehen auch die reflektierten Randstrahlen durch den Brennpunkt (Abb. 6).

Wir fassen die Hauptergebnisse unserer Versuche zusammen:

> Strahlen, die vom Brennpunkt ausgehen, laufen nach der Reflexion parallel zur optischen Achse (und umgekehrt). Der Abstand des Brennpunktes vom optischen Mittelpunkt heißt Brennweite. Sie ist gleich dem halben Krümmungsradius. Strahlen, die vom Krümmungsmittelpunkt ausgehen, werden in sich selbst reflektiert.

Brennebene und Brennlinie. Wir haben bisher darauf geachtet, daß die Lichtquelle sich immer in der optischen Achse befand. Wie erfolgt die Reflexion, wenn dies nicht der Fall ist?

❸ Wir stellen die Lichtquelle außerhalb der optischen Achse auf.

Die reflektierten Strahlen verlaufen jetzt nicht mehr symmetrisch zur optischen Achse. Sonst aber machen wir die gleichen Beobachtungen wie vorher. Sind die reflektierten Strahlen parallel, so steht die Lampe in der Ebene, die im Brennpunkt senkrecht zur optischen Achse liegt. Diese Ebene heißt **Brennebene**. Lassen wir umgekehrt parallele Strahlen in einer beliebigen Richtung auf den Hohlspiegel fallen, so schneiden sie einander nach der Reflexion in einem Punkt der Brennebene (Abb. 7).
Wir können die Reflexion der Lichtstrahlen am Hohlspiegel auch mit dem Reflexionsgesetz erklären. Dazu denken wir uns die spiegelnde Fläche durch viele kleine ebene Spiegel ersetzt, die tangential zur Spiegelfläche liegen (Abb. 8). Für jedes dieser Stücke gelten dann die Gesetze vom ebenen Spiegel.

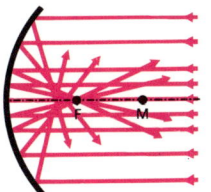

Abb. 5: „Randstrahlen" schneiden einander näher am Spiegel als achsennahe Strahlen

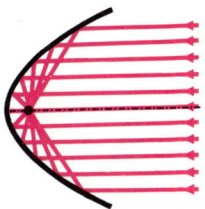

Abb. 6: Beim Parabolspiegel gehen auch Randstrahlen durch den Brennpunkt

Abb. 7: Brennebene

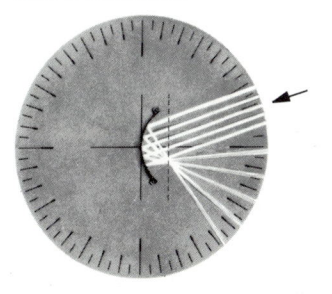

Abb. 8: Erklärung der Reflexion am Hohlspiegel

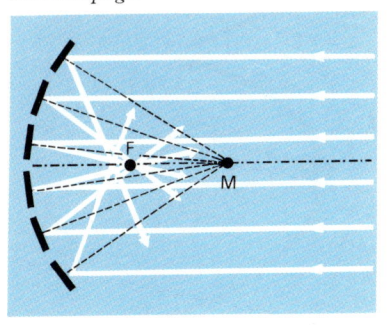

11 Optische Linsen – Abbildungen

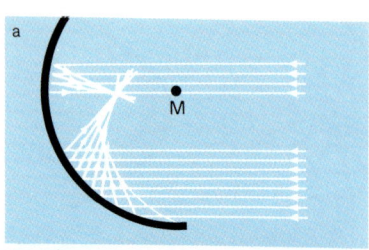

Zeichnen wir nach diesen Gesetzen für einen als Halbkreis dargestellten Spiegel zu parallel einfallenden Strahlen die zugehörigen Reflexionsstrahlen, so schneiden engbenachbarte Randstrahlen einander nicht auf der optischen Achse. Alle Schnittpunkte liegen auf einer Linie (Abb. 9a), die **Brennlinie** oder **Katakaustik** genannt wird (katá, griech. zurück; kaustikós, griech. brennend). Wir beobachten diese Brennlinie z.B. bei Ringen, die auf dem Tisch liegen (Abb. 9b).

Wölbspiegel. Der Rückspiegel am Auto spiegelt auf der nach außen gekrümmten Seite (Abb. 10). Einen solchen Spiegel nennen wir Wölbspiegel oder Konvexspiegel (convexus, lat. gewölbt).

❹ Wir stellen eine punktförmige Lichtquelle vor den Spiegel und bewegen sie in Richtung der optischen Achse vom Spiegel weg.

Abb. 9: Brennlinie (Katakaustik)

Abb. 10: Wölbspiegel als Rückblickspiegel am Auto

Soweit wir die Lampe auch vom Spiegel entfernen, die reflektierten Strahlen sind immer divergent. Sie scheinen von Punkten auszugehen, die hinter dem Spiegel auf der optischen Achse liegen (Abb. 11).

Abb. 13: Konstruktion des scheinbaren Brennpunktes am Wölbspiegel

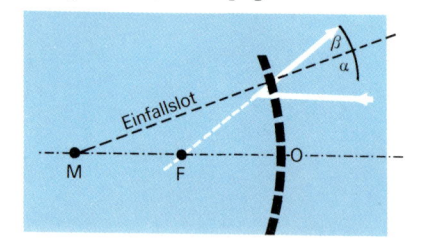

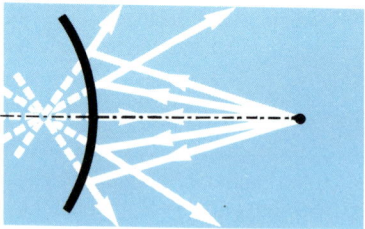

Abb. 11: Reflexion am Wölbspiegel

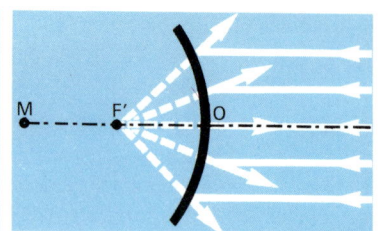

Abb. 12: Scheinbarer Brennpunkt

Abb. 14: a) Fern-, b) Abblendlicht

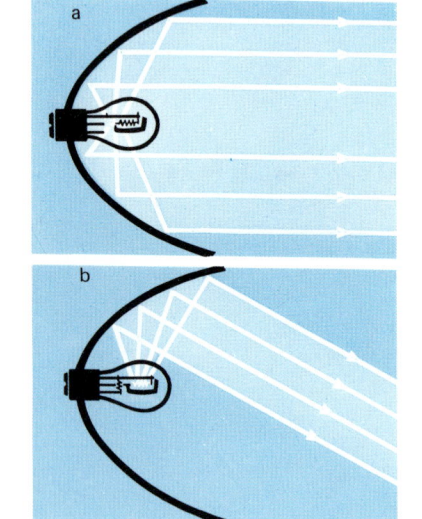

❺ Wir verwenden achsenparallele Lichtstrahlen.

Die reflektierten Strahlen scheinen von einem Punkt zu kommen, der wie beim Hohlspiegel in der Mitte zwischen optischem Mittelpunkt und Krümmungspunkt liegt (Abb. 12).
Wir nennen ihn den **scheinbaren Brennpunkt** des Spiegels oder seinen **Zerstreuungspunkt**. Seine Entfernung vom optischen Mittelpunkt heißt **scheinbare Brennweite** und erhält ein negatives Vorzeichen.

Beispiele Konstruiere den scheinbaren Brennpunkt eines Wölbspiegels! Zum Zeichnen des Einfalls- und Reflexionswinkels benötigen wir das Einfallslot. Es hat die Richtung des Radius (Begründung s. Abb. 13).

Aufgaben 1 Der griechische Geschichtsschreiber *Plutarch* berichtet, daß das heilige Feuer der römischen Göttin *Vesta* nur mit Sonnenlicht von Priesterinnen entzündet werden durfte. Wie gingen sie vor?
2 Wo werden Hohlspiegel als Beleuchtungsspiegel verwendet?
3 Auch beim Hohlspiegel ist der Lichtweg umkehrbar. Begründe dies!
4 Wodurch wird das Abblenden bei Autoscheinwerfern erreicht (Abb. 14)?

11.4 Abbildungen mit gekrümmten Spiegeln

Abb. 1: Bilder am Hohlspiegel: a) Kerze dicht vor dem Spiegel (innerhalb der einfachen Brennweite) b) Kerze zwischen Brennpunkt und Krümmungsmittelpunkt c) Kerze hinter dem Krümmungsmittelpunkt

Bilder am Hohlspiegel. In 11.4.1 haben wir den Hohlspiegel als Reflektor behandelt. Jetzt verwenden wir ihn zur Bilderzeugung.

❶ Als Objekt nehmen wir eine brennende Kerze, die wir direkt vor den Hohlspiegel stellen und dann vom Spiegel wegbewegen (Abb. 1).

Wir sehen zunächst ein aufrechtes, vergrößertes Bild. Wenn wir den Kopf etwas seitwärts bewegen, scheint sich das Bild gegenüber dem Spiegel in der gleichen Richtung wie der Kopf zu bewegen.
Wir erkennen daran, daß das Bild der Kerze hinter dem Spiegel liegt. Es ist ein scheinbares oder **virtuelles** Bild, wie wir es schon vom ebenen Spiegel her kennen.
Bewegen wir die Kerze vom Spiegel weg, so wird das Bild immer größer. Bei einer bestimmten Entfernung verschwimmt es und ist im Spiegel nicht mehr zu erkennen. Messungen zeigen, daß die Kerze jetzt gerade in der Brennebene des Hohlspiegels steht.
Vergrößern wir die Entfernung zum Spiegel noch etwas, so erscheint bei einer bestimmten Stellung an der dem Spiegel gegenüberliegenden Wand ein großes Bild der Kerzenflamme, das auf dem Kopf steht. Nähern wir der Flamme einen Bleistift von links, so erscheint er im Bild auf ihrer rechten Seite. Das Bild der Kerzenflamme ist also auch seitenverkehrt, d. h. es ist ein umgekehrtes **reelles** Bild wie bei der Lochkamera.
Halten wir einen weißen Schirm an beliebiger Stelle in den Strahlengang zwischen Kerze und Wand, so können wir durch Verschieben der Kerze immer erreichen, daß auf dem Schirm ein scharfes, umgekehrtes und immer noch vergrößertes Bild erscheint. Wenn wir unsere Augen richtig auf das Bild einstellen, dann sehen wir es dort deutlich „in der Luft stehen", auch wenn wir den Schirm wegnehmen.
Führen wir die Kerze weiter vom Spiegel weg, so rückt das Bild näher und wird kleiner; im Krümmungsmittelpunkt begegnen sich beide und sind gleich groß. Setzen wir den Versuch fort, dann wird das Bild kleiner als der Gegenstand und nähert sich dem Brennpunkt, ohne ihn zu erreichen. – Tab. 1 faßt die Ergebnisse zusammen.

11.4.2
Bilder an gekrümmten Spiegeln – Bildkonstruktion

Tab. 1: Übersicht über Art und Lage der Hohlspiegelbilder

Gegenstandsweite a	Bildweite b	Bildeigenschaften
1. $a < f$	$0 < b < \infty$	virtuell, aufrecht, vergrößert
2. $a \to f$	$b \to \infty$	kein Bild
3. $f < a < 2f$	$b > 2f$	reell, umgekehrt, vergrößert
4. $a = 2f$	$b = 2f$	reell, umgekehrt, gleichgroß
5. $a > 2f$	$2f > b > f$	reell, umgekehrt, verkleinert
6. $a \to \infty$	$b \to f$	punktförmig

Bilder, die auf der Wand oder mit dem Schirm aufgefangen werden können, heißen wirkliche oder reelle Bilder. Mit Hohlspiegeln kann man je nach Lage des Gegenstandes virtuelle (aufrechte und vergrößerte) oder reelle (umgekehrte, vergrößerte oder verkleinerte) Bilder herstellen.

Die ausgezeichneten Lichtstrahlen – Bildkonstruktionen. Da alle Strahlen, die von einem Gegenstandspunkt auf den Hohlspiegel fallen, einander wieder in einem Punkt, dem zugehörenden **Bildpunkt,** schneiden, so brauchen wir nur den Schnittpunkt *zweier* Strahlen zu bestimmen, um den zum Gegenstandspunkt gehörenden Bildpunkt zu finden. Wir benutzen bei der Bildzeichnung zweckmäßig solche Strahlen, von denen wir den Verlauf nach der Reflexion leicht angeben können, nämlich

1. den **Parallelstrahl,** der **parallel** zur optischen Achse auf den Spiegel fällt und zum Brennpunkt reflektiert wird,
2. den **Brennstrahl,** der durch den **Brennpunkt** geht und der parallel zur optischen Achse reflektiert wird.
3. Für einen dieser beiden Strahlen oder zur Kontrolle kann man auch den **Hauptstrahl** zeichnen, der durch den Krümmungsmittelpunkt geht und daher in sich selbst reflektiert wird (Abb. 2).

Beispiele Von den vielen Strahlen, die von der Spitze des Pfeiles G (Abb. 3) ausgehen, brauchen wir nur zwei zu zeichnen, um das Bild der Pfeilspitze zu finden, z. B. den Parallelstrahl, der durch den Brennpunkt F reflektiert wird und den Brennstrahl, der durch F geht und nach der Reflexion am Hohlspiegel parallel zur optischen Achse verläuft. Der Schnittpunkt der reflektierten Strahlen ist der gesuchte Bildpunkt.

Abb. 2: Die ausgezeichneten Lichtstrahlen

Abb. 3: Bildkonstruktion: Gegenstand a) außerhalb der doppelten Brennweite, b) zwischen Brennpunkt und Krümmungspunkt

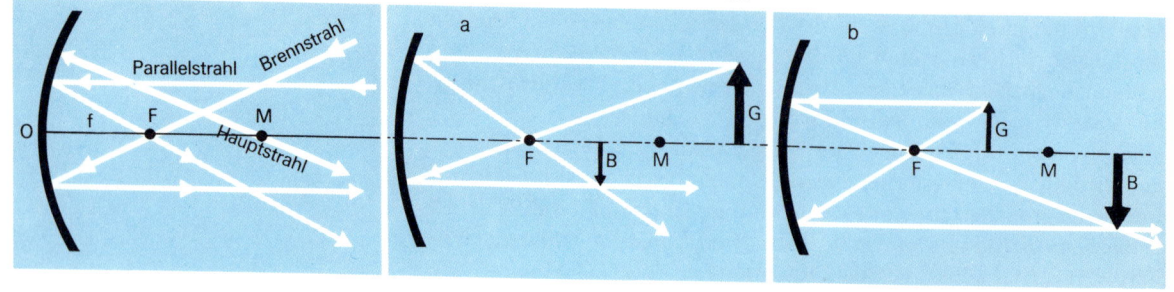

11.4 Abbildungen mit gekrümmten Spiegeln

Bilder am Wölbspiegel. Art und Lage der Bilder, die durch Wölbspiegel erzeugt werden, können wir leicht erkennen, wenn wir unser Spiegelbild oder das Bild einer Kerze in einem solchen Spiegel betrachten, während wir uns bzw. die Kerze in verschiedenen Richtungen zum Spiegel bewegen (Abb. 4).

Wir können auch beim Wölbspiegel mit zwei Strahlen, die von einem Punkt des Gegenstandes ausgehen und deren Reflexionsrichtung wir kennen, den zugehörigen Bildpunkt zeichnen. Wie beim Hohlspiegel stehen dafür zur Verfügung: der Brennstrahl, der nach der Reflexion achsenparallel verläuft, der Hauptstrahl, der in sich reflektiert wird und der Parallelstrahl, der nach der Reflexion am Wölbspiegel aus dessen Brennpunkt zu kommen scheint (Abb. 5). Die vom Wölbspiegel reflektierten Strahlen schneiden einander nicht. Wir sehen den Bildpunkt daher dort, wo die reflektierten Strahlen scheinbar herkommen, also im Schnittpunkt ihrer rückwärtigen Verlängerungen.

Konstruieren wir gemäß Abb. 6 das Bild eines Gegenstandes mit Hilfe von Parallelstrahl und Hauptstrahl, so erkennen wir, daß die Bilder am Wölbspiegel stets aufrecht und verkleinert sind und zwischen scheinbarem Brennpunkt und Spiegel liegen.

Abb. 4: Bilder am Wölbspiegel

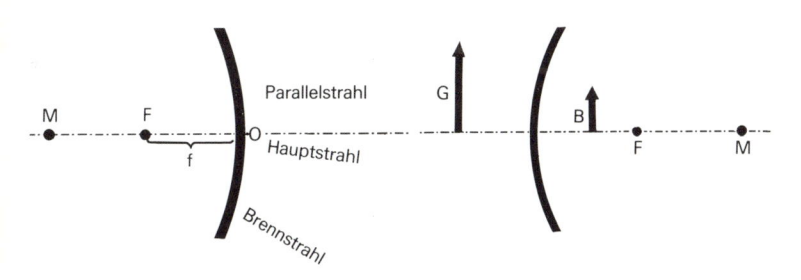

Abb. 5: Ausgezeichnete Strahlen   *Abb. 6: Bildkonstruktion*

Wölbspiegel liefern verkleinerte, aufrechte und virtuelle Bilder, die zwischen Spiegel und scheinbarem Brennpunkt liegen. Der Vorteil solcher Spiegel gegenüber gleichgroßen ebenen Spiegeln liegt darin, daß man einen größeren Raum überblickt. Man sagt, das **Gesichtsfeld** ist größer.

Abb. 7: Zu Aufg. 5

Aufgaben   1 Wo stehen Bild und Gegenstand bei der Benutzung eines Hohlspiegels als Rasierspiegel?
2 Mit einem Hohlspiegel wird ein reelles Kerzenbild auf einem Schirm erzeugt. Dann wird der Spiegel teilweise verdeckt. Was ändert sich?
3 Konstruiere Hohlspiegelbilder von einem Pfeil, wenn er sich von außerhalb des Krümmungsmittelpunktes dem Spiegel nähert!
4 Konstruiere Bilder, die durch einen Wölbspiegel entstehen (Abb. 6)!
5 In Abb. 7 trifft keiner der ausgezeichneten Strahlen den Spiegel. Gibt es trotzdem ein Bild? Begründe Deine Antwort und konstruiere!

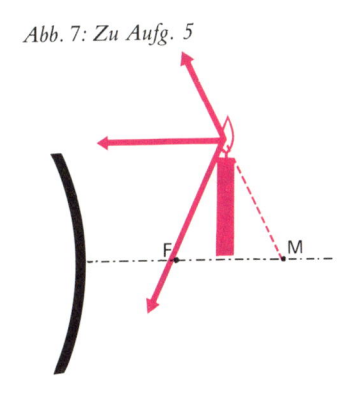

11 Optische Linsen – Abbildungen

11.5 Zur Entwicklung optischer Geräte

Geschichtlicher Überblick

Die vergrößernde Wirkung von gläsernen Kugelabschnitten kannten bereits die Araber im 11. Jahrhundert. Der Erfinder der **Brille** zur Korrektur von Augenfehlern ist nicht bekannt. Eine erste schriftliche Erwähnung findet sich in Oberitalien gegen Ende des 13. Jahrhunderts (Abb. 1). Die Erfindung des **Mikroskops** (Abb. 2) Ende des 16. Jahrhunderts wird dem holländischen Glasschleifer und Brillenmacher *Jansen* zugeschrieben. Mit seinem Landsmann *Lippershey* soll er auch das **Fernrohr** (Abb. 3) erfunden haben. *Galilei* hörte 1609 davon und baute das nach ihm benannte Fernrohr, mit dem er wichtige Entdeckungen machte.

Die ersten optischen Instrumente waren sicher das Ergebnis zufälliger Entdeckungen; ihre Weiterentwicklung beruhte auf handwerklichem Können und handwerklicher Erfahrung. Mit dem großen Astronomen *Johannes Kepler* (1571–1630) begann die wissenschaftliche Entwicklung der optischen Geräte. In dem Buch „Dioptrice" beschreibt er die Herstellung von Linsensystemen und entwickelt eine Theorie des Fernrohrs. Voraussetzung für ein wissenschaftliches Vorgehen war die Modellvorstellung vom **Lichtstrahl.** Damit konnte man die Reflexion und die Brechung des Lichtes beschreiben sowie die Bildentstehung erklären. Im Jahre 1621 fand der Holländer *Snellius* das **Brechungsgesetz,** mit dem die optischen Eigenschaften der Linsen auch berechnet werden konnten. Als im Jahre 1704 *Isaak Newton* sein Werk „Optik" veröffentlichte, waren die Abbildungsgesetze bekannt und *Newton* hatte bereits die Natur der Spektralfarben erforscht. Dadurch konnten die Abbildungs- und Farbfehler der Linsen erklärt werden und die Wege zu ihrer Beseitigung standen offen. 1757 erfand der Engländer *Dollond* die achromatischen Linsen, die *Fraunhofer* 1815 noch verbesserte.

Der erste, der die zur Bildentstehung führenden Lichtwege berechnete und danach Mikroskope baute, war *Ernst Abbe* (1840–1905), der Mitinhaber der Firma *Carl Zeiss* in Jena. Zusammen mit dem Glasbläser *Schott* (1851–1935) gründete er auch ein Unternehmen zur Herstellung neuer, hochwertiger Glassorten. Die wissenschaftliche und unternehmerische Leistung von *Carl Zeiss* (1816–1888) und *Ernst Abbe* begründete die Weltgeltung der deutschen optischen Industrie. Mit der Umwandlung seines Unternehmens in die Carl-Zeiss-Stiftung war *Abbe* auch auf gesellschaftspolitischem Gebiet bahnbrechend.

Die Entwicklung der optischen Instrumente ist noch nicht abgeschlossen! Heute erzielt man mit sog. Elektronenmikroskopen eine Vergrößerung von $10^5 : 1$ (bei Lichtmikroskopen ist sie auf etwa $2000 : 1$ begrenzt). Vom größten **Spiegelteleskop** der Welt, das 1948 auf dem Mont Palomar aufgestellt wurde, war schon die Rede.

Die optischen Instrumente und ihre Entwicklung sind Beispiele für die Wechselwirkung zwischen Wissenschaft und Technik. Letztlich erhielten wir dadurch Zugang zum Makrokosmos und Mikrokosmos, den uns das Auge allein nicht erschließen konnte.

Abb. 1: Mittelalterliche Brillenmacherwerkstatt

Abb. 2: Historisches Mikroskop aus dem 17. Jahrhundert

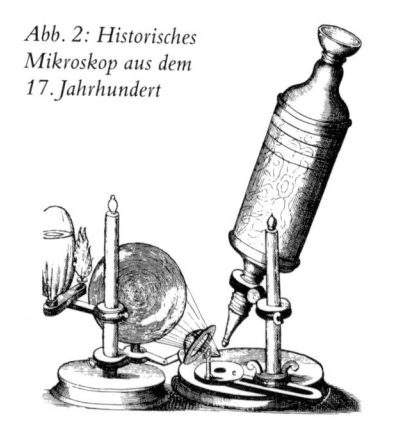

Abb. 3: Astronomisches Fernrohr des 17. Jahrhunderts

Licht und Farbe – Körperfarben 12

Farbige Welt 12.0

Unsere Welt ist farbig! Dies gilt nicht nur für die auf der Erdoberfläche lebenden Pflanzen und Tiere, deren Farbenpracht uns bisweilen in zoologischen Gärten oder in Pflanzenschauhäusern beeindruckt (Abb. 1). Auch in der unbelebten Natur, bei den verschiedenen Gesteinsarten, den Kristallen und Edelsteinen, treten vielfältige Farben auf. Überraschenderweise sind sogar viele Tiefseetiere, deren Lebensraum ja völlig dunkel ist, lebhaft gefärbt. Selbst draußen im Weltall, bei Planeten und Fixsternen, bei Spiralnebeln und kosmischen Staubwolken fehlt es nicht an Farben. Sie sind zwar so lichtschwach, daß wir sie mit bloßem Auge nicht erkennen können, sie treten jedoch deutlich in Erscheinung, wenn große Teleskope und zum Teil stundenlange Belichtungszeiten angewandt werden (Abb. 2).

Mit der Untersuchung des Lichtes und seiner Farben werden wir uns in den folgenden Kapiteln dieses Buches beschäftigen. Wir werden diese Farben trennen und unterscheiden lernen. Beim Mischen von Farben werden wir verstehen, wie farbige Fernsehbilder und Farbfotos zustande kommen können.

Abb. 1: Bunter Papagei

Abb. 2: Farbbild des Trifid-Nebels, der etwa in der Mitte unserer Milchstraße liegt (Bei der Aufnahme wurde ein tiefgekühlter Film ca. 90 Minuten lang belichtet)

Abb. 1: Zerlegung des weißen Lichtes in farbige Lichter

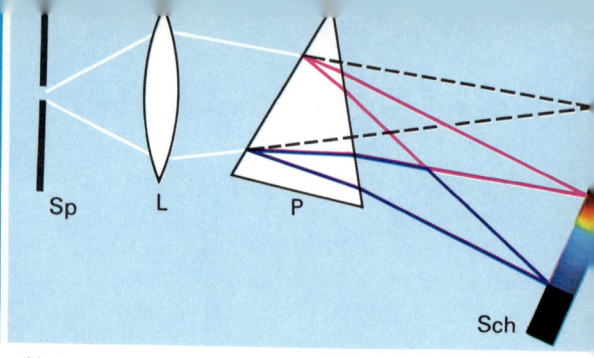

Abb. 3: Das Spektrum – ein Nebeneinander farbiger Spaltbilder

12.1

12.1.1 Spektrum und Spektralfarben – Regenbogen

Zerlegung des Lichtes in Farben – Spektren

Entstehung und Eigenschaften des Spektrums. Bei der Brechung des Lichtes und vor allem bei den Versuchen mit Prismen beobachteten wir, daß aus dem schmalen Bündel weißen Lichtes nach der Brechung ein breiter Fächer aus vielen Farben wurde.

❶ Wir bilden einen mit weißem Licht kräftig beleuchteten Spalt durch eine Sammellinse auf einen 2–3 m entfernten Schirm scharf ab, danach stellen wir zwischen Linse und Schirm ein Glasprisma (Abb. 1).

Der Lichtstrahl wird seitlich abgelenkt. Auf dem Schirm, den wir entsprechend verstellt haben, ist statt des schmalen, scharfen Spaltbildes ein breites, farbiges Band zu sehen, das uns an den Regenbogen erinnert (Abb. 2). Wir erkennen nebeneinander sechs Hauptfarben Rot, Orange, Gelb, Grün, Blau und Violett, die aber nicht scharf gegeneinander abgegrenzt sind, sondern allmählich ineinander übergehen. Rotes Licht wird am wenigsten, violettes Licht am stärksten abgelenkt (Abb. 3).

Abb. 2: Kontinuierliches Spektrum mit den 6 Hauptfarben Rot, Orange, Gelb, Grün, Blau, Violett

❷ In V 1 setzen wir in den Strahlengang des weißen Lichtes, z. B. zwischen Lampe und Spalt, nacheinander rote, grüne und blaue Glasscheiben.

Auf dem Schirm beobachten wir rote, grüne und blaue Spaltbilder an der Stelle, wo die entsprechenden Farben im Spektrum zu sehen waren.

Spektralfarben. Sind die farbigen Lichter des Spektrums zerlegbar?

❸ Mit dem roten Licht des Spektrums beleuchten wir einen Spalt, den wir durch eine Linse auf einen Schirm scharf abbilden. Zwischen Linse und Schirm setzen wir ein zweites Prisma in den Strahlenweg (Abb. 4).

Das rote Licht wird weiter abgelenkt, aber nicht nochmals zerlegt.

❹ Wir bringen in V 1 zwischen Prisma und Schirm eine Sammellinse und verschieben sie in Richtung des Strahlenganges (Abb. 5).

Bei einer bestimmten Linsenstellung erscheint auf dem Schirm ein weißes Spaltbild.

Die Länge des Spektrums hängt außer vom Einfallswinkel und vom Winkel an der brechenden Kante noch von der Glassorte ab. Auch Flüssigkeiten ergeben ein Spektrum; man verwendet dazu ein Hohlprisma.

Das weiße Licht wird durch ein Prisma in viele farbige Lichter zerlegt. Dieser Vorgang heißt Dispersion (dispergere, lat. zerstreuen). Das Farbenband nennt man **kontinuierliches Spektrum** (continuus, lat. zusammenhaltend, spektrum, lat. Bild).
Die einzelnen farbigen Lichter des Spektrums können nicht weiter zerlegt werden. Wir nennen sie **Spektralfarben**.
Werden alle farbigen Lichter eines kontinuierlichen Spektrums vereinigt, so entsteht wieder Weiß. Weiß ist eine Mischfarbe aus farbigen Lichtern.

Abb. 4: Spektralfarben werden nicht weiter zerlegt

Abb. 5: Die Vereinigung aller Spektralfarben ergibt Weiß

Regenbogen. Die Natur führt uns das Spektrum des Sonnenlichtes in großartiger Weise durch den Regenbogen vor (Abb. 6).

⑤ Ein Strahl weißen Lichtes fällt schräg auf die Wand eines wassergefüllten Glasbechers. Mit einem Schirm fangen wir das austretende Licht auf.

Wir sehen auf dem Schirm ein kontinuierliches Spektrum.

So wie hier im Versuch wird das Sonnenlicht im Innern der Wassertropfen einer Regenwolke reflektiert (Abb. 7). Es wird beim Eintritt und beim Austritt in gleichem Sinne gebrochen und dabei in Farben zerlegt. Jeder Tropfen erzeugt also ein Spektrum. Der Strahl roten Lichtes bildet mit dem einfallenden Sonnenstrahl einen Winkel von 42°, beim violetten Licht von 40°.

Das Auge in Abb. 7a befindet sich im roten Teil des Spektrums, das vom Tropfen A herrührt. Gleichzeitig treffen aber Strahlen violetten Lichts vom Tropfen B her das Auge. In Richtung auf A und B sehen wir also Rot und Violett und dazwischen alle anderen Farben des Spektrums. Der Tropfen, der das rote Licht in unser Auge sendet, liegt also höher als der Tropfen, der violettes Licht liefert. Denken wir uns das ganze Bild um die durch die Sonne und das Auge gehende Gerade CO gedreht, so wird klar, daß jeder Farbstreifen die Form eines Kreisbogens annehmen muß, der konzentrisch zu dem inneren violetten Kreisbogen liegt. Der Mittelpunkt des Regenbogens liegt auf der Geraden CO. – Beim **Nebenregenbogen** liegt der violette Bogen außen. Hier werden die Sonnenstrahlen im Innern der Wassertropfen zweimal reflektiert (Abb. 7b).

Aufgaben 1 Halte ein Glasprisma in senkrechter Lage und betrachte durch das Prisma ein Fenster! Erkläre die auftretenden Farben!

2 Halte ein Glasprisma in waagerechter Lage, betrachte dasselbe Fenster und erkläre die auftretenden Farben!

Abb. 6: Regenbogen

Abb. 7: Entstehung des a) Haupt-, b) Nebenregenbogens

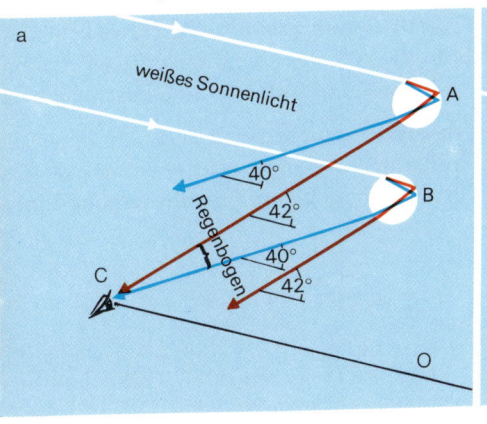

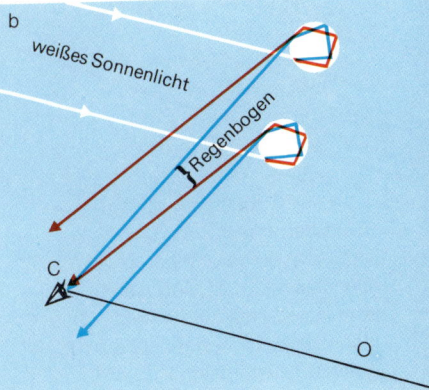

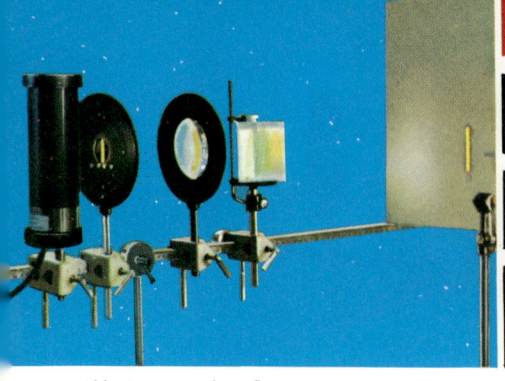

Abb. 1: Versuchsaufbau zur Erzeugung von Emissionsspektren

Abb. 2: Emissionsspektren: kontinuierliches Spektrum und Linienspektrum von Gasen und Dämpfen: Na, Li, Hg

12.1.2 Nichtkontinuierliche Spektren – Spektralanalyse

Linienspektrum. Zur Erzeugung kontinuierlicher Spektren haben wir bisher eine elektrische Glüh- oder Kohlebogenlampe benutzt.

❶ Wir ersetzen diese Lichtquelle jetzt durch eine Natriumdampflampe (Abb. 1) oder durch eine nichtleuchtende Bunsenflamme, in der wir etwas Kochsalz verdampfen lassen.

Auf dem Schirm erkennen wir ein schmales, gelbes Spaltbild.

❷ Wir verdampfen etwas Lithiumchlorid (oder Kaliumchlorid) in der Bunsenflamme, die sich hierdurch rot (bzw. violett) färbt. Wir benutzen für die Beleuchtung des Spalts das Licht einer Quecksilberdampflampe.

Die Versuche zeigen mehrere, voneinander getrennte, farbige Linien (Spaltbilder) auf schwarzem Grund (Abb. 2).
Während bei unseren bisherigen Versuchen zum Spektrum das Licht von einem glühenden festen Körper (Metallfaden, Kohle) ausging, wird es in den letzten drei Versuchen von leuchtenden Gasen geliefert (Natrium, Lithium, Kalium, Quecksilber), die durch Verdampfen der Stoffe entstehen. Das Spektrum besteht jetzt aus einzelnen, farbigen Linien. Wir nennen es daher **Linienspektrum.**
Bunsen[1] und *Kirchhoff*[2] erkannten schon 1859, daß jeder Stoff, der im gasförmigen Zustand zum Leuchten gebracht wird, ein charakteristisches Linienspektrum aufweist. Sie entwickelten daraufhin die **Spektralanalyse,** die zu einem der wichtigsten Verfahren der Chemiker geworden ist, unbekannte Stoffe auf ihre Bestandteile zu untersuchen.

Absorptionsspektrum. *Josef von Fraunhofer*[3] beobachtete 1814 im Spektrum des Sonnenlichtes eine große Anzahl von scharfen dunklen Strichen, die seitdem **Fraunhofersche Linien** genannt werden.

| Das Licht eines glühenden festen und flüssigen Stoffes liefert ein kontinuierliches Spektrum. Das Licht eines glühenden Gases ergibt ein Linienspektrum. |

---

[1] Robert Bunsen (1811–1889), von 1852 an Professor für Chemie in Heidelberg, wo er von 1854–1875 mit
[2] Gustav Kirchhoff (1824–1887), Professor für Physik, zusammenarbeitete.
[3] Joseph von Fraunhofer (1787–1826) stieg vom Glasschleiferlehrling zum Direktor eines optischen Werkes auf. 1823 wurde er Professor in München.

Wir wollen im Experiment zeigen, wie diese Linien entstehen.

❸ Wir beleuchten einen weißen Schirm gleichzeitig mit einer Experimentierleuchte und einer Natriumdampflampe. Zwischen Schirm und Lampen stellen wir die nichtleuchtende Flamme eines Bunsenbrenners.

Auf dem Schirm sind kaum Schatten der Flamme zu erkennen.

❹ Wir bringen etwas Kochsalz in die Flamme.

Auf dem Schirm erscheint sofort ein deutlicher Schlagschatten der Flamme, der vom Licht der Natriumdampflampe herrührt. Das Licht der Experimentierleuchte erzeugt keinen Schatten.
In der Natriumflamme befindet sich auch nichtleuchtendes Natriumgas. Dieses absorbiert nur das gelbe Natriumlicht, nicht aber die anderen Lichter des kontinuierlichen Spektrums (Abb. 3).

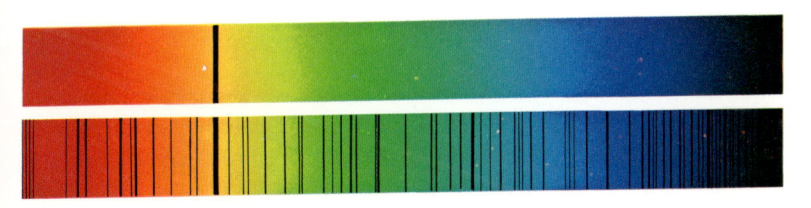

Abb. 3: Absorptionsspektrum von Natriumdampf

Abb. 4: Sonnenspektrum mit Fraunhoferschen Linien

Die Fraunhoferschen Linien[1] (Abb. 4) entstehen, weil das Licht aus dem heißen Innern der Sonne in der Sonnenatmosphäre durch viele verschiedene Gase geht, bevor es zu uns gelangt. Die Gase absorbieren gerade die Lichter, die sie aussenden würden, wenn sie leuchten. Erzeugt man nun ein Spektrum des Sonnenlichtes, so fehlen darin gerade die Farben, die von den Gasen in der Sonnenatmosphäre absorbiert werden. Es entsteht ein **Absorptionsspektrum.** Das Linienspektrum eines leuchtenden Gases heißt dagegen **Emissionsspektrum.** Man hat im Sonnenspektrum bisher über 20 000 Fraunhofersche Linien beobachtet und dadurch mit Hilfe der Spektralanalyse 57 irdische Elemente auch auf der Sonne nachgewiesen. Das Helium wurde 1868 sogar zuerst durch sein Absorptionsspektrum im Sonnenlicht entdeckt und erhielt daher seinen Namen[2]. Erst 1895 wurde es auch auf der Erde nachgewiesen.
Mit der gleichen Methode konnte man auch das Licht der Sterne untersuchen. Dabei zeigte sich, daß alle Sterne aus ungefähr 75% Wasserstoff und 23% Helium zusammengesetzt sind.

> Ein Gas absorbiert gerade die Lichter, die es, wenn es zum Leuchten gebracht wird, selbst emittiert. Das absorbierende Gas muß kälter sein als der emittierende Stoff.

---

[1] Die dunklen Linien im Sonnenspektrum hatte 1802 schon der englische Arzt W. H. Wollaston (1766–1826) entdeckt. [2] Von helios, gr. Sonne.

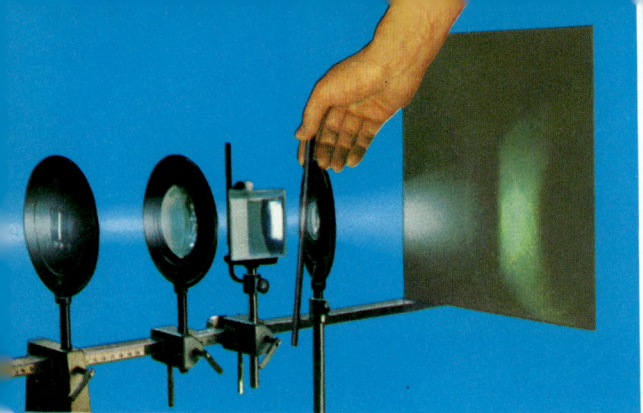

Abb. 1: Alle Spektralfarben zusammen ergeben Weiß. Wird mit einem schmalen Stab aus dem Strahlengang Licht ausgeblendet, dann erhält man farbiges Licht

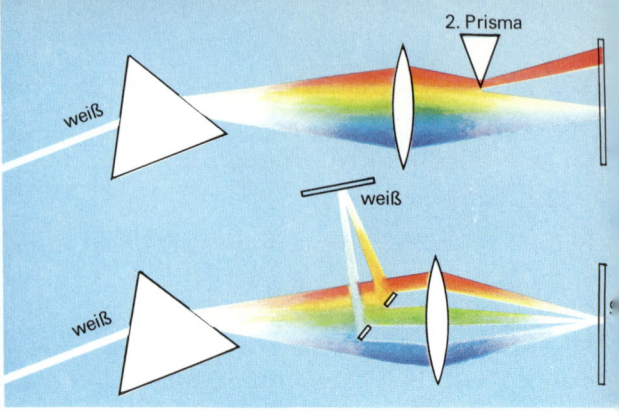

Abb. 2: Ein Prisma lenkt Rot seitlich ab

Abb. 3: Zwei Komplementärfarben ergeben zusammen Weiß

12.2

12.2.1 Komplementärfarben und Farbenmischung

Farben – Farbenmischung

Komplementärfarben. Durch eine Sammellinse konnten wir das kontinuierliche Spektrum wieder zu einem weißen Spaltbild vereinigen. Auf einfache Weise können wir es in ein farbiges Spaltbild verwandeln.

❶ Wir bauen V 4 aus 12.1.1 auf und führen einen schmalen Stab parallel zum Spalt, nahe der Sammellinse L_2 durch den Strahlengang (Abb. 1).

Das in Form und Schärfe unveränderte Spaltbild erscheint nacheinander in verschiedenen Farben. Wir ändern den Versuch etwas ab.

❷ Den Stab ersetzen wir durch einen schmalen Spiegel oder ein kleines Prisma. Das seitlich ausgeblendete Licht fangen wir auf einem weißen Schirm auf (Abb. 2).

Wird z. B. Rot ausgeblendet, so ist das Spaltbild blaugrün.
Alle Spektralfarben ohne Rot ergeben also als **Mischfarbe** Blaugrün. Blenden wir Gelb aus, so ist die Mischfarbe des Restes Violett. Für die Hauptfarben des Spektrums ergibt sich die Mischfarbe des Restes aus unten stehender Tabelle.

Fügen wir das ausgeblendete Licht wieder hinzu, so entsteht Weiß. In der Tabelle stehen also Farbenpaare untereinander, die sich zu Weiß ergänzen. Jede Farbe kommt zweimal vor, und zwar in der oberen Zeile als reine Spektralfarbe und unten als Mischfarbe. Unser Auge kann oft nicht zwischen beiden Farbarten unterscheiden.

❸ Wir blenden mit Spiegeln zwei Komplementärfarben aus dem Spektrum aus und lenken die Strahlen auf dieselbe Stelle des Schirmes (Abb. 3).

Die Mischfarbe ist weiß. Unser Auge sieht also auch bei der Vereinigung von zwei Spektralfarben, die Komplementärfarben sind, Weiß.

Die Farben zweier Lichter, die zusammen Weiß ergeben, heißen Ergänzungs- oder Komplementärfarben (complere, lat. ergänzen).

abgeblendete Spektralfarbe	Rot	Orange	Gelb	Grün	Blau	Violett
Mischfarbe des Restes	Grün	Blau	Violett	Rot	Orange	Gelb

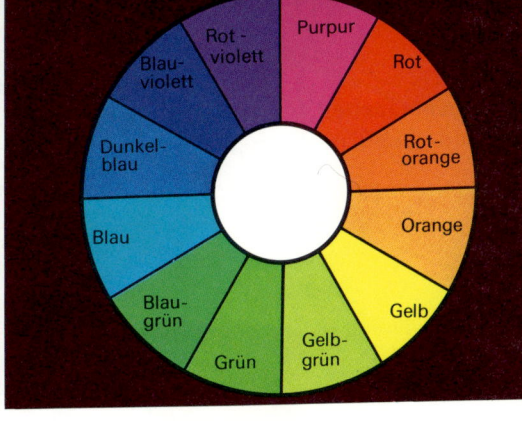

Abb. 4: Additive Farbenmischung

Abb. 5: Farbenkreis nach Newton

Farbenaddition. Wir können auch mehrere farbige Lichter gleichzeitig mischen. Beleuchten wir z.B. dieselbe Stelle eines weißen Schirmes mit rotem und grünem Licht, so erscheint sie gelb. Fügen wir dann noch Violett, die Komplementärfarbe von Gelb hinzu, so erhalten wir Weiß. Wir sprechen von **Farbenaddition** oder **additiver Farbenmischung.** Addieren wir auf diese Weise die beiden Randfarben des Spektrums Rot und Violett, so ergibt sich die Mischfarbe **Purpur,** die nicht als Spektralfarbe vorkommt. Unterteilt man das kontinuierliche Spektrum in 11 Bereiche, ordnet dann die 11 Farben in einem Kreis an und fügt nun zwischen Rot und Violett ihre Mischfarbe Purpur als zwölfte Farbe ein, so ist auch jede andere Farbe Mischfarbe der ihr benachbarten Farben, und zwei gegenüberliegende Farben sind Komplementärfarben. Diesen **Farbenkreis** hat schon Newton angegeben (Abb. 5).

Farbensubtraktion. Die farbigen Lichter Gelb und Blau ergeben bei der additiven Mischung fast Weiß. Mischen wir aber Gelb und Blau aus unserem Tuschkasten, so erhalten wir ein kräftiges Grün. Wie können wir diesen scheinbaren Widerspruch erklären?
Das Gelb eines Farbstoffes komme z.B. dadurch zustande, daß er aus weißem Licht Blau und Violett absorbiert, während der Rest, nämlich Rot, Orange, Gelb und Grün, reflektiert wird und die Mischfarbe Gelb ergibt. Der blaue Farbstoff absorbiere etwa Rot, Orange und Gelb und reflektiere Grün, Blau und Violett, woraus die Mischfarbe Blau entsteht. Vereinigen wir beide Farbstoffe, so werden alle Farben absorbiert bis auf Grün, das beide reflektieren. Daher erscheint die Mischung grün.
Wir sprechen in diesem Falle von **Farbensubtraktion** oder **subtraktiver Farbenmischung.** Ist die Körperfarbe nicht eine reine Spektralfarbe, so wirkt aber auch immer die additive Farbenmischung mit.

Aufgaben 1 Ein Körper absorbiert alle Strahlen außer denen vom Anfang und Ende des Spektrums. Welche Mischfarbe hat der Körper? Wie könnte man dies ermitteln?
2 Warum werden wohl beim Dreifarbendruck drei einfarbige Bilder aus feinen Farbpunkten in Rot, Gelb und Blau hergestellt und diese auf ein Blatt genau aufeinander gedruckt?

Entsteht eine Mischfarbe dadurch, daß verschiedenfarbige Lichter einander überlagern, dann spricht man von Farbenaddition oder additiver Farbenmischung.

Bei der subtraktiven Farbenmischung entsteht die Mischfarbe dadurch, daß aus weißem Licht einzelne Farben absorbiert werden.

12 Licht und Farbe – Körperfarben

*12.2.2
Körperfarben – Unbunte und verhüllte Farben

*Abb. 1: Blumen
a) im Glühlampenlicht*

b) im einfarbigen Licht einer Natriumdampf-Lampe

Die Farbe, in der uns ein Körper erscheint, wird bestimmt von der Eigenfarbe (im weißen Licht) und der Farbe des Lichtes, mit dem er beleuchtet wird.
Durchsichtige und undurchsichtige farbige Körper absorbieren einige Farben des auffallenden Lichtes, die restlichen Farben werden durchgelassen bzw. reflektiert.

Undurchsichtige Körper. Die Frage, wie die Körperfarben zustande kommen, läßt sich am besten mit einem Versuch beantworten.

❶ Wir halten ein Tuch, das im Tageslicht rot erscheint, in den Strahlengang eines kontinuierlichen Spektrums.

Nur im roten Teil des Spektrums leuchtet das Tuch deutlich rot. Die anderen Farben des Spektrums reflektiert das Tuch z. T. gar nicht.

❷ Wir schreiben auf ein rotes Blatt Papier mit blauer Kreide und beleuchten im verdunkelten Zimmer mit einer Natriumdampflampe.

Die Schrift verschwindet und das Blatt erscheint schwarz.
Die Farbe eines undurchsichtigen Körpers, der selbst kein Licht aussendet, hängt also von dem Licht ab, mit dem er beleuchtet wird (Abb. 1). Ein Körper erscheint nur dann in seiner natürlichen Farbe, wenn er mit weißem Licht oder mit Licht der Farbe beleuchtet wird, die er in weißem Licht zeigt.
Die natürliche Farbe eines undurchsichtigen Körpers entsteht dadurch, daß an seiner Oberfläche ein Teil der Farben des weißen Lichtes absorbiert wird, während die übrigen Farben diffus reflektiert werden und, zu einer Mischfarbe vereinigt, die Farbe des Körpers ergeben. Wird nur einfarbiges Licht einer bestimmten Farbe reflektiert und alles andere absorbiert, so ist die Körperfarbe eine Spektralfarbe. Unser Auge kann auch hier nicht zwischen Mischfarbe und Spektralfarbe unterscheiden.

Durchsichtige Körper. Wir haben wiederholt durch Farbfilter farbige Lichter erzeugt. Dies beruht ebenfalls auf Farbensubtraktion.

❸ Wir zerlegen weißes Licht durch ein Prisma und halten in den Strahlengang ein Farbfilter.

Das Spektrum verändert sich. Je nach Farbe des Filters fehlen im Spektrum ganz bestimmte Farben, andere erscheinen geschwächt.
Wir erhalten also ein Absorptionsspektrum, wie wir es schon bei Gasen kennengelernt haben. Manche rote Gläser lassen außer Rot nur noch Gelb durch, während alle übrigen Farben von Grün bis Violett verschluckt werden. Entsprechende Erscheinungen beobachtet man, wenn eine durchsichtige, farbige Flüssigkeit in den Strahlengang gebracht wird. Vereinigt man die hinter dem Filter übrigbleibenden farbigen Lichter durch eine Sammellinse, so entsteht als Mischfarbe die Farbe des Filters. Wird nur eine Farbe durchgelassen, so ist das Filter spektralrein. Ein durchsichtiger, farbiger Körper zeigt seine natürliche Farbe beim Durchgang von weißem Licht. Fällt auf ein Filter, das nur rotes Licht durchläßt, blaues Licht, so erscheint es unserem Auge schwarz.

❹ Wir setzen zwei Filter verschiedener Farbe vor eine Punktlichtlampe.

Auf dem Schirm erscheint nur die Farbe, die von beiden Filtern gleichzeitig durchgelassen wird. Ein Gelbfilter läßt z. B. Orange, Gelb und Grün, ein Blaufilter Grün, Blau und Violett durch. Also bleibt vom weißen Licht, das durch beide Filter geht, nur Grün übrig. Alle anderen Far-

Abb. 2: Körperfarben entstehen durch Farbensubtraktion *Abb. 4: Verhüllungsdreieck*

ben werden absorbiert. Fügen wir noch ein Rotfilter hinzu, welches kein Grün durchläßt, so dringt überhaupt kein Licht hindurch (Abb. 2).

Die beim Fotografieren mit Schwarz-Weiß-Filmen benutzten Gelbfilter haben die Aufgabe, aus dem Sonnenlicht Blau und Violett weitgehend zu absorbieren, weil diese Lichter die lichtempfindliche Schicht der Filme zu stark schwärzen. Im Bild würde der blaue Himmel ganz weiß erscheinen, und die weißen Wolken könnten sich davon gar nicht abheben. Vor allem muß man an der See und im Hochgebirge Gelbfilter benutzen, weil dort der Anteil von Blau und Violett am Sonnenlicht besonders hoch ist.

Unbunte Farben. Mit den Spektralfarben und ihren Mischungen haben wir nur einen kleinen Teil der Farben kennengelernt, die uns im täglichen Leben begegnen. Es fehlen z. B. alle Grautöne, die man auch **unbunte Farben** nennt. Grau bedeutet, daß alle Farben des Spektrums in gleichem Maße geschwächt werden.
Mischt man weiße und schwarze Farbe aus dem Tuschkasten in verschiedenen Verhältnissen und trägt die entstehenden Farben entsprechend den Mischungsverhältnissen zwischen Weiß und Schwarz auf ein weißes Blatt Papier auf, so erhält man die sogenannte **Grauleiter** (Abb. 3).

Verhüllte Farben. Mischt man bunte Farben mit unbunten, so ergibt sich eine große Zahl weiterer, sog. verhüllter Farben, die nicht als Spektralfarben vorkommen, z. B. Rosa, Braun, Dunkelgrün. Eine gewisse Ordnung der Farben erreichen wir, wenn wir eine bunte Farbe, z. B. Rot mit Weiß und Schwarz in Form quadratischer Flächen in einem gleichschenkligen Dreieck anordnen (Abb. 4).
Die „Verhüllungen" von Rot mit Weiß tragen wir entsprechend dem Mischungsverhältnis auf dem einen Schenkel auf. Wir erhalten die Rosatöne. Der andere Schenkel wird von den Brauntönen, die sich aus der Verhüllung von Rot mit Schwarz ergeben, gebildet. Die Basis des Dreiecks stellt die Grauleiter dar, während die Innenfläche von den Übergängen zwischen Rosa und Braun ausgefüllt wird. Ein solches **Verhüllungsdreieck** können wir mit jeder bunten Farbe aufbauen.

> Wir nennen einen Körper weiß, wenn er etwa 90% oder mehr des auffallenden weißen Lichtes reflektiert.
> Ein Körper erscheint schwarz, wenn er etwa 6% oder weniger Licht reflektiert. Dazwischen liegen alle Grautöne.

Abb. 3: Grauleiter

> Bunte Farben, das sind die Farben des kontinuierlichen Spektrums und ihre Mischfarben (außer Weiß). Unbunte Farben, das sind Weiß und Schwarz und ihre Mischfarben. Verhüllte Farben, sind alle Mischungen von bunten und unbunten Farben.

*12.2.3 Farbfotografie – Farbfernsehen

Abb. 1: Additive Mischung der farbigen Lichter Rot, Grün und Blau

Abb. 2: Subtraktive Mischung der Farben Blaugrün, Purpur und Gelb

Abb. 3: Fernsehtestbild

Abb. 4: Schichtaufbau eines Farbfilms

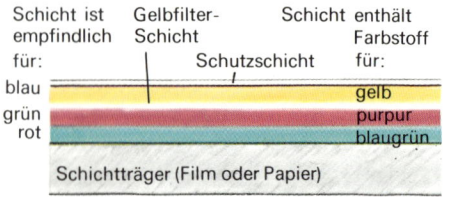

Die Grundlage der Farbfotografie bildet die Erkenntnis, daß sich alle Farben aus drei Grundfarben zusammensetzen lassen: durch additive Mischung der farbigen Lichter Rot, Grün und Blau (Abb. 1) oder durch subtraktive Mischung der Farben Blaugrün, Purpur und Gelb (Abb. 2).

Additive Farbenmischung. Seit etwa 1850 wurde für die Farbfotografie zunächst das additive Verfahren entwickelt. Im Prinzip besteht es darin, daß mit entsprechenden Filtern drei Aufnahmen in den drei Grundfarben gemacht werden. Projiziert man diese wieder genau übereinander, so erhält man auf der Leinwand ein Bild in den natürlichen Farben. Das additive Verfahren wurde technisch so vereinfacht, daß zur Herstellung der drei Farbauszüge in den Grundfarben nur noch eine Aufnahme nötig war (Farbraster-, Linsenrasterfilme). Die Bilder eines Gegenstandspunktes in diesen Farben liegen bei der fertigen Farbrasteraufnahme so eng beieinander, daß bei ihrer Projektion oder im Auge beim Betrachten durch Überlagerung der Strahlen additive Mischung erfolgt.

Da auch für die Wiedergabe ein Projektor genügt, hat man nach dem additiven Verfahren die ersten farbigen Kinofilme gedreht (1936). Das Verfahren wurde aber wegen Unwirtschaftlichkeit bald wieder aufgegeben und durch das subtraktive Verfahren ersetzt, das seit 1909 vor allem durch die Arbeiten von Rudolf Fischer, Berlin, entwickelt wurde. Es hat seit 1940 die Farbfotografie auch dem Amateur erschlossen.

Beim **Farbfernsehen** dagegen verwendet man weiterhin die additive Farbenmischung. Auf dem Schirm werden durch Elektronenstrahlen kleine Punkte verschieden stark zum Leuchten in den Farben Rot, Grün und Blau angeregt. Die von den angeregten Punkten ausgehenden farbigen Lichter werden in unserem Auge zum Farbbild (Abb. 3).

Subtraktive Farbenmischung. Auf einem Schichtträger (Film oder Papier) liegen drei lichtempfindliche Schichten von 0,005 mm Dicke übereinander, die jeweils für eine additive Grundfarbe Rot, Grün und Blau empfindlich sind. Jede Schicht enthält eine chemische Verbindung zur Farbbildung für eine der drei Grundfarben, und zwar immer für die zur Empfindlichkeit komplementäre Farbe; so besitzt z.B. die rotempfindliche Schicht den Farbbildner für Blaugrün (Abb. 4). Die Farben entstehen erst durch die Entwicklung und dürfen beim Entwickeln, Fixieren und Wässern des Filmes oder des Kopierpapiers nicht in Nachbarschichten übergehen.

An einem einfachen Beispiel wollen wir das Prinzip des subtraktiven Verfahrens erläutern. Wir fotografieren eine **rote Blume** vor einer **weißen Wand**. Die Strahlen roten Lichtes, die von der Blume ausgehen, wirken auf die unterste Schicht des Filmes (Abb. 5). Im Entwicklungsbad entsteht an der belichteten Stelle ein blaugrüner Farbstoff. Das weiße Licht der Wand, das alle Spektralfarben enthält, wirkt auf alle drei Schichten. Beim Entwickeln entsteht in der ersten Schicht Gelb, in der zweiten Purpur und in der dritten Blaugrün. Das Negativ zeigt dann in der Durchsicht eine **blaugrüne Blume** vor einer **schwarzen Wand**.

Beim Kopieren fällt weißes Licht durch das Negativ auf das lichtempfindliche Papier. Die lichtempfindliche Schicht des Kopierpapiers ist genauso zusammengesetzt wie die des Filmes. Die schwarze Fläche des Negativs läßt kein Licht durch. Infolgedessen wird keine Schicht belichtet. Die blaugrüne Blume läßt nur die Farben Grün und Blau durch, welche die erste und zweite Schicht belichten. Nach dem Entwickeln sind die unbelichteten Stellen weiß, in der obersten Schicht ist eine gelbe, in der mittleren Schicht eine purpurfarbene Blume entstanden. Die subtraktive Mischung dieser beiden Farben ergibt **Rot**. Der Abzug zeigt farbrichtig eine **rote Blume** vor einer **weißen Wand**.
Für die Herstellung von **Diapositiven** benutzt man Umkehrfilme, bei denen durch eine Zweitbelichtung mit weißem Licht und einen weiteren Entwicklungsprozeß das komplementärfarbene Negativ in ein farbrichtiges Positiv verwandelt wird.

Vierfarbendruck. Das Prinzip der subtraktiven Farbenmischung bildet auch die Grundlage für den **Vierfarbendruck** (Abb. 6). Von der Druckvorlage werden vier einfarbige Bilder (Druckplatten) aus feinen Farbpunkten in Blau, Gelb, Rot und Schwarz hergestellt und diese auf dem Papier genau aufeinander gedruckt. Schwarz bewirkt scharfe Konturen und eine plastische Wirkung.

Abb. 6: Technisches Verfahren beim Vierfarbendruck

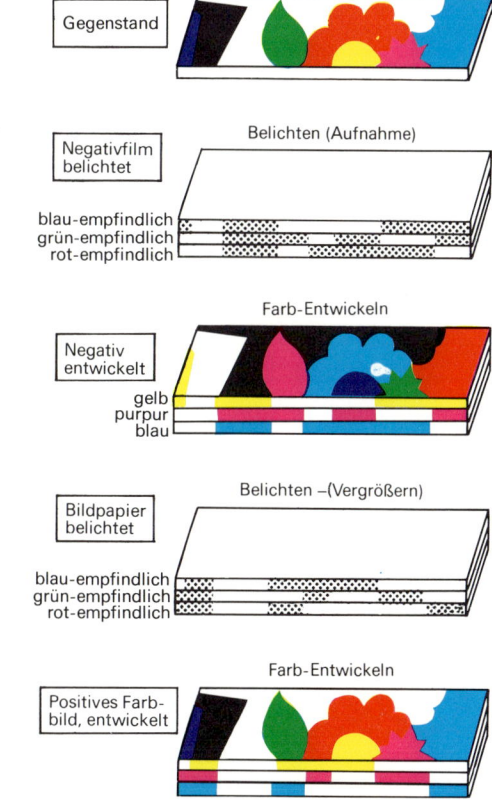

Abb. 5: Prinzip der subtraktiven Farbenmischung bei der Color-Negativ-Fotografie

12 Licht und Farbe – Körperfarben

*12.3 Das erweiterte Spektrum – Lichtmessung

*12.3.1 „Unsichtbares" Licht – Wärmestrahlung

Phosphoreszenz. „Unsichtbares Licht" klingt sehr widerspruchsvoll, denn wo wir nichts sehen, kann nach unseren bisherigen Feststellungen kein „Licht" sein. Es gibt aber über die Grenzen des sichtbaren Spektrums hinaus noch Strahlen, die unser Auge nicht wahrnimmt. Zum Nachweis dieser Strahlen bedarf es eines besonderen Verfahrens.

❶ Wir halten einen Zinksulfidschirm kurz in das Licht einer Bogenlampe.

Der Schirm leuchtet noch eine geraume Zeit nach.
Dieses Nachleuchten heißt **Phosphoreszenz.** Sie wird angewandt bei Leuchtfarben (für Türschilder usw.) und den Leuchtziffern der Uhren.

❷ Wir verdecken einen schwach leuchtenden Zinksulfidschirm mit einem Stück Pappe, in dem sich zwei Löcher befinden, auf die wir eine rote und eine violette Glasscheibe legen. Wir beleuchten einige Minuten mit einer Bogenlampe. Nach dem Abschalten der Lichtquelle nehmen wir Glasscheiben und Pappe vom Leuchtschirm.

Die Stelle unter der violetten Scheibe erscheint heller, die Stelle unter der roten Scheibe dunkler als der übrige Schirm, d.h. das rote Licht löschte die vorhandene Phosphoreszenz aus, das violette verstärkte sie.

> Violettes Licht erzeugt Phosphoreszenz, rotes Licht löscht bereits vorhandene Phosphoreszenz aus.

Ultraviolettes und infrarotes Licht. Wir wollen die Phosphoreszenz benutzen, um „unsichtbares Licht" nachzuweisen.

❸ Wir erzeugen ein kräftiges Spektrum (Bogenlampe!) und schieben vom blauen Ende her einen Zinksulfidschirm so weit in das Spektrum, bis er von den gerade noch sichtbaren violetten Strahlen getroffen wird.

Der Schirm wird auch jenseits des Violett zum Leuchten angeregt.
Es gibt also über den violetten Rand des Spektrums hinaus noch Strahlen, die unser Auge nicht als Licht wahrnimmt. Wir nennen diese Strahlen **ultraviolette Strahlen** (UV-Strahlen). Sehr heiße Lichtquellen wie z.B. die Sonne und unsere Bogenlampe senden besonders viel UV-Strahlung aus. Auch das Licht der Quecksilberdampflampe ist reich an solchen Strahlen (Höhensonne).
Benutzen wir in unseren Versuchen Linsen und Prismen aus Quarz, so reicht das Nachleuchten des Zinksulfidschirmes noch weiter über die sichtbare violette Grenze des Spektrums hinaus. Gewöhnliches Glas absorbiert nämlich UV-Strahlen stark. Die gleiche Wirkung hat die Lufthülle der Erde. Das erfährt man vor allem im Hochgebirge, wenn man sich gegen die starke UV-Strahlung der Sonne nicht genügend schützt. Ganz besonders gefährdet sind Astronauten, wenn sie ihr Raumschiff verlassen, weil sie dann von keiner Lufthülle umgeben sind. Ihre Helme haben deshalb Visiere mit hauchdünnen Goldschichten, wodurch die gefährliche Strahlung abgehalten wird. Intensive, langandauernde UV-Strahlung führt zu Entzündungen der Haut (Sonnenbrand) und vor allem zu Schädigungen der Augen. Obwohl die Netzhaut durch die davorliegenden Substanzen, die das UV-Licht zum Teil absorbieren, geschützt ist, darf man nicht ohne Augenschutz in das Licht einer Bogenlampe

> Die unsichtbaren Strahlen jenseits von Violett heißen **ultraviolette (UV-) Strahlen.**

oder einer Quecksilberlampe blicken. Im Gebirge ist vor allem bei Gletscherwanderungen eine UV-Schutzbrille erforderlich.
In richtiger Dosierung wirken UV-Strahlen dagegen gesundheitsfördernd. Sie töten Bakterien und begünstigen die Bildung von Vitamin D, das für den Knochenbau wichtig ist.
Es liegt nun die Frage nahe, ob auch jenseits des sichtbaren roten Lichtes eine Strahlung nachzuweisen ist.

> Die unsichtbaren Strahlen jenseits des Rots heißen **infrarote (IR-) Strahlen.**

❹ Wir wiederholen Versuch V 3 auf der roten Seite des Spektrums mit einem Schirm, der phosphoresziert.

Die auslöschende Wirkung erstreckt sich noch weit über das rote Ende des Spektrums hinaus, d.h. auch dort gibt es Strahlen, die unser Auge nicht als Licht wahrnimmt. Sie heißen **infrarote (IR-) Strahlen.**
Die unsichtbaren **Wärmestrahlen,** die von nichtleuchtenden heißen Körpern z.B. Heizplatten, Bügeleisen ausgehen, sind infrarote Strahlen. Zur Heizung verwendet man sie, weil sie durch Reflektoren gut auf die zu beheizenden Stellen im Raum oder auch im Freien konzentriert werden. Auch die Medizin wendet IR-Strahlen an (Rotlichtlampe).

Technische Anwendungen von IR-Strahlen. Wir untersuchen zunächst die chemische Wirkung der UV- und IR-Strahlen:

❺ Wir fangen das Spektrum des Bogenlampenlichtes mit einem Blatt Fotokopierpapier auf und markieren die Grenzen des sichtbaren Lichtes.

Nach dem Entwickeln erkennen wir, daß das UV-Licht die Schicht am stärksten, das rote Licht diese dagegen fast gar nicht geschwärzt hat. Noch geringer ist die Wirkung der infraroten Strahlung.
Die fotografischen Platten und Filme können aber auch für rotes und infrarotes Licht empfindlich gemacht, **sensibilisiert,** werden. Mit solchen infrarotempfindlichen Filmen kann man bei diesigem Wetter, ja sogar im Nebel, fotografieren, und man bekommt von Gegenständen, die das Auge nicht sieht, sehr klare Bilder (Abb. 1). Bei Aufnahmen im Gebirge lassen sich Orte, die 70 km und mehr entfernt liegen, durch die IR-Strahlung noch völlig klar auf den Film bringen.
In neuerer Zeit sind interessante Untersuchungen und Anwendungen von infraroten Strahlen bekannt geworden: Einige Schlangenarten, z.B. die Klapperschlange, besitzen ein Organ, das auf Wärmestrahlung, die von Beutetieren kommt, empfindlich reagiert. Dadurch werden diese Schlangen befähigt, auch bei Nacht erfolgreich zu jagen.
Die Infrarot-Technik ist inzwischen so weit fortgeschritten, daß es möglich ist, Infrarot-Teleskope zu bauen und mit ihnen weit entfernte Milchstraßen (Galaxien) zu entdecken, die sich z.T. fast nur durch ihre Wärmestrahlung bemerkbar machen.
Mit starken neuartigen IR-Quellen (IR-Laser), deren Strahlung sehr eng gebündelt werden kann, gelingt es, millimetergenau Metalle, Gläser, Kunststoffe und dergleichen zu schneiden oder zu verschweißen.

Abb. 1: Fotografieren mit gewöhnlichem und mit infrarot empfindlichem Film

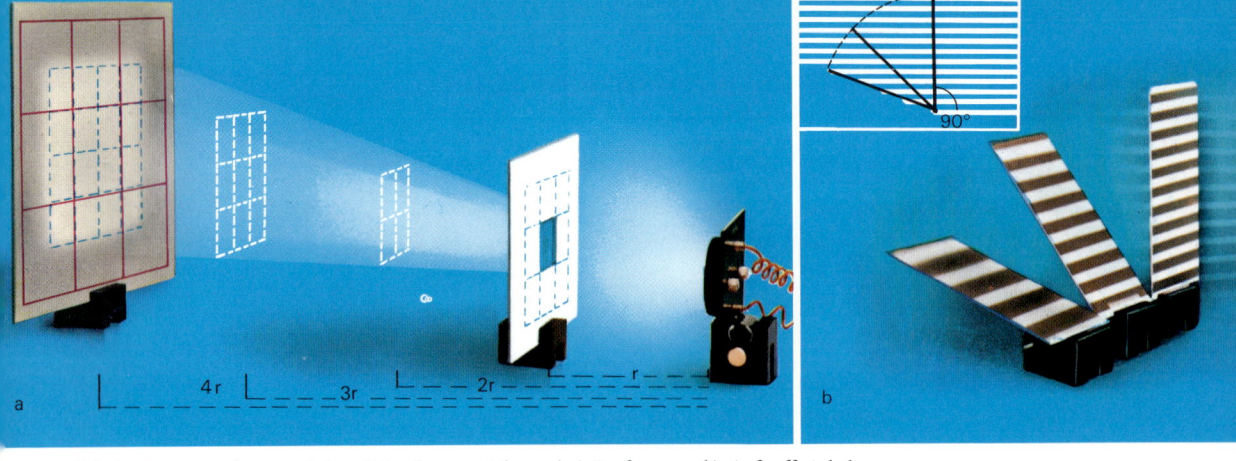

Abb. 1: Zusammenhang zwischen Beleuchtungsstärke und a) Entfernung, b) Auftreffwinkel

12.3.2 Fotometrie – Licht- und Beleuchtungsstärke

Zum Begriff von Licht- und Beleuchtungsstärke. Im Licht einer weit entfernten Straßenlaterne können wir z.B. die Schrift auf einem Stadtplan nicht lesen. Wir benutzen eine Taschenlampe oder zünden ein Streichholz an. Jetzt können wir die Straßennamen auf dem Plan erkennen. Dennoch sagen wir, daß die Laterne heller leuchtet als die Taschenlampe. Wir haben also zu unterscheiden zwischen **Lichtstärke,** die eine Eigenschaft der Lichtquelle ist, und **Beleuchtungsstärke,** die die Lichtverhältnisse am beleuchteten Gegenstand kennzeichnet.

Die **Lichtstärke** ist als Grundgröße eingeführt. Ihre Einheit wird als Grundeinheit mit Hilfe der Strahlung eines besonderen glühenden Hohlkörpers festgelegt: $1/60\,cm^2$ von der Oberfläche einer speziellen Lichtquelle der Temperatur 1773 °C (Schmelztemperatur von Platin) leuchtet senkrecht zur Oberfläche mit der Lichtstärke 1 Candela[1] (1 cd). Das ist etwa die Lichtstärke der Flamme einer Stearinkerze.

Wir untersuchen jetzt die Beleuchtungsstärke (Abb. 1):

❶ Wir schneiden in eine Pappscheibe eine quadratische Öffnung von 1 dm Kantenlänge und stellen sie vor eine punktförmige Lichtquelle. Mit einem Schirm aus Millimeterpapier fangen wir das Licht hinter der Blende auf! Danach halten wir den Schirm so, daß er zwei-, dreimal soweit von der Lampe entfernt ist wie die Blende (Abb. 1 a).

Das Licht, das durch die Blende von $1\,dm^2$ fällt, verteilt sich in doppelter Entfernung auf $4\,dm^2$, in dreifacher Entfernung auf $9\,dm^2$ usw.

❷ Wir beleuchten den Schirm aus gleicher Entfernung mit einer weiteren Lampe.

Die Fläche wird heller. Wir setzen fest, daß die Beleuchtungsstärke bei zwei Lampen gleicher Lichtstärke doppelt so groß sein soll wie bei einer.

❸ Wir stellen den Schirm schräg in den Strahlengang der Lampe (Abb. 1 b).

Vom gleichen Lichtbündel wird eine größere Fläche beleuchtet. Jeder Flächenteil bekommt also weniger Licht.

> Die Einheit der Lichtstärke heißt 1 Candela (1 cd). 1 cd ist die Lichtstärke einer Norm-Lichtquelle.
> Die Einheit der Beleuchtungsstärke heißt 1 Lux (1 lx)[2]. – 1 Lux liegt vor, wenn eine Lichtquelle von 1 cd aus 1 m Entfernung senkrecht auf eine Fläche strahlt.

---

[1] candela, lat. Wachsschnur.
[2] lux, lat. Licht.

Die Beleuchtungsstärke E einer Fläche ist proportional der Lichtstärke I der Lampe und umgekehrt proportional dem Quadrat der Entfernung r von der Lampe. Sie ist am größten, wenn die Lichtstrahlen senkrecht auf die Fläche treffen. In diesem Fall gilt:

$$E = \frac{I}{r^2}$$

Messen der Lichtstärke und der Beleuchtungsstärke. Für die direkte Messung der Lichtstärke haben wir kein Meßgerät. Dagegen können wir die Beleuchtungsstärken zweier Lampen vergleichen und damit auf ihre Lichtstärken schließen. Geräte, mit denen wir Beleuchtungsstärken vergleichen oder messen, nennen wir **Fotometer.** Wir benutzen ein Fettfleckfotometer (Papierschirm mit Fettfleck), dessen beide Seiten mit Hilfe von Spiegeln gleichzeitig beobachtet werden können (Abb. 2).

Abb. 2: Fettfleckfotometer

❹ Wir beleuchten eine Seite des Fotometers und betrachten beide Seiten.

Auf der beleuchteten Seite erscheint der Fettfleck dunkler als der übrige Schirm. Auf der Rückseite erscheint der Fettfleck dagegen heller, da er Licht durchläßt, während die Papierfläche das Licht reflektiert. Beleuchten wir den Schirm von beiden Seiten gleich stark, dann ist der Fettfleck auf beiden Seiten gleich hell und nahezu unsichtbar.

❺ Wir bringen das Fotometer zwischen zwei Lichtquellen L_1 und L_2 und verschieben es solange, bis der Fettfleck kaum noch zu erkennen ist.

In dieser Stellung sind die Beleuchtungsstärken, die L_1 und L_2 auf dem Schirm hervorrufen, gleich.
Sind r_1 und r_2 die Abstände der Lichtquellen vom Schirm, so gilt:

$$\frac{I_1}{r_1^2} = \frac{I_2}{r_2^2} \quad \text{oder} \quad I_1 : I_2 = r_1^2 : r_2^2.$$

Mit den neuerdings in Fotoapparaten eingebauten **Belichtungsmessern** werden ebenfalls Beleuchtungsstärken gemessen. In diesen Geräten regelt das auf lichtempfindliche Bauteile (Fotodioden) fallende Licht einen elektrischen Strom, der entweder die Belichtungszeit oder die Blendenöffnung steuert. – Eine andere Art von Belichtungsmessern zeigt Abb. 3.

Abb. 3: Belichtungsmesser, der getrennt vom Fotoapparat verwendbar ist. In ihm wird durch ein sog. Fotoelement das einfallende Licht in elektrischen Strom umgewandelt, dessen Stärke ein Maß für die Beleuchtungsstärke ist

Erforderliche Beleuchtungsstärken. Das menschliche Auge vermag sich sehr großen Helligkeitsunterschieden anzupassen (0,3 lx bei Vollmond und 70 000 lx in greller Sonne). Wünschenswerte Beleuchtungsstärken am Arbeitsplatz sind 50–100 lx für grobe Arbeiten, 300 lx für Lesen und 1 000 lx für sehr feine Arbeiten.

Aufgaben **1** Eine Haushaltskerze ($I_1 \approx 1$ cd) und eine Glühlampe (12 V, 35 W) geben am Fettfleckfotometer gleiche Beleuchtungsstärken, wenn ihre Abstände vom Schirm $r_1 = 10$ cm und $r_2 = 70$ cm betragen. Bestimme die Lichtstärke der Glühlampe! ($I_2 \approx 49$ cd).
2 Warum gilt für Lampen mit parabolförmigen Reflektoren (z.B. Auto- oder Taschenlampe) das Abstandsgesetz $E = \frac{I}{r^2}$ nicht? Was bewirken die Reflektoren?

12 Licht und Farbe – Körperfarben

Abb. 1: Farbaufnahmen der Erde. Die Bilder wurden im Ablauf eines Tages von einem über Brasilien stehenden Wettersatelliten aufgezeichnet. Man erkennt die verschiedenen Beleuchtungsphasen am Morgen, Mittag und am Abend.

*12.4 **Farberscheinungen in der Atmosphäre**

Überall dort, wo tagsüber das Sonnenlicht die Lufthülle der Erde durchflutet, erscheint uns der wolkenlose Himmel blau. Wir sehen den blauen Anteil des weißen Lichts der Sonne, der durch die Atmosphäre besonders stark gestreut und damit nach allen Seiten abgelenkt wird, während die andersfarbigen Anteile des Sonnenlichts die Luft fast ungehindert durchdringen. So sehen auch außerirdische Beobachter (Astronauten, Satelliten) unsere Erde als blauen Planeten im Weltall (Abb. 1).

Während Regenbogen durch Lichtbrechung in Wassertröpfchen entstehen, bilden sich sog. „Halos" meist im Winter, wenn die Sonnenstrahlen in den feinen Eiskristallen der 6–8 km hoch liegenden Höhenbewölkung gebrochen werden. Halos sind weißliche oder farbige Ringe um die Sonne, die am häufigsten in der Morgendämmerung kalter Tage auftreten und in Polargebieten besonders oft zu beobachten sind (Abb. 2).

Durch Strahlung, die von der Sonne kommt und vom Magnetfeld der Erde zu den Polen hin abgelenkt wird, werden die Gase der hohen Atmosphäre zum Leuchten angeregt. So entstehen die vielfältigen Formen und Farben des nächtlichen Polarlichts, das mitunter sogar noch in Norddeutschland zu sehen ist (Abb. 3 a, b, c).

Abb. 2: Halo mit „Nebensonnen" (Antarktis)

Abb. 3: a) Polarlichtwirbel über Kiruna (Schweden), b) Flammenartige Polarlichter (Schweden), c) Polarlichtstreifen über Alaska